计算机前沿技术丛书

Vue.js 快速入门实战

高亮 / 编著

本书以 Vue. js 的知识点为基础，结合 TypeScript 的使用，循序渐进地介绍了 Vue. js 3.0（简称 Vue 3）的知识点和实战技巧，可以帮助零基础的读者掌握独立开发项目和部署项目上线的技术。全书共 14 章，包括 Vue. js 概述、搭建开发环境、Vue. js 组合式 API、Vue. js 的模板语法、Vue. js 的计算属性和侦听器、Vue. js 中 class 和 style 的绑定、Vue. js 的表单开发、Vue. js 的组件开发、Vue. js 的网络请求、Vue. js 的状态管理、Vue. js 的路由管理、Vue 的项目部署、在线招聘网站开发实战以及招聘网站后台管理系统开发实战。

本书图文并茂、结构清晰、用例丰富、实例典型、实战性强。随书附赠案例代码和教学视频，是一本典型的从入门到精通类的实战学习手册，适合软件开发人员、计算机专业大学生、对 Vue 编程感兴趣且喜欢动手实操的爱好者和专业前端开发人员阅读。

图书在版编目（CIP）数据

Vue. js 快速入门实战/高亮编著 .—北京：机械工业出版社，2022.8（2024.1 重印）

（计算机前沿技术丛书）

ISBN 978-7-111-71405-7

Ⅰ.①V… Ⅱ.①高… Ⅲ.①网页制作工具-程序设计 Ⅳ.①TP393.092.2

中国版本图书馆 CIP 数据核字（2022）第 149889 号

机械工业出版社（北京市百万庄大街 22 号 邮政编码 100037）
策划编辑：李晓波 责任编辑：李晓波 丁 伦
责任校对：徐红语 责任印制：单爱军
北京虎彩文化传播有限公司印刷
2024 年 1 月第 1 版第 2 次印刷
184mm×240mm · 23 印张 · 578 千字
标准书号：ISBN 978-7-111-71405-7
定价：109.00 元

电话服务	网络服务
客服电话：010-88361066	机 工 官 网：www.cmpbook.com
010-88379833	机 工 官 博：weibo.com/cmp1952
010-68326294	金 书 网：www.golden-book.com
封底无防伪标均为盗版	机工教育服务网：www.cmpedu.com

前　言

PREFACE

Vue.js 是目前前端开发主流的三大框架之一，拥有极高的人气和用户活跃度。这一切都得益于它易于上手、学习曲线平滑、社区活跃及响应式的设计思路等特点，使用 Vue 开发前端项目已经成为当前众多公司和个人的首选。在 2020 年 9 月 18 日，Vue 推出了 Vue.js 3.0 版本（简称 Vue 3），代号 One Piece。Vue 3 既解决了 Vue 2 时代的很多痛点，又带来了全新的组合 API 和众多优化，使得广大开发者对于 Vue 3 的学习需求瞬间暴涨。另一方面，由微软推出和维护的 TypeScript 编程语言作为 JavaScript 编程语言的超集，不仅拥有 JavaScript 的所有语法，还拥有很强的类型检查功能，再与微软的 Visual Studio Code 代码编辑器结合，在代码开发阶段有效避免了错误产生，既能提升开发体验，又能提高开发效率，有可能成为未来前端开发的首选编程语言。

本书将讲述如何使用 TypeScript 编写 Vue 3 项目，涉及 Vue 3 开发中的各种实用技巧及相关知识点，同时还有全新的 Vue 全家桶内容介绍，包括 Axios、Vue Router 4、Pinia 和 Vite。每一章节最后都会有关于本章节内容的代码实战项目，最后会有一套非常完整且复杂的实战项目，逐步引导读者从零开始掌握 Vue 3 的开发技术，最终实现独立开发项目并部署上线。

本书内容

本书内容可以分为基础知识和实战两部分。

基础知识部分会循序渐进地介绍 Vue 3 中所有的知识点，包括开发环境的搭建、Vue 3 的组合式 API、模板语法、Class 和 Style 的绑定、计算属性、侦听器、表单开发及组件开发。随后会详细地介绍 Vue 是如何使用 Axios 处理网络请求、如何使用 Vue Router 管理项目路由及如何使用 Pinia 管理项目状态和如何使用 Vite 编译构建项目。

实战部分将着重讲述如何开发一套在线招聘网站项目。这套系统可以拆解成两个 Vue 项目，分别是面向求职者的在线招聘网站系统和面向公司的招聘网站后台管理系统。这套系统契合实际工作中的开发需求。其中后台管理系统还会集成现在非常热门的 Element Plus 框架。实战项目会运用本书所讲述的大部分知识点，使用 mock. js 模拟数据、Vite 打包项目并最终使用 Nginx 部署到生产环境的服务器中，从而让读者充分领略使用 TypeScript 开发 Vue 3 项目的魅力。

本书特色

1）配有视频讲解。每一章节的实战内容都有详细的视频讲解，读者可以使用手机扫码随时随地观看视频。

2）配套代码。由于本书主打 Vue. js 编程实战，每一章节都会有大量案例代码。扫描封底二维码可获得本书配套的所有代码，包括最后实战项目代码。这些代码注解详细，读者可以结合阅读源码，让 Vue. js 学习更加高效。

3）实战内容丰富。每一章节末尾都会有相关的实战项目，方便读者巩固章节知识点。最后两章的实战项目内容庞大，细节丰富，完全满足实际工作中的开发需求。读者可以边学边做，在做项目中学习 Vue. js 可以更加高效。

4）学习曲线平滑。本书章节内容分布由易到难，方便读者循序渐进的学习。入门与实战相结合，可以让零基础的读者快速入门，并最终达到开发实际工作项目的水平。

读者对象

本书入门性及实战性强，适合以下人士阅读。

1）希望或者正在从事前端开发的初学者。

2）计算机相关专业的大学生，编程爱好者。

3）想要掌握未来前端开发技术的开发人员。

4）希望扩充自己的非前端软件开发人员。

5）正在从事 Vue 开发的初、中级工程师。

由于本人学识有限，书中难免有不足之处，恳请广大读者不吝赐教。

编　者

二维码清单

名　称	图　形	页　码	名　称	图　形	页　码
4.7　实战：制作一个便签程序		51	9.4　实战：实现在线备忘录-vitee.3配置说明		134
4.7　实战：制作一个便签程序-vite.3配置说明		53	10.4　实战：制作购物车结算页面		156
5.6　实战：制作一个点餐页面		64	10.4　实战：制作购物车结算页面-vitee.3配置说明		157
5.6　实战：制作一个点餐页面-vitee.3配置说明		64	11.4　升级购物车应用		179
6.4　实战：制作消息提示框		75	11.4　升级购物车应用-vitee.3配置说明		179
6.4　实战：制作消息提示框-vitee.3配置说明		75	12.5　实战：将购物车应用部署到生产环境		200
7.4　实战：实现注册页面		86	12.5　实战：将购物车应用部署到生产环境-vitee.3配置说明		201
7.4　实战：实现注册页面-vitee.3配置说明		86	13　在线招聘网站开发实战-vitee.3配置说明		308
8.6　实战：制作带有验证功能的输入框		113	13.3　在线招聘网站开发实战：项目准备工作		212
8.6　实战：制作带有验证功能的输入框-vitee.3配置说明		113	13.4　在线招聘网站开发实战：首页开发		217
9.4　实战：实现在线备忘录		134	13.5　在线招聘网站开发实战：列表页面开发		242

（续）

CONTENTS 目录

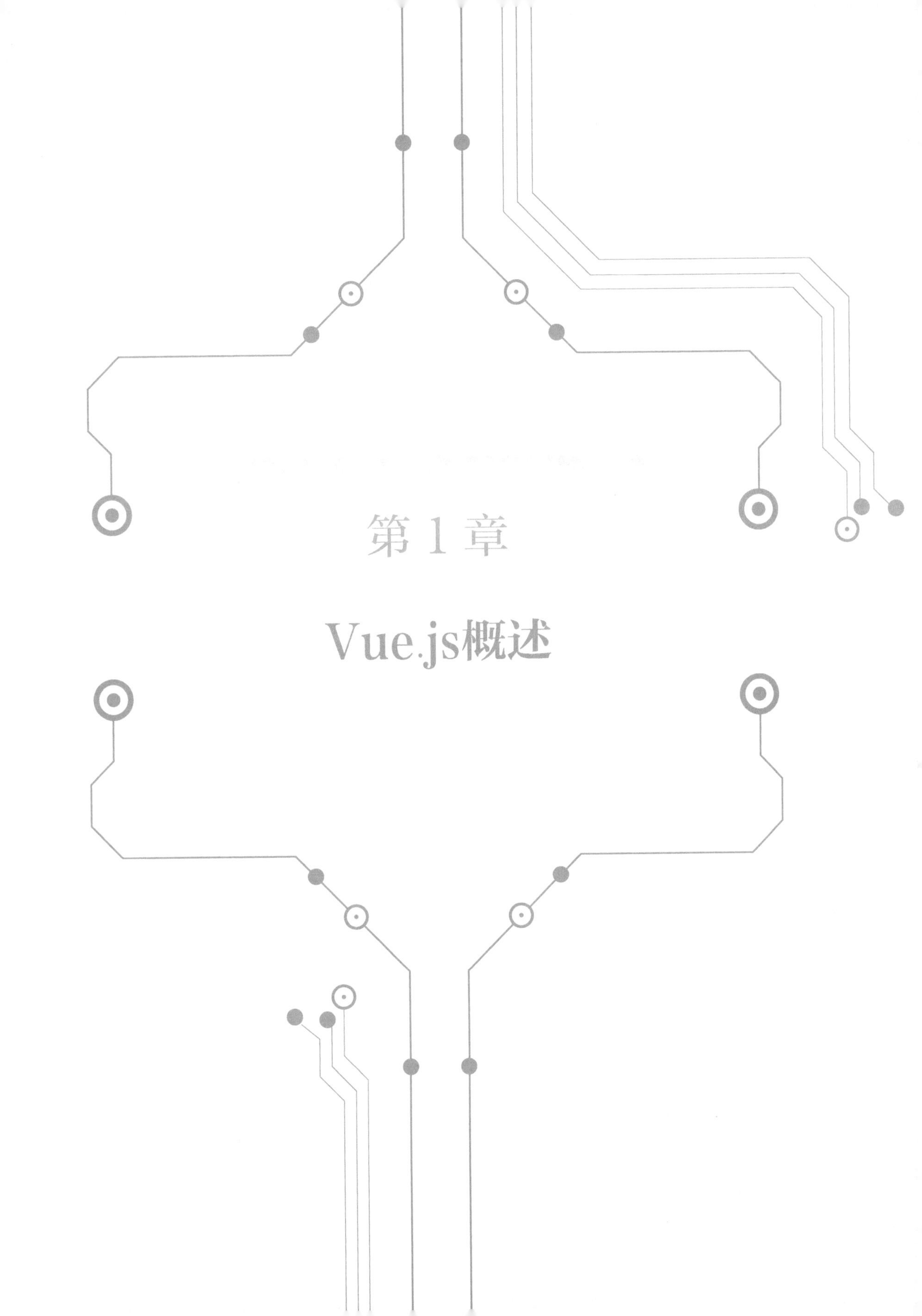

第 1 章

Vue.js概述

1.1 前端技术发展史

生活在信息时代的人们，对于网络应用并不陌生。互联网已经深入到大家日常生活的每一个角落，所有人的生活与之变得密不可分。了解前端技术的发展史，能够帮助你更加深刻地理解 Vue 在前端技术中的地位。

1990 年，第一个 Web 浏览器诞生了，这标志着前端技术正式诞生。此时的前端项目全部是静态页面浏览，使用 HTML 语言编写。直到 1994 年，网景公司（Netscape）发布了第一个商用的浏览器 Navigator。第二年，网景公司的工程师 Brendan Eich 花费约 10 天时间设计了 JavaScript 脚本语言，同年微软发布了 IE 浏览器，进而掀起了浏览器大战。在这一段时间，Web 应用主要受限于网速，所以页面基本是静态的，使用 HTML+CSS 的模式编写项目，JavaScript 来实现简单的动态特效（例如跑马灯或浮动广告等）和简单的用户交互能力（表单）。前端框架此时被 MVC 模式（即 Model、View 和 Control）统治。此时，前端软件工程师这个职位还没有从软件工程师中独立出来。

前端网站的这种交互模式一直持续到 2004 年才发生了改变。因为在这一年，Google 发布了 Gmail。Gmail 使用 Ajax 技术打破了传统的“—请求—等待”的交互模式，实现了异步请求和局部刷新效果，使用户可以在不刷新页面的情况下完成复杂的交互，从此以后，Ajax 逐渐成为网页开发的技术标准，也不断被应用于各种网站。这标志着 Web 2.0 的时代到来。

在此之后的一段时间内，前端技术百花齐放，涌现出许多前端框架和库，例如 jQuery、Dojo、ECharts 等，其中最著名的恐怕就是 jQuery 了，一个 $符号走天下。同时，浏览器的版本混战和兼容性问题，在一定程度上限制了前端技术的发展。直到 2009 年 AngularJS 和 Node.js 的诞生，前端技术才算彻底来到了工业时代。

AngularJS 的诞生，引领了前端 MVVM 模式的潮流。Node.js 的诞生，让前端的 JavaScript 有了深入后端的能力，也让人看到了学会 JavaScript 语言就能走遍天下的可能。此时，在 MVVM 模式的加持下，前端开发的内容相比于之前增加了很多，而且功能也丰富了不少，前端工程师的职位就从软件工程师中划分成一个单独的职业工种。

2010 年 10 月 Backbone 诞生，随后 Reactive、Ember、Knockout、React、AngularJS 2 和 Vue 等框架逐渐诞生。这些框架让 Web 前端项目从单纯的网站变成了 Web 应用。项目结构从原来的多页面应用时代，过渡到 SPA（Single Page Application，即单页面应用）时代。这个阶段，Web 前端技术呈现前所未有的百家争鸣态势。

2015 年 6 月，ECMAScript 6 发布，被正式命名为 ECMAScript 2015。之后几年，每年会有新版本的 ECMAScript 发布，这些版本极大地拓展了 JavaScript 的开发能力。随着时间推移，目前前端技术基本已经形成一个非常完整且庞大的体系：使用 Github 管理代码；使用 NPM 和 Yarn 包管理工具；使用 HTML 5 和 CSS 3 编写页面；使用 AngularJS、React 和 Vue 为前端项目开发框架；使用 Webpack 打包项目；使用 Node.js 开发后端。

以上就是整个前端技术发展的历史。可以看到在经历了几次重要的技术突破和进化之后，前端框架形成了目前主流的三足鼎立的局势。Vue 作为三大框架中时间最短的一个，其 Github 的 Star 增长速度是最快的，已经被很多互联网大厂使用。随着时间的推移，相信会有越来越多的企业和个人使用 Vue 开发前端项目。

1.2 Vue.js 简述

Vue（读音/vjuː/，类似于 View）是一套用于构建用户界面的开源的 MVVM 结构的 JavaScript 渐进式框架。尤雨溪（Vue.js 框架作者）于 2015 年 10 月 27 日发布了 Vue.js 1.0 Evangelion 版本，在 2016 年 9 月 30 日发布了 2.0 Ghost in the Shell 版本。目前项目由 Vue.js 官方团队维护。

在 2020 年 9 月 28 日，Vue 的官方团队发布了 Vue.js 3.0 One Piece 版本，标志着 Vue 3 的时代正式来了。相比于之前的 Vue 版本，Vue 3 带来了很多革命性的改动。本书的所有关于 Vue.js 的内容均基于 Vue 3 版本。

Vue 的核心库只关注视图层，不仅对新人友好、易于上手，同时还便于与第三方库或既有项目整合。同时，当与现代化的工具链以及各种支持类库结合使用时，Vue 也完全能够为复杂的单页应用提供驱动。Vue 是一套渐进式的 JavaScript 框架。所谓渐进式框架，就是把整个项目的架构分层设计，层级之间相互独立，而且层级内的内容可以灵活地替换成其他相同的解决方案。Vue 具体的层级设计，可以抽象成如图 1.1 所示。

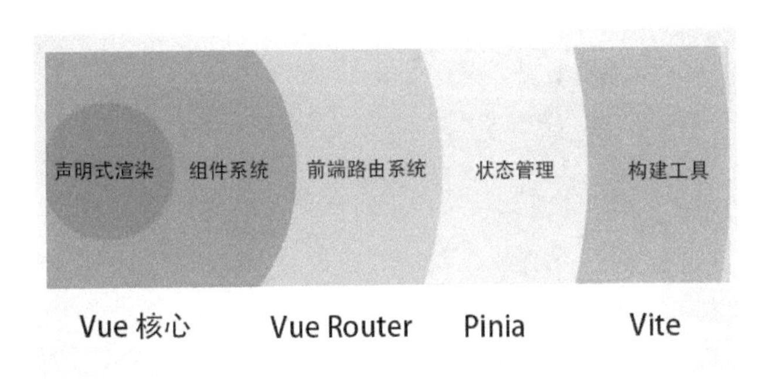

图 1.1　Vue 渐进式层级结构

从图 1.1 中可以看到分层之后，层与层之间是相互独立的，耦合性非常低。

最内层的是 Vue 核心，即声明式渲染和组件系统，如果前端项目非常复杂，可以将页面拆解成不同组件，采用组件化的思路实现。

往外层是前端路由系统，在 Vue 的单页面项目中使用 Vue Router 管理整个前端项目的路由。

再往外一层是状态管理，这里推荐使用最新的 Pinia 来负责项目的状态管理。因为 Pinia 能够支持 TypeScript 的类型断言，而且使用 TypeScript 开发 Vue 项目是未来的趋势，所以在之后的状态管理章节，会详细给大家介绍 Pinia 的使用方法。

最外层则是构建工具，本书使用 Vue 3 新推出的构建工具 Vite 来负责构建项目。会在之后的章节中为大家详细讲解如何使用 Vite 创建 Vue 3 项目和编译项目。

Vue 的另一大特点就是采用了 MVVM（Model-View-ViewModel）模型实现响应式系统。MVVM 能够将图形用户界面的开发与业务逻辑或后端逻辑的开发分离开来。它们三者的关系如图 1.2 所示。

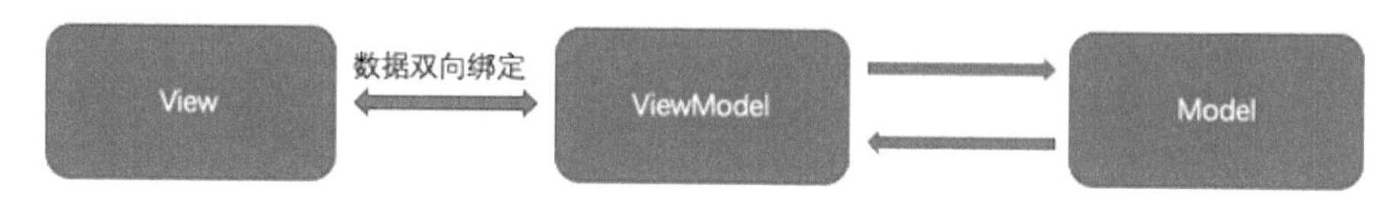

图 1.2　MVVM 模式示意图

从图 1.2 中可以看出，MVVM 模式的核心就是数据的双向绑定。当用户操作 View 时，ViewModel 层能够感到数据发生了变化，会自动通知 Model 改变数据。反之，当 Model 的内容一旦发生变化，ViewModel 也会通知 View 变化，从而修改页面渲染。就这样，ViewModel 在其中起到了承上启下的作用，通过声明式的数据绑定实现了 View 层和 Model 层的完全解耦。

Vue 正是通过 MVVM 模式实现响应式系统。数据的双向绑定是 Vue 的一大特色，通过简单的变量声明，就能够在页面中轻易地显示渲染出来。同时，当页面内部代码逻辑发生变化修改数据时，页面的相应区域也会局部渲染更新数据。至于数据如何被渲染，数据更新如何被捕捉，这些细节都不需要开发者去关心，开发者只需要关心页面布局和页面逻辑，而将剩下的部分完全交给 Vue 框架负责即可。

1.3 Vue 3 的新特性

Vue 3 的发布不光带来了很多新特性，还解决了很多 Vue 2 时代的痛点，可以说 Vue 3 已经将 Vue.js 带入了一个全新的时代。

Vue 3 具有以下这些新特性。

- Composition API，即组合式 API。这个特征是很多 Vue 开发者一直关注的新特性。Vue 2 使用的是 Option API，即选项式 API。虽然项目代码结构清晰，页面的数据放在 data 中，方法定义放在 methods 中。但是当项目大起来，单个页面或者组件逻辑复杂一些，这里的 Option API 绝对是程序员的噩梦。一个复杂一些的 .vue 文件内的代码量，轻轻松松就有好几千行，调试起来非常困难。但是 Composition API 完美地解决了这些痛点，程序员通过抽离业务逻辑，可以在组件内无限复用代码，这样就使得单个页面文件或者组件文件的代码结构简单清晰，代码量变得合理。
- TypeScript 的支持。Vue 3 并不是沿用 Vue 2 的代码，而是直接推翻，全部使用 TypeScript 重写。这就使得在 Vue 3 里使用 TypeScript 会变得非常顺滑，所有代码均支持 TypeScript 的类型断言，对于日常开发和日后维护是非常有帮助的。本书所有的 Vue 3 项目代码全部使用 TypeScript 编写。
- 性能显著提高。因为 Vue 3 重写了底层的虚拟 DOM 逻辑，并对模板的编译进行了优化，使得 Vue 3 的性能相比于 Vue 2 大幅提升，不仅 Vue 包的代码体积减小了，同时编译和运行速度还提升了。

- Tree-Shaking 支持。这一特点主要体现在代码编译上。Vue 3 在打包的时候引入了 Tree-Shaking 技术，使得整个打包流程实现按需打包，即只有当前组件发生变化才会被重新编译，其他没有变动的代码则沿用缓存数据进行打包。这一过程并不像 Vue 2 在打包时会将全部组件重新编译一遍，从而大大降低了打包时间，提高了打包效率。
- 传送门（Teleport）的出现。在一些场景中需要把一个逻辑上属于某个组件的元素渲染到 DOM 结构中不属于该组件节点的情况，这个时候就可以使用 Teleport 实现此功能。例如全局的信息提示框。
- 碎片（Fragment）。在 Vue 2 中每一个组件必须要有一个根节点，这样一来会使得最后页面 DOM 元素层级变得很深。但是在 Vue 3 中，组件不再需要根节点，甚至一个组件可以有多个节点。

1.4 第一个 Vue 3 程序

前面介绍了这么多内容，大家肯定对 Vue 3 产生了很大兴趣，那么接下来就带领大家来实现 Vue 3 的 Helloworld 程序。

Vue 是一个可以开箱即用的框架，想要在项目中引入 Vue 并使用是一件非常简单的事。只需要在 HTML 文件的 header 标签内，通过 CDN 方式将 Vue.js 引入，然后在 script 标签内完成 Vue 实例初始化和业务逻辑即可。

首先在本地创建一个 Helloworld.html 文件，用于编写 Vue 3 程序代码。目前 Vue 3 的最新版本 CDN 地址为 https://unpkg.com/vue@next，所以最终 Helloworld 程序的 HTML 文件代码如下。

```
01  <!DOCTYPE html>
02  <html lang="en">
03  <head>
04      <!--通过 CDN 方式引入最新版本 Vue 3 -->
05      <script src="https://unpkg.com/vue@next"></script>
06  </head>
07  <body>
08      <div id="app">
09          <h1>{{message}}</h1>
10      </div>
11
12      <script>
13          // Vue 实例初始化
14          Vue.createApp({
15              data() {
16                  return {
17                      message: "Helloworld Vue.js 3.0"
18                  }
19              }
20          }).mount("#app");
21      </script>
22  </body>
23  </html>
```

这样第一个 Vue 3 程序就完成了，其使用起来就是这么简单快捷。此时，大家可以在浏览器内打开 Helloworld. html 文件，查看程序效果，如图 1. 3 所示。

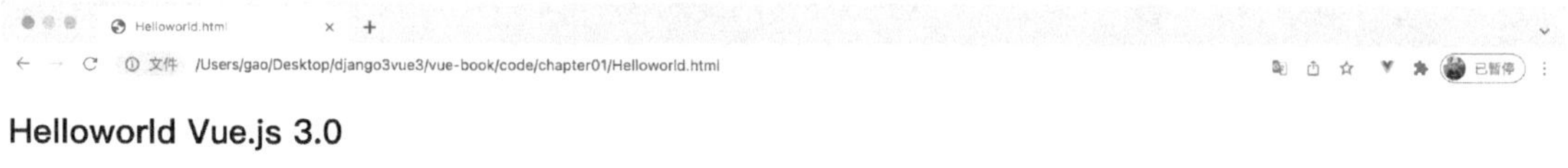

Helloworld.html

/Users/gao/Desktop/django3vue3/vue-book/code/chapter01/Helloworld.html

Helloworld Vue.js 3.0

图 1. 3　Helloworld 程序渲染效果

这里可以看到原先在页面 h1 标签内的“{{ message }}”内容，被神奇地替换成了 Vue 实例中 data( )方法内的 message 变量的值。具体发生了什么，会在之后的章节中为大家详细介绍，并且也会讲解如何使用 Vue 开发前端程序。接下来，就让我们一起继续学习，共同体验 Vue 开发带来的乐趣吧。

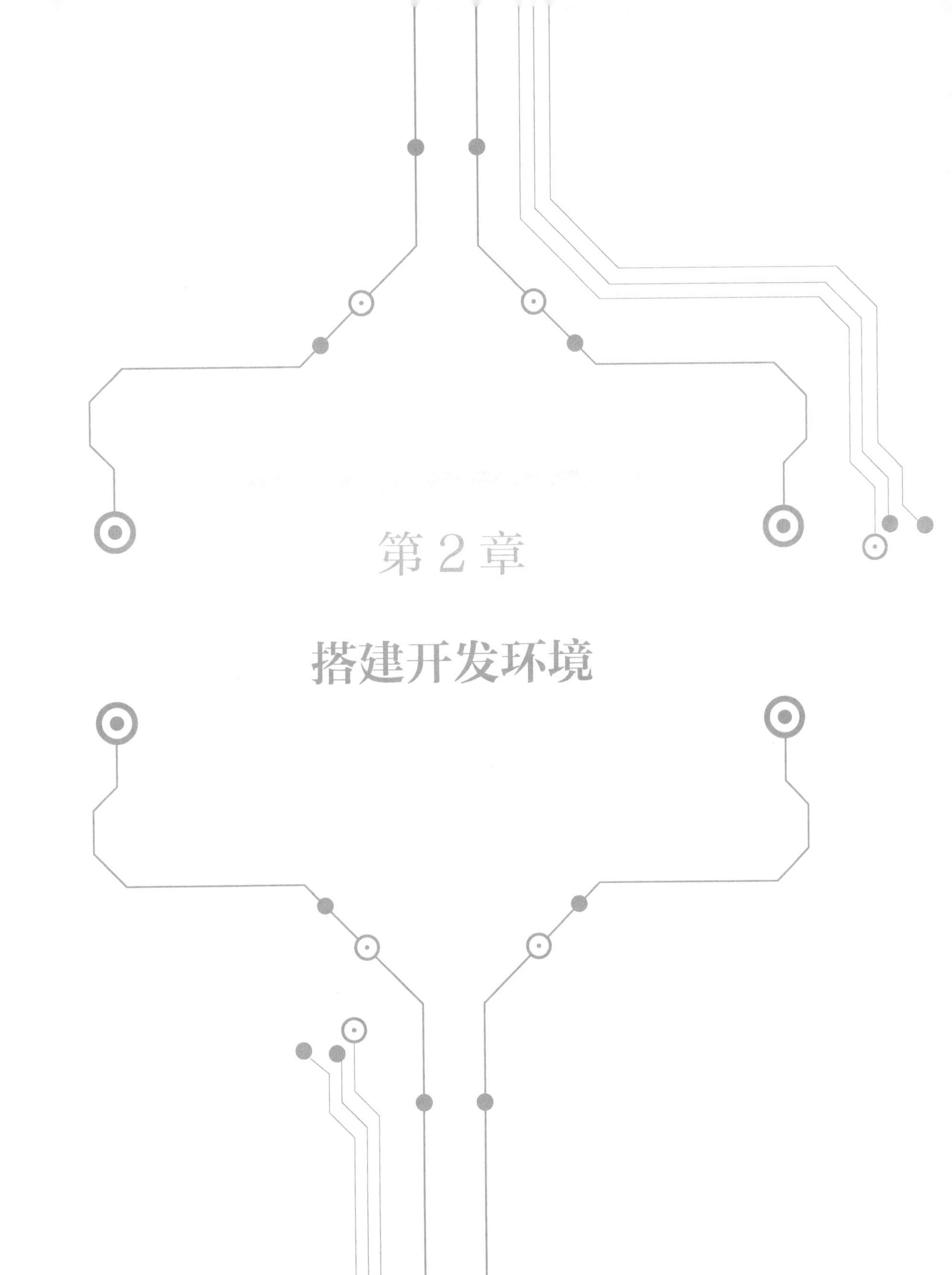

第 2 章

搭建开发环境

支持本书所讲内容。

单击图 2. 1 中的 16. 13. 1 LTS 图标，会下载 node-v16. 13. 1 的安装器，然后打开安装器，就会进入 Node. js 自动安装引导界面。单击“继续”按钮，同意许可；再次单击“继续”按钮，选择安装位置，开始安装，最后安装完成的界面如图 2-2 所示。

图 2. 2　Node. js 安装完成界面

安装完成之后，如果想要验证安装是否成功，可以在终端中通过执行 node -v 命令和 npm -v 命令来确认本地系统中的 Node. js 和 npm 版本号，运行结果应该如图 2. 3 所示。

```
gao@gaoliangdeMacBook-Pro ~ % node -v
v16.13.2
gao@gaoliangdeMacBook-Pro ~ % npm -v
8.1.2
gao@gaoliangdeMacBook-Pro ~ %
```

图 2. 3　node -v 和 npm -v 运行结果

这里显示刚才 Node. js 安装是成功的。

2.2 安装 Vue. js

在第 1 章的最后一节，通过 CDN 的方式引入 Vue. js 并成功启动了第一个 Vue 程序。其实，创建 Vue 项目，不光可以利用 CDN 的方式引入并创建，还可以通过 Vue CLI 和 Vite 创建项目。接下来给大家一一讲解。

2.2.1 使用 CDN 引入

CDN（Content Delivery Network，即内容分发网络）是构建在现有网络基础之上的智能虚拟网络，依靠部署在不同地域的边缘服务器，通过中心平台的负载均衡、内容分发、缓存以及调度等功能，能够实现让用户从就近的服务器上获取资源，从而降低网络拥堵，提高用户访问响应速度和命中率，是各大厂商常用的技术之一。

Vue 作为一个非常有名的前端框架，早已在 CDN 上部署。使用 CDN 引入 Vue.js 是最简单的方式，如同上一章所讲，引入方法只需找到一个稳定的 Vue.js 的 CDN 地址，然后将地址链接通过<script>标签添加到 HTML 文件的头部即可。稳定的 Vue 3 新版的 CDN 地址，可以在 Vue 3 官网找到，如下：

```
<script src="https:// unpkg.com/vue@next"></script>
```

所以完整的通过 CDN 引入 Vue.js 之后的 HTML 文件结构如下所示。

```
01    <! DOCTYPE html>
02    <html lang="en">
03    <head>
04      <script src="https:// unpkg.com/vue@next"></script>
05    </head>
06    <body>
07      <h1>Peekpa Vue.js 3.0</h1>
08    </body>
09    </html>
```

需要注意一点，这里的 CDN 地址是 https：// unpkg.com/vue@next，它表示当前引入的是 Vue 3 最新版本，CDN 中新版本变动可能会带来不稳定性。如果想要引入特定版本，可以通过指定具体版本号的方式来引入。例如当前项目需要引入 Vue 3.2.26 版本，则对应的 CDN 地址为 https：// unpkg.com/vue@3.2.26。

如果无法在生产环境使用 CDN，或者想使用某个特定版本的 Vue.js 并且自己维护，那么也可以通过 CDN 的地址，下载对应的 .js 文件，然后托管在自己的服务器上。同样使用<script>标签引入到网页中。这种做法和 CDN 引入类似。

2.2.2 使用 Vue CLI 创建项目

Vue CLI 是 Vue 官方出品的一套针对 Vue.js 开发的标准工具包。在 Vue 3 发布之后，新版本的 Vue CLI 由 vue-cli 改成了@vue/cli，即 Vue CLI 4.x。之前的旧版本 vue-cli 只支持 Vue 1 和 Vue 2，如果想使用 Vue 3，就必须安装全新的@vue/cli。

安装 Vue CLI 非常简单，在终端执行以下命令行即可。

```
# 使用 npm 安装
npm install -g @vue/cli
#使用 yarn 安装
yarn global add @vue/cli
```

这里需要注意一点，新版本的@vue/cli 需要 Node.js v8.9 以上的版本，推荐 v10 以上的版本。所以安装时请确认系统里的 Node.js 版本为正确的版本。安装好之后，就可以在终端使用 vue 命令了。直接在终端中输入 vue 命令，可以显示 vue 命令的帮助信息。也可以通过以下命令来检查安装的 Vue CLI 版本。

```
vue --version
```

运行结果如图 2.4 所示。

```
gao@gaoliangdeMacBook-Pro ~ % vue --version
@vue/cli 5.0.1
gao@gaoliangdeMacBook-Pro ~ %
```

图 2.4　vue --version 运行结果

安装好 Vue CLI，可以直接在终端通过 vue create <项目名> 命令来新建 Vue 项目，或者使用 vue 命令自带的图形界面创建 Vue 项目。这里需要注意，项目名不能含有大写英文字母或者汉字，可以包含小写英文字母和连接号。例如要创建一个名为 vue-cli-app 的项目，选择好项目存放目录，打开终端，输入 vue create vue-cli-app 命令，进入 Vue CLI 创建项目选择框，如图 2.5 所示。

```
Vue CLI v5.0.4
? Please pick a preset: (Use arrow keys)
❯ Default ([Vue 3] babel, eslint)
  Default ([Vue 2] babel, eslint)
  Manually select features
```

图 2.5　Vue CLI 创建项目选择框

这里第一个选项和第二个选项都是默认模板，第一个是使用 Vue 3. x 版本模板创建项目，第二个是使用 Vue 2. x 版本模板创建项目。第三个选项则是自定义模板，对于项目配置有特殊要求或者有 Vue. js 开发经验的开发人员，可以选择第三个选项。选择第三个选项之后，自定义配置界面如图 2.6 所示。

```
Vue CLI v5.0.4
? Please pick a preset: Manually select features
? Check the features needed for your project: (Press <space> to select, <a> to
toggle all, <i> to invert selection, and <enter> to proceed)
❯◉ Babel
 ○ TypeScript
 ○ Progressive Web App (PWA) Support
 ○ Router
 ○ Vuex
 ○ CSS Pre-processors
 ◉ Linter / Formatter
 ○ Unit Testing
 ○ E2E Testing
```

图 2.6　Vue CLI 自定义配置界面

这里的每一个选项说明见表 2.1。

表 2.1　Vue CLI 自定义选项说明

名　称	说　明
Babel	JavaScript 编译器，可以将 TypeScript 和任意 JavaScript 语法编写的程序编译成浏览器兼容的 JavaScript 代码
TypeScript	是否使用 TypeScript 编写项目
Progressive Web App (PWA) Support	是否选择支持渐进式 Web 应用程序

（续）

名　　称	说　　明
Router	是否在项目中使用 Vue Router 路由管理工具
Vuex	是否在项目中使用 Vuex 状态管理工具
CSS Pre-processors	CSS 预处理器，例如 Sass、Less
Linter / Formatter	代码风格检查和代码格式校验，例如 ESLint
Unit Testing	单元测试
E2E Testing	端到端测试

因为本书主要讲解 Vue 3 版本和 TypeScript，所以这里按空格键直接勾选 Babel 和 TypeScript 即可。按回车（即按“回车（Enter）”键，以下均同），则进入选择 Vue 版本页面，如图 2.7 所示。

```
Vue CLI v5.0.4
? Please pick a preset: Manually select features
? Check the features needed for your project: Babel, TS
? Choose a version of Vue.js that you want to start the project with
  3.x
> 2.x
```

● 图 2.7　选择 Vue 版本

这里选择 3.x，然后按回车键。进入选择是否使用 class 风格的装饰器界面，如图 2.8 所示。

```
Vue CLI v5.0.4
? Please pick a preset: Manually select features
? Check the features needed for your project: Babel, TS
? Choose a version of Vue.js that you want to start the project with 2.x
? Use class-style component syntax? (Y/n) N
```

● 图 2.8　选择是否使用 class 风格的装饰器界面

这里选择 No，输入 N，然后按回车键。进入选择是否使用 Babel 转变编译 TypeScript 界面，如图 2.9 所示。

```
Vue CLI v5.0.4
? Please pick a preset: Manually select features
? Check the features needed for your project: Babel, TS
? Choose a version of Vue.js that you want to start the project with 2.x
? Use class-style component syntax? No
? Use Babel alongside TypeScript (required for modern mode, auto-detected
polyfills, transpiling JSX)? (Y/n) Y
```

● 图 2.9　选择是否使用 Babel 转换编译 TypeScript 界面

这里选择 Yes，输入 Y，然后按回车键。进入选择存放 Babel、ESLint 等配置文件方式界面，如图 2.10 所示。

这里选择第一个，即在专门的配置文件中存放 Babel、ESLint 等配置，然后按回车键。进入是否保存这次创建选项内容为创建模板界面，如图 2.11 所示。

```
Vue CLI v5.0.4
? Please pick a preset: Manually select features
? Check the features needed for your project: Babel, TS
? Choose a version of Vue.js that you want to start the project with 2.x
? Use class-style component syntax? No
? Use Babel alongside TypeScript (required for modern mode, auto-detected
polyfills, transpiling JSX)? Yes
? Where do you prefer placing config for Babel, ESLint, etc.? (Use arrow keys)
› In dedicated config files
  In package.json
```

● 图 2.10　选择如何存放 Babel、ESLint 等配置文件方式界面

```
Vue CLI v5.0.4
? Please pick a preset: Manually select features
? Check the features needed for your project: Babel, TS
? Choose a version of Vue.js that you want to start the project with 2.x
? Use class-style component syntax? No
? Use Babel alongside TypeScript (required for modern mode, auto-detected
polyfills, transpiling JSX)? Yes
? Where do you prefer placing config for Babel, ESLint, etc.? In dedicated
config files
? Save this as a preset for future projects? (y/N) N
```

● 图 2.11　选择是否将这次创建选项内容保存为模板界面

这里选择 No，输入 N，然后按回车键。Vue CLI 直接开始创建项目。在这个过程中，Vue CLI 会自动根据配置选项，使用 npm 来安装项目依赖。经过一段时间的等待，终端界面会出现创建成功提示，如图 2.12 所示。

```
Successfully created project vue-cli-app.
Get started with the following commands:

$ cd vue-cli-app
$ npm run serve
```

● 图 2.12　项目创建成功提示

接下来，依次运行这里列出的 cd vue-cli-app 命令和 npm run serve 命令就可以启动 vue-cli-app 项目，如图 2.13 所示。

```
DONE  Compiled successfully in 5927ms                          7:55:26 PM

  App running at:
  - Local:   http://localhost:8080/
  - Network: http://192.168.0.100:8080/

  Note that the development build is not optimized.
  To create a production build, run npm run build.

No issues found.
```

● 图 2.13　项目成功启动提示界面

这里列出了项目地址，打开浏览器，输入 http://localhost:8080/，就可以访问 Vue CLI 创建项目的默认页面，如图 2.14 所示。

如果想使用 Vue CLI 自带的图形 UI 引导界面来创建项目，只需要在终端中，直接使用 vue ui 命令，脚本就会自动打开浏览器，用户可以根据浏览器中的 UI 提示创建 Vue 项目。通过 UI 方式创建项目时所设置的参数和命令行模式创建项目所设置的参数选项是一样的。这里就不再重复介绍了。

● 图 2.14　Vue CLI 项目默认页面

2.2.3　使用 Vite 创建项目

伴随 Vue 3 一起发布的 Vue 官方出品的前端开发构建工具 Vite 也可以创建 Vue 项目。由于兼容性的问题，支持 Vite 的 Node.js 最低版本为 12.0.0。例如使用 VIte 创建一个名为 vite-app 的 Vue 项目。首先要在存放项目的目录的终端中，使用 npm init vite@latest 命令开始 Vite 创建流程。按下回车键，命令行第一个提示就是请输入项目名称，这里直接输入 vite-app，如图 2.15 所示。

```
gao@gaoliangdeMacBook-Pro 2.2.3 % npm init vite@latest
? Project name: › vite-app
```

● 图 2.15　输入项目名称

按回车键，第二个提示界面是选择当前项目的框架，这里选择 vue，如图 2.16 所示。

```
gao@gaoliangdeMacBook-Pro 2.2.3 % npm init vite@latest
✓ Project name: … vite-app
? Select a framework: › - Use arrow-keys. Return to submit.
    vanilla
❯   vue
    react
    preact
    lit
    svelte
```

● 图 2.16　选择 Vite 项目框架

按回车键，第三个提示界面是选择 Vue 使用语言，这里选择 vue-ts，再次按回车键，就会提示项目创建完成，并列出了提示命令，如图 2.17 所示。

```
gao@gaoliangdeMacBook-Pro 2.2.3 % npm init vite@latest
✔ Project name: … vite-app
✔ Select a framework: › vue
✔ Select a variant: › vue-ts

Scaffolding project in /Users/gao/Desktop/vue-learn/devtools/2.2.3/vite-app...

Done. Now run:

  cd vite-app
  npm install
  npm run dev
```

● 图 2.17　项目创建完成提示

接下来，依次运行 cd vite-app，npm install 和 npm run dev。最后就会出现项目成功启动界面，如图 2.18 所示。

```
vite v2.9.8 dev server running at:

> Local: http://localhost:3000/
> Network: use `--host` to expose

ready in 348ms.
```

● 图 2.18　项目成功启动提示界面

这里列出了项目地址，打开浏览器，输入 http：//localhost：3000/，就可以访问 Vite 创建项目的默认页面，如图 2.19 所示。

● 图 2.19　Vite 项目默认页面

这里有一点需要注意，笔者在编写书籍的时候 Vite 最新版本是 2. x。此处如果使用 npm init vite@latest 创建项目，可能会自动调用最新的 Vite 3. x 版本初始化项目。Vite 3 的默认启动地址是 http：//127. 0. 0. 1：5173。

细心的读者可能会发现，通过 Vite 创建的项目默认地址与通过 Vue CLI 创建的项目默认地址不同，而且 Vite 启动项目花费的时间要比 Vue CLI 启动项目花费的时间快不少。Vite 通过按需加载的技术，能够大大缩减编译时间，这一点在实际的项目开发和调试中会表现得更加明显。

2.3 安装 Visual Studio Code

本书选择微软推出的开源且免费的跨平台的 Visual Studio Code 作为开发 Vue 项目所使用的 IDE。这款好用的 IDE 能够大大提升开发效率。

打开浏览器，在地址栏输入 https://code.visualstudio.com/，进入 Visual Studio Code 软件的官方下载页面。页面会根据用户当前所使用的操作系统，自动提示下载版本。比如这里在页面左侧按钮就提示下载 Mac 版本的 Visual Studio Code，如图 2.20 所示。

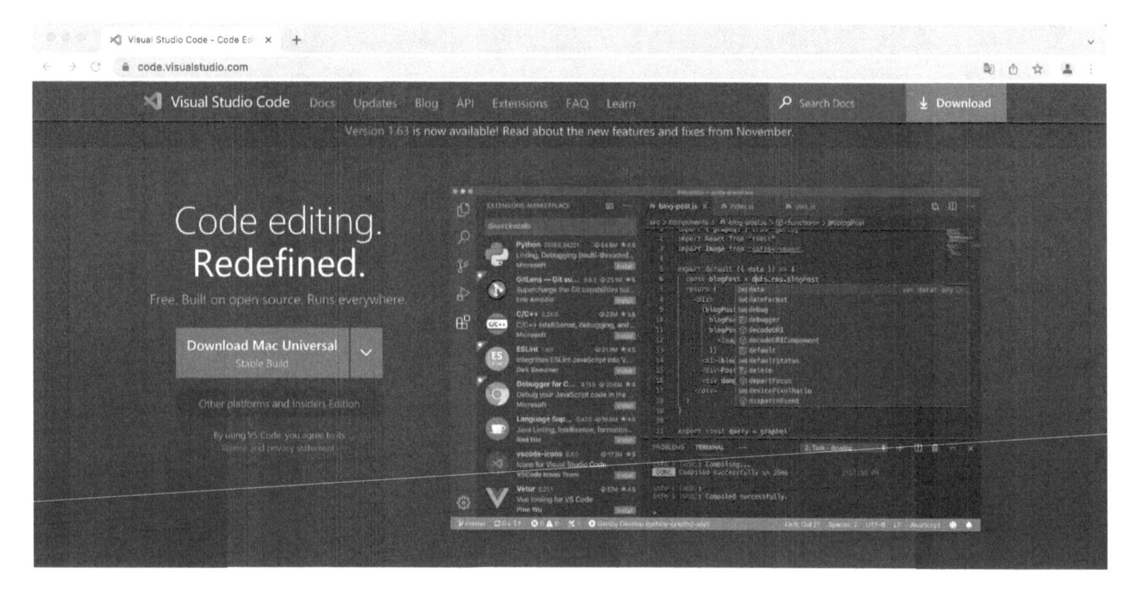

● 图 2.20　Visual Studio Code 下载页面

单击下载链接，按照操作提示安装软件。安装完成后打开软件，此时软件显示语言使用的是英文。如果想要设置中文显示，需要按<Shift+Ctrl+P>快捷键，会弹出 Visual Studio Code 快捷命令输入框，输入 language，显示内容如图 2.21 所示。

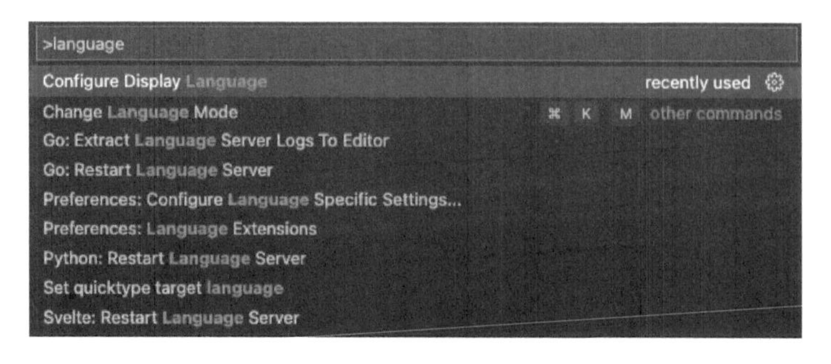

● 图 2.21　Visual Studio Code 快捷命令输入框

这里选择第一条 Configure Display Language 选项，然后按回车键，就会进入选择软件显示语言界面，如图 2.22 所示。

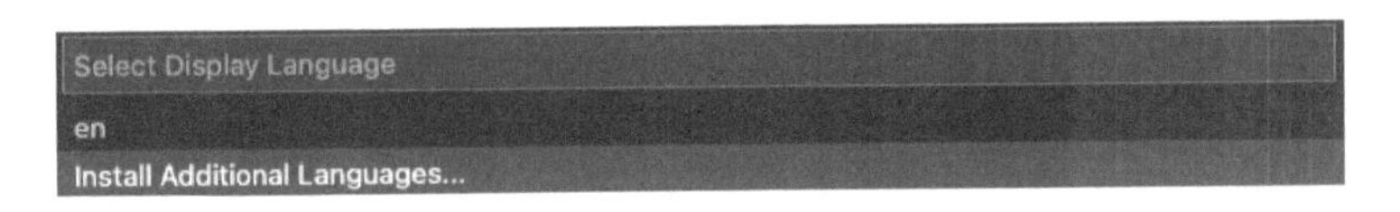

● 图 2.22 选择显示语言

这里没有中文这个选项，所以选择第二个 Install Additional Language 选项，就会跳转到 Visual Studio Code 的扩展插件界面，在其中直接选择中文（简体），如图 2.23 所示。

● 图 2.23 选择中文（简体）语言扩展插件安装包

这里直接单击 Install 按钮，当安装完成之后，重新启动 Visual Studio Code 应用程序，再次打开之后，软件的显示语言就变成了中文。

为了更加高效地开发 Vue 3 项目，这里推荐安装一款专门针对 Vue 3 开发的 Visual Studio Code 扩展插件：Volar。肯定有读者知道之前还有一款 Vue 的扩展插件叫作 Vetur。Volar 与 Vetur 不同之处在于：Volar 主要面向 Vue 3 版本，而 Vetur 则更多的是面对 Vue 2 版本。因为本书主要使用 Vue 3 版本，所以推荐大家安装 Volar 扩展插件。在 Visual Studio Code 左侧的扩展插件搜索栏里直接搜索 volar，然后选择 Vue Language Features（Volar）插件，单击安装即可，如图 2.24 所示。

这里再推荐大家安装一款专门用来格式化代码的 Visual Studio Code 扩展插件：ESLint。随着项目体积越来越大，好的代码风格可以降低开发人员维护项目的难度。ESLint 插件就是这样一款能够监控项目代码风格的插件。本书的实战项目中会介绍该插件具体的使用方法。在扩展插件搜索栏里搜索 ESLint，然后选择安装即可，如图 2.25 所示。

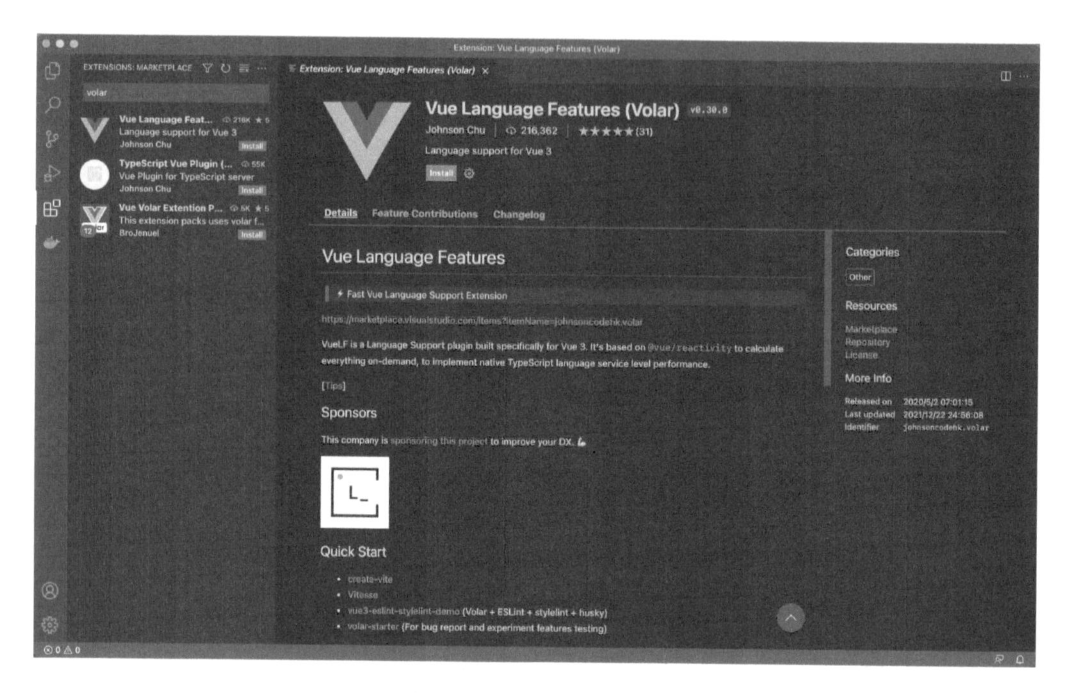

图 2.24 Volar 插件安装界面

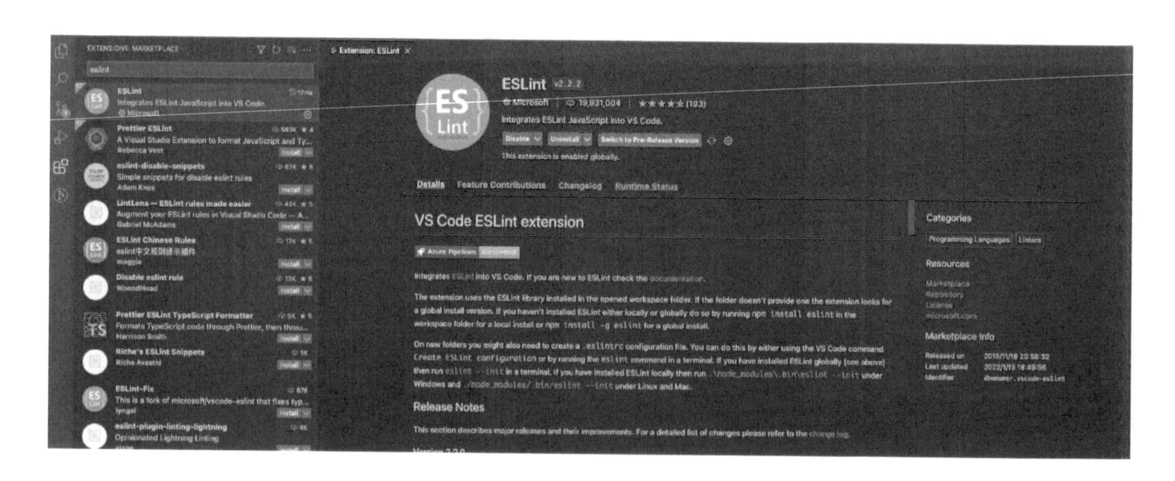

图 2.25 ESLint 插件安装界面

2.4 安装 vue-devtools

一个优秀的浏览器能帮助前端开发者大大地提升代码调试效率。本书推荐大家使用 Google 的 Chrome 浏览器作为项目调试浏览器。因为 Chrome 的开发者工具 DevTools 是 Vue 开发调试工具中最好的选择。在 DevTools 的基础上，Vue 官方还推出了 vue-devtools 扩展插件，开发人员可以通过插件查看页面内 DOM 元素布局、组件内属性、数值的变化及页面状态改变等情况。有了它，开发人员可以更好地调试 Vue. js 代码。

安装 vue-devtools 的方法有两种。第一种是在 Chrome 的网上应用商店中搜索 vue-devtools 并安装，但是本书推荐大家使用第二种方法安装，即从 Github 下载 vue-devtools 源码安装。安装步骤如下。

1）首先访问 vue-devtools 项目的 Github 地址：https：// github. com/vuejs/devtools，将代码复制或者下载到本地。

2）打开终端，进入到刚才下载的 devtools 目录，执行 yarn install 命令安装项目依赖。如果这里提示 yarn 命令不存在的错误信息，则需要先执行 npm install -g yarn 安装 yarn 命令，然后执行安装依赖命令。

3）安装完依赖之后，再执行 yarn run build，执行项目编译。当编译完成后，成功提示信息如图 2. 26 所示。

```
webpack 5.70.0 compiled successfully in 12136 ms
lerna success run Ran npm script 'build' in 9 packages in 34.3s:
lerna success - @vue/devtools-api
lerna success - @vue-devtools/app-backend-api
lerna success - @vue-devtools/app-backend-core
lerna success - @vue-devtools/app-backend-vue1
lerna success - @vue-devtools/app-backend-vue2
lerna success - @vue-devtools/app-backend-vue3
lerna success - @vue-devtools/shared-utils
lerna success - @vue-devtools/shell-chrome
lerna success - @vue/devtools
  Done in 34.56s.
```

● 图 2. 26　vue-devtools 源码编译成功提示界面

4）打开 Google Chrome 浏览器，在地址栏输入 chrome：// extensions/，进入扩展程序管理界面，并打开右上角的开发者模式开关，如图 2. 27 所示。

● 图 2. 27　Google Chrome 扩展程序管理界面

5）单击“加载已解压的扩展程序”按钮，并在弹出的文件选择框中选择刚才下载的 devtools 目录下的 packages/shell-chrome/文件，然后单击“选择”按钮，就可以将 vue-devtools 插件添加进来，如图 2. 28 所示。

这样，本书所用到的大部分开发环境和软件已安装和配置完毕。后面会逐步介绍开发和调试的具体过程。

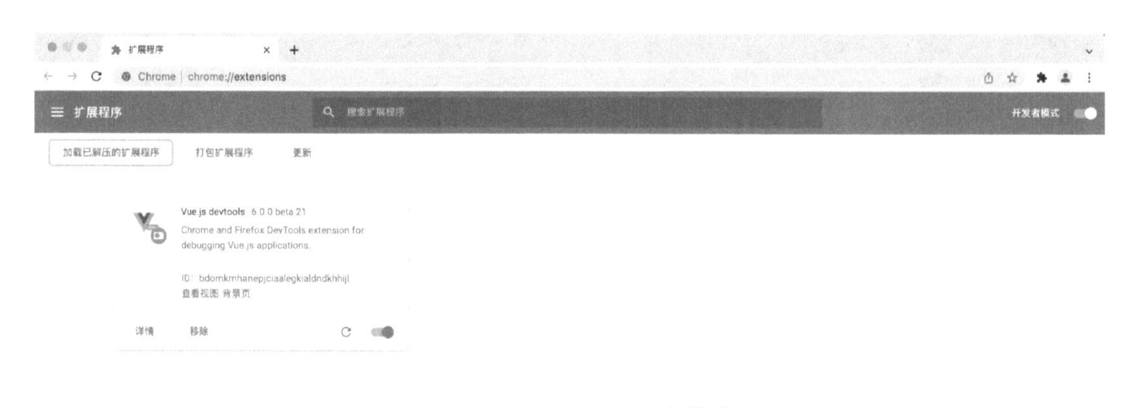

图 2.28 vue-devtools 安装成功

2.5 查看 Vue. js 源码

Vue 3 的源码已经托管在了 Github 上，地址是：https：// github. com/ vuejs/ vue-next。学有余力的读者，可以在线查看 Vue 3 源码，也可以复制代码到本地查看学习。

一般来说，每个代码仓库有很多代码分支，在 vue-next 仓库中，主线 master 分支代表的是新开发的代码，里面不光包含了新版本的 Vue，还有新特性的开发，以及很多修复 Bug 的代码分支和版本分支。例如编著此书是，最新的 Vue 3. x 版本为 3. 2。在 Github 仓库中就有名为 3. 2 的代码分支，如图 2. 29 所示。

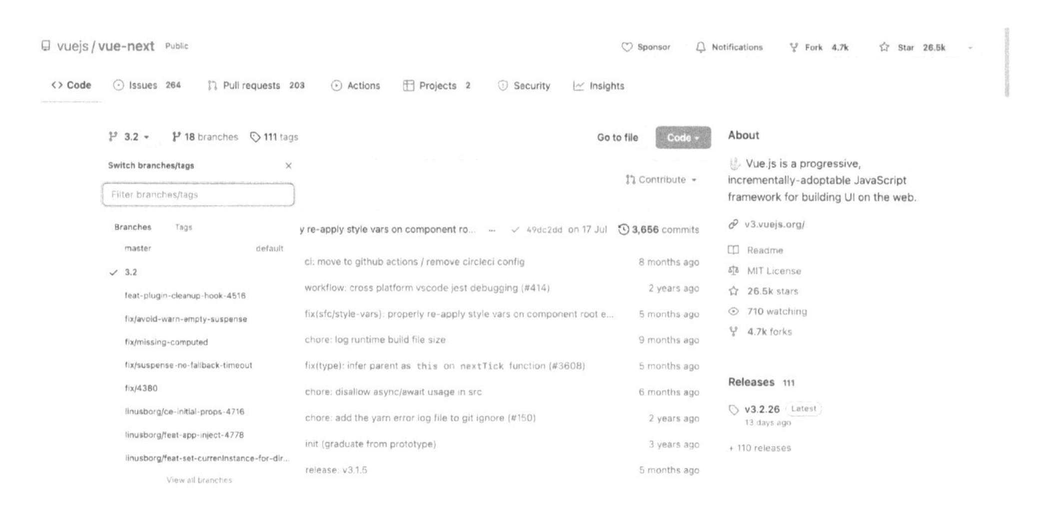

图 2.29 3.2 分支代码

当然，代码仓库还有很多 Tags，作为版本发布号。例如此时最新的版本是 3. 2. 26。大家在查看源码时，一定要注意代码的版本号。例如查看 3. 2. 26 版本的源码，只需要在 Tags 栏里选择 3. 2. 26 即可，这样代码界面就会如图 2. 30 所示。

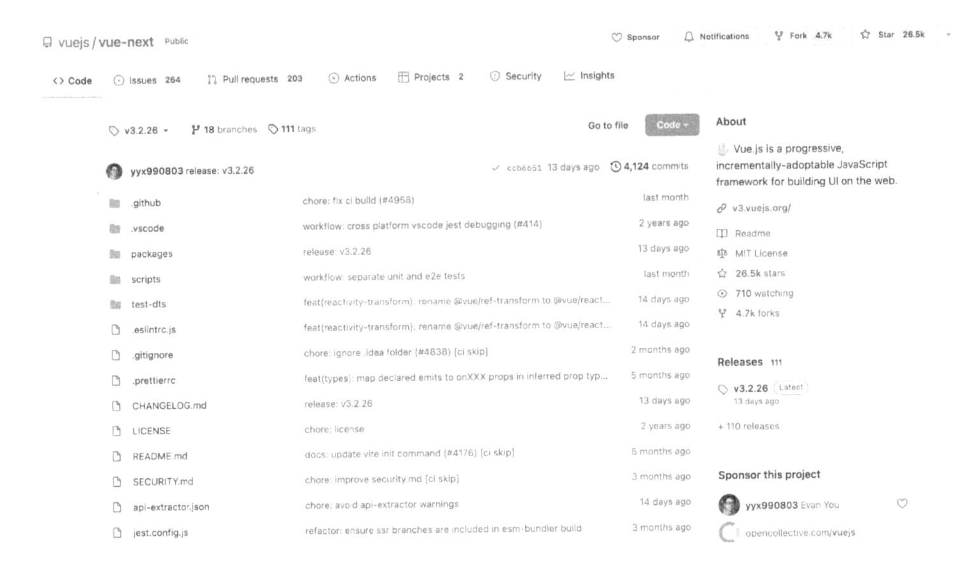

● 图 2. 30 3. 2. 26 版本代码

Vue 3. x 的源码都在项目的 packages 目录中，如图 2. 31 所示。

v3.2.26 vue-next / packages / Go to file

yyx990803 release: v3.2.26 ccb6651 13 days ago History

compiler-core	release: v3.2.26	13 days ago
compiler-dom	release: v3.2.26	13 days ago
compiler-sfc	release: v3.2.26	13 days ago
compiler-ssr	release: v3.2.26	13 days ago
reactivity-transform	release: v3.2.26	13 days ago
reactivity	release: v3.2.26	13 days ago
runtime-core	release: v3.2.26	13 days ago
runtime-dom	release: v3.2.26	13 days ago
runtime-test	release: v3.2.26	13 days ago
server-renderer	release: v3.2.26	13 days ago
sfc-playground	release: v3.2.26	13 days ago
shared	release: v3.2.26	13 days ago
size-check	release: v3.2.26	13 days ago
template-explorer	release: v3.2.26	13 days ago
vue-compat	release: v3.2.26	13 days ago
vue	release: v3.2.26	13 days ago
global.d.ts	chore: remove no longer needed shim for stream/web	14 days ago

● 图 2. 31 3. 2. 26 版本 packages 目录

这里这些文件夹的作用说明见表 2. 2。

表 2.2　packages 目录文件夹说明

名　称	说　明
compiler-core	底层编译器核心。既包含了基础功能，还包含了可以扩展的插件
compiler-dom	基于 compiler-core 的封装，主要针对浏览器的编译器
compiler-src	主要负责编译 Vue 单个文件组件工作的编译器
compiler-ssr	主要针对服务器渲染函数的编译器
reactivity-transform	目前还在开发的新功能，主要作用是在底层代码编译转换时扩展 Vue 响应式 API 的功能，使其使用起来更加简单方便
reactivity	Vue 3 新增的响应式系统的实现
runtime-core	Vue 运行时的核心组件，里面含有全部暴露的 API，用户可以使用此程序单独构建自定义渲染器
runtime-dom	Vue 运行时针对浏览器的组件，里面含有原生 DOM API、DOM 事件和 DOM 属性的处理
runtime-test	Vue 自己运行时的测试代码
server-renderer	主要负责服务器渲染的功能
sfc-playground	单文件深度选择器例子代码
shared	共享变量和常用函数
size-check	用于检测 tree-shaking 之后基线运行时的大小
template-explorer	模板编译输出的实时资源管理器，可以用于调试
vue-compat	Vue 3 迁移模块，主要负责项目从 Vue 2 迁移到 Vue 3 中的兼容性问题
vue	Vue 全面构建，引用 compiler 和 runtime 目录

如果想要在本地编译打包 Vue.js 代码，首先要将 vue-next 代码复制或者下载到本地。然后在项目主目录下，通过 git checkout <分支/版本>命令将代码切换到指定分支或者指定版本。接着执行 pnpm install 命令安装项目依赖。vue-next 代码使用 pnpm 来管理项目依赖包，如果提示 pnpm 不存在，则需要先执行 npm install -g pnpm 命令安装 pnpm，然后安装项目依赖。

当项目依赖安装完成后，再执行 pnpm run build 命令，对项目进行编译。编译过程中，系统会对 packages 目录下的每一个文件夹单独编译，最后生成一个 dist 文件夹存放编译好的代码。编译完成后如图 2.32 所示。

```
/Users/gao/Desktop/vue-learn/vue-next/packages/vue/src/runtime.ts → packages/vue
/dist/vue.runtime.esm-browser.prod.js...
created packages/vue-compat/dist/vue.global.prod.js in 8s

/Users/gao/Desktop/vue-learn/vue-next/packages/vue-compat/src/runtime.ts → packa
ges/vue-compat/dist/vue.runtime.global.prod.js...
created packages/vue-compat/dist/vue.runtime.global.prod.js in 6.8s

/Users/gao/Desktop/vue-learn/vue-next/packages/vue-compat/src/esm-index.ts → pac
kages/vue-compat/dist/vue.esm-browser.prod.js...
created packages/vue/dist/vue.runtime.esm-browser.prod.js in 7.5s
created packages/vue-compat/dist/vue.esm-browser.prod.js in 8.1s

/Users/gao/Desktop/vue-learn/vue-next/packages/vue-compat/src/esm-runtime.ts → p
ackages/vue-compat/dist/vue.runtime.esm-browser.prod.js...
created packages/vue-compat/dist/vue.runtime.esm-browser.prod.js in 7.1s

compiler-dom.global.prod.js min:54.71kb / gzip:20.62kb / brotli:18.45kb
reactivity.global.prod.js min:11.08kb / gzip:4.19kb / brotli:3.88kb
runtime-dom.global.prod.js min:81.04kb / gzip:30.87kb / brotli:27.88kb
vue.global.prod.js min:124.05kb / gzip:46.64kb / brotli:41.81kb
vue.runtime.global.prod.js min:81.04kb / gzip:30.87kb / brotli:27.88kb
```

● 图 2.32　编译完成提示

此时，编译好的 Vue.js 代码就是 packages/vue/dist/目录下的 vue.global.js 文件。想要在项目中使用，只需要将 vue.global.js 的代码保存到本地，然后通过<script>标签的方式引入使用即可。如果想要在线上项目使用，则需要将 vue.global.js 文件托管到服务器上，然后通过<script>引入即可。

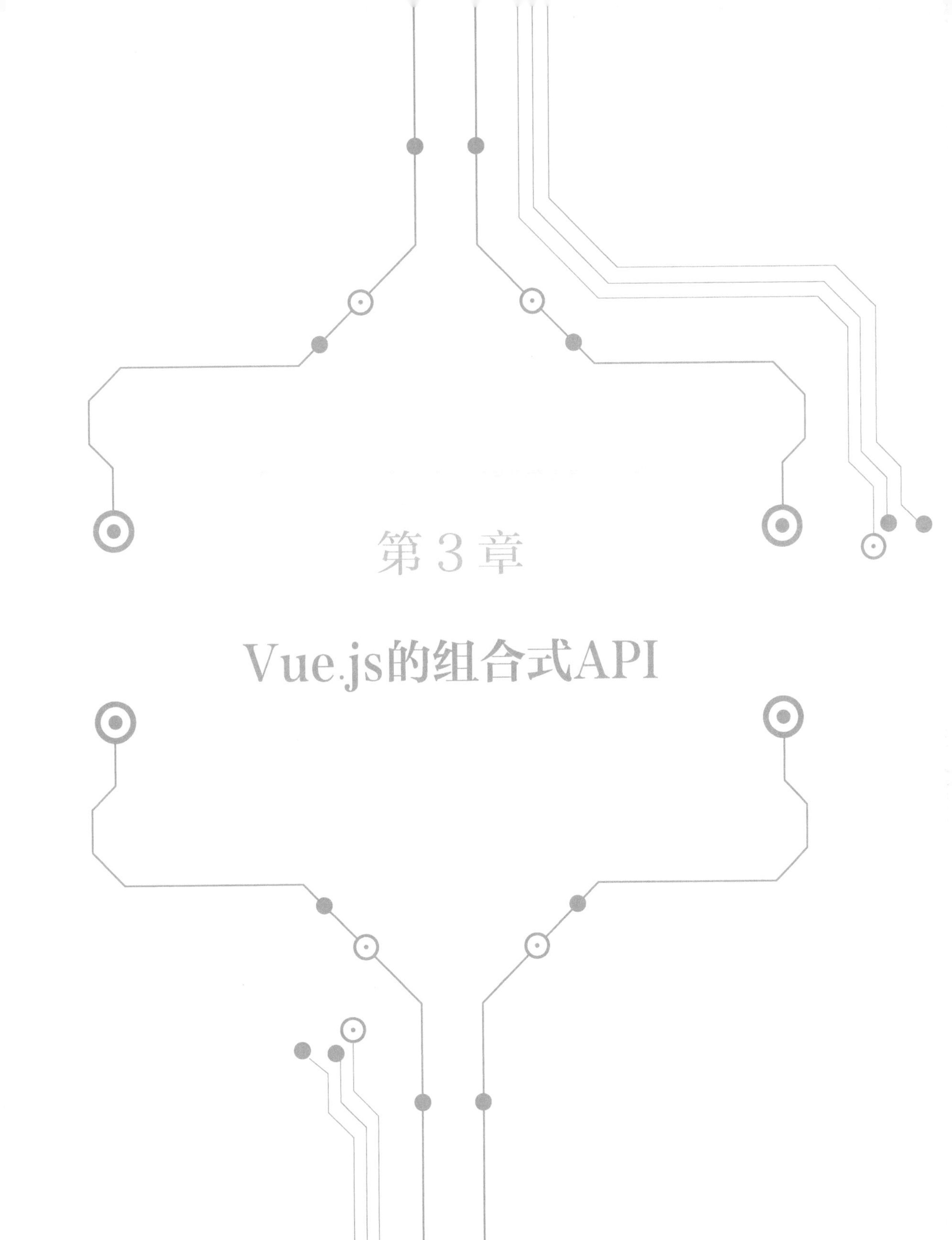

第3章 Vue.js的组合式API

组合式 API（Composition API）是 Vue 3 引入的，它以函数为载体，将业务相关的逻辑代码抽取到一起，再将整体打包对外提供相应能力的 API。它能够允许开发者更加灵活地组合组件逻辑，大大提高了代码的可读性。

它的发布让很多 Vue 开发者兴奋不已，因为能够让开发者更快地开发 Vue 项目，不再为 Vue 2.x 中的选项式 API 的可读性差而烦恼。本书中所有的项目均使用 TypeScript 语言和组合式 API 开发。接下来就为大家详细地介绍一下组合式 API 的好处和用法。

3.1 组合式 API 的介绍

Vue 2.x 中使用的是选项式 API。这种模式的好处就是相同类型的数据会放在同一个属性下，例如 computed 属性内全部是计算属性，methods 属性内全部是方法等。当 Vue 项目不算复杂的时候，用选项式 API 编写的 Vue 文件结构可以做到一目了然。但是如果 Vue 项目体积非常大，常常会出现一个复杂的组件内部同时需要处理好多逻辑，导致单个 .vue 文件的代码量有四五千行的情况。在这种情况下，阅读或者调试选项式 API 的代码就会非常烦琐。开发人员必须在文件里上下不停地翻动代码，使得开发或者调试效率变得很低。这个时候，Vue 3 推出的组合式 API 能完美地解决这个问题。

组合式 API 不再将代码按照属性分类，而是可以按照业务逻辑，抽离整合成一个一个的代码块。这样就大大提高了代码的灵活度，而且使得剥离、解耦、重构会变得非常方便。选项式 API 和组合 API 最明显的结构区别如图 3.1 所示。

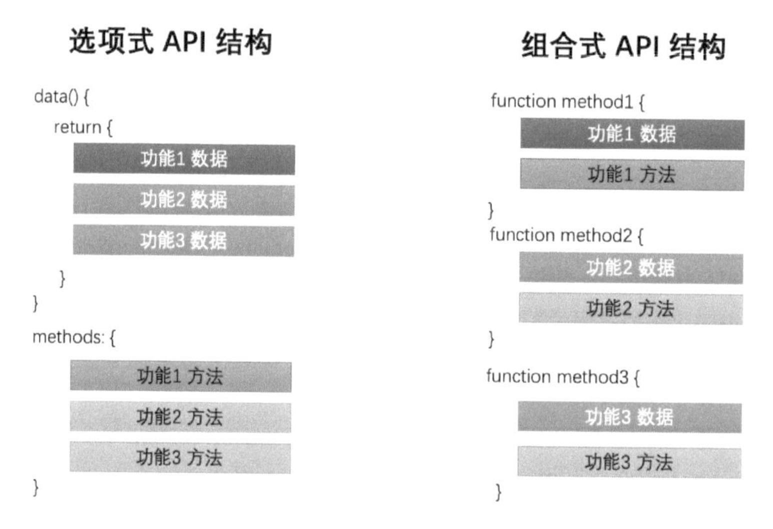

● 图 3.1　选项式 API 和组合式 API 结构区别

与选项式 API 的结构相比，组合式 API 的结构逻辑要更加合理，而且随着业务代码的增多，组合式 API 的优势就能体现出来。另外，正是因为组合式 API 是一套基于函数的 API，因此能够更好地和 TypeScript 集成。本章后面介绍的 Vue 项目均使用组合式 API 编写。

 setup( ) 函数和<script setup>

setup( )函数是 Vue 3 引入的新的组件选项，它是作为组件内使用组合式 API 的入口。setup( )函数会在组件创建之前被执行，一旦组件的 props 被解析，它就将作为组合式 API 的入口。

setup( )函数接收两个参数：props 和 context。其中，props 是第一个参数，这个就是外部组件给当前组件传递的 props 参数；context 是上下文，作为第二个参数传入，开发者可以从 context 中获取当前组件的 attribute、插槽、触发事件和暴露公共属性。可以参考以下代码。

```
01    <script lang="ts">
02    import {defineComponent } from 'vue';
03
04    export default defineComponent({
05      props: {
06        msg: String,
07      },
08      setup(props, context) {
09        // 可以打印 msg 的值
10        console.log(props.msg);
11
12        // Attribute (非响应式对象,等同于 $attrs)
13        console.log(context.attrs);
14
15        // 插槽 (非响应式对象,等同于 $slots)
16        console.log(context.slots);
17
18        // 触发事件 (方法,等同于 $emit)
19        console.log(context.emit);
20
21        // 暴露公共 property (函数)
22        console.log(context.expose);
23      },
24    });
25    </script>
```

因为 setup( )函数调用时机是组件正在创建时期，在挂载之前，所以在 setup( )函数内部，无法使用 this 关键字。这也就意味着，在 setup( )函数内部，开发者只能访问组件的 props、attrs、slots 和 emit 属性，组件的 data、computed、methods 和 refs 属性无法访问。

如果想要在 Vue 的模板中读取 setup( )函数内定义处理的数据、变量和方法，只需要给 setup( )函数添加一个 return 语句，然后将模板中需要读取的数据和变量放在 return 语句中即可，代码如下。

```
01    <script lang="ts">
02    import {defineComponent, ref, reactive } from 'vue';
03
04    interface Book {
05      title: string;
06    }
```

```
07
08    export default defineComponent({
09      setup(props, context) {
10        const readNumber = ref<number>(0);
11        const book = reactive<Book>({ title: 'Vue.js 3 实战' });
12
13        return {
14            studentName: '张三',
15            readNumber,
16          book,
17        };
18      },
19    });
20    </script>
21
22    <template>
23      <div>
24        {{studentName }} 已经阅读了 {{ readNumber }} 遍《{{ book.title }}》
25      </div>
26    </template>
```

可以看到这里将 name、readNumber 和 book 对象放到了 return 语句中，并且在模板里直接通过双括号的格式调用显示。至于这里的 readNumber 和 book 的定义方法，会在下一节详细为大家讲解。

其实关于 Vue 的 setup 相关内容，不仅仅只有一个 setup( ) 函数，同时还有一个在 Vue 3.1 推出的<script setup>标签。这里的 setup 可以理解为一种语法糖，它是专门写在 . vue 文件的<script>模板中的。代码如下。

```
<script setup lang="ts">
    // TypeScript 代码
</script>
```

Vue 推出组合式 API 的目的就是为了让开发者可以更好地组织代码结构；而推出 setup 属性，则是为了以一种更加精简的方式来书写组合式 API。

设置了 setup 属性的 script 模板，不再需要 defineComponent( ) 方法，取而代之的是直接在 script 模板中定义变量和编写函数，这种写法能够更完美地和 TypeScript 相结合，而且不再需要使用 return 语句就能在模板中直接读取属性。例如上面的那段代码，如果在添加了 setup 属性的 script 模板中完成，代码如下。

```
01    <script setup lang="ts">
02    import { ref, reactive } from 'vue';
03
04    interface Book {
05      title: string;
06    }
07    const readNumber = ref<number>(5);
08    const book = reactive<Book>({ title: 'Vue.js 3 实战' });
09    const studentName = '张三';
10    </script>
```

```
11
12    <template>
13      <div>
14        {{studentName }} 已经阅读了 {{ readNumber }} 遍《{{ book.title }}》
15      </div>
16    </template>
```

这里可以看到，代码量大大减少了，这就是 setup 属性再结合组合式 API 的优势。虽然这里没有了 props 和 context 参数，但是如果想要在有 setup 属性的 script 标签内访问这些变量，可以参考以下写法。

```
01    <script setup lang="ts">
02    import { ref,useSlots, useAttrs } from 'vue';
03
04    // 定义组件 Props
05    const props =defineProps({
06        foo: String,
07    });
08
09    // 定义触发事件
10    const emit =defineEmits(['change', 'delete']);
11
12    // 获取 Context 中的插槽
13    const slots =useSlots();
14
15    // 获取 Context 中的 Attribute
16    const attrs = useAttrs();
17
18    const a = 1;
19    const b = ref(2);
20
21    // 定义暴露公共 property(函数)
22    defineExpose({
23      a,
24      b,
25    });
26    </script>
```

这些属性虽然写法和 setup( ) 函数内部不同，但是在含有 setup 属性的 script 模板内都是可以创建和访问的。本章后面的 Vue 项目均采用含有 setup 属性的 script 模板编写。

3.3 响应式 API

响应式是一种允许以声明式的方式去适应变化的编程范例。Vue 框架的特点之一就是响应式。Vue 2. x 是基于 Object. defineProperty( ) 方法实现响应式。但是 Object. defineProperity( ) 方法有一定的局限性，例如 Object. defineProperty( ) 无法监听对象属性的新增。为了克服这种缺陷，Vue 在 3. x 时引入 Proxy 对象来实现响应式。Proxy 不仅可以监听到属性的变化和删除，同时还支持代理复杂的数据结构，例如 Map、Set、Symbol 等。但是 Proxy 也有缺点，即不兼容 IE 11。如果考虑兼容 IE 11 的问题，就只能使用 Vue 2.x 版本了。

为了方便开发，Vue 3.x 专门封装了基于 Proxy 的响应式 API 接口，供开发者调用开发。在这些响应式开发 API 中，最重要的两个就是 ref()和 reactive()。它们在前几节的例子中出现过，接下来就为大家讲解其具体如何使用。

3.3.1 reactive 的用法

Vue 的 reactive()方法通过接收一个对象，返回对象的响应式副本，例如下面这段代码。

```
01    <script setup lang="ts">
02    import { reactive } from 'vue';
03
04    interface CountObject {
05      count: number;
06    }
07
08    const reactiveCount = reactive<CountObject>({ count: 0 });
09    </script>
10
11    <template>
12      <p>
13        响应式 Count: {{ reactiveCount.count }}
14        <span><button @click="reactiveCount.count++">++</button></span>
15      </p>
16    </template>
```

这里通过 reactive()方法将 {count: 0} 对象封装成一个响应式对象，并且可以通过单击模板中的按钮来动态实现数据更新，如图 3.2 所示。

图 3.2　reactive()响应式变量效果

reactive()方法封装对象成为响应式并不仅仅只是一层，而是深层转换。如果想要在 script 模板中修改对象某个属性的值，直接访问进行修改即可。代码如下。

```
01    <script setup lang="ts">
02    import { reactive } from 'vue';
03
04    interface Student {
05      name: string;
```

```
06      test_scores: {
07        name: string;
08        score: number;
09      };
10    }
11
12    const student = reactive<Student>({
13      name: '张三',
14      test_scores: { name: '数学', score: 99 },
15    });
16
17    const reset = (): void => {
18      student.test_scores.score = 0;
19    };
20    </script>
21
22    <template>
23      <p>学生: {{ student.name }}</p>
24      <p>成绩: {{ student.test_scores.name }} {{ student.test_scores.score }} 分</p>
25      <button @click="reset">重置成绩</button>
26    </template>
```

这里 reactive( )将一个比较复杂的对象转换成了响应式对象，通过单击屏幕中的“重置成绩”按钮，调用 reset 方法，就可以将 student 对象中的 score 重置成 0 分。这里对按钮绑定的方法以后会详细讲解。同时，在方法内部，直接访问对象的属性就可以更改数值，这使得开发者对修改响应式对象数据并不会陌生。

3.3.2 ref 的用法

在 Vue 3.x 中，ref( )负责将基本数据类型的数据封装成响应式数据。在本书所使用的 TypeScript 语言中，这些基本数据类型如下所示。

1） String。

2） Number。

3） Boolean。

4） Bigint。

5） Symbol。

6） Undefined。

7） Null。

ref( )负责接收上述类型的数值返回一个响应式且可变的 ref 对象。若要获取其中的值，需要访问对象的 . value 属性。例如下面的代码。

```
01    <script setup lang="ts">
02    import { ref } from 'vue';
03
04    // string 基本类型
05    const refString = ref<string>('Vue.js 3');
```

```
06    console.log('string 基本类型:', refString.value);
07
08    // number 基本类型
09    const refNumber = ref<number>(66);
10    console.log('number 基本类型:', refNumber.value);
11
12    // boolean 基本类型
13    const refBoolean = ref<boolean>(true);
14    console.log('boolean 基本类型:', refBoolean.value);
15
16    // bigint 基本类型
17    const refBigint = ref<bigint>(9007199254740991n);
18    console.log('bigint 基本类型:', refBigint.value);
19
20    // symbol 基本类型
21    const symbolObject = Symbol('SymbolObject');
22    const refSymbol = ref<symbol>(symbolObject);
23    console.log('symbol 基本类型:', refSymbol.value);
24
25    // undefined 基本类型
26    const refUndefined = ref<undefined>(undefined);
27    console.log('undefined 基本类型:', refUndefined.value);
28
29    // null 基本类型
30    const refNull = ref<null>(null);
31    console.log('null 基本类型:', refNull.value);
32    </script>
33
34    <template>
35      <p>string 基本类型: {{ refString }}</p>
36      <p>number 基本类型: {{ refNumber }}</p>
37      <p>boolean 基本类型: {{ refBoolean }}</p>
38      <p>bigint 基本类型: {{ refBigint }}</p>
39      <p>symbol 基本类型: {{ refSymbol }}</p>
40      <p>undefined 基本类型: {{ refUndefined }}</p>
41      <p>null 基本类型: {{ refNull }}</p>
42    </template>
```

从上面的这段代码中可以看到，如果想要在 script 模板中读取或者修改 ref 对象的值，需要从 .value 属性中获得。在模板中可以直接通过双括号引用读取出来。这里要注意，因为 ref 对象是响应式对象，所以一旦 ref 的 .value 属性值被修改，那么对应的页面模板也会重新渲染。这段代码运行结果如图 3.3 所示。

reactive()负责封装对象变量，ref()负责封装基础数据变量，这两个方法是 Vue 3 中最常见也是最重要的命令之一。

如果使用组合式 API+setup 属性+响应式 API+TypeScript 组合开发 Vue 3 项目，能够给开发者带来非常高效的开发体验，而这种开发模式，也是官方推荐的模式。

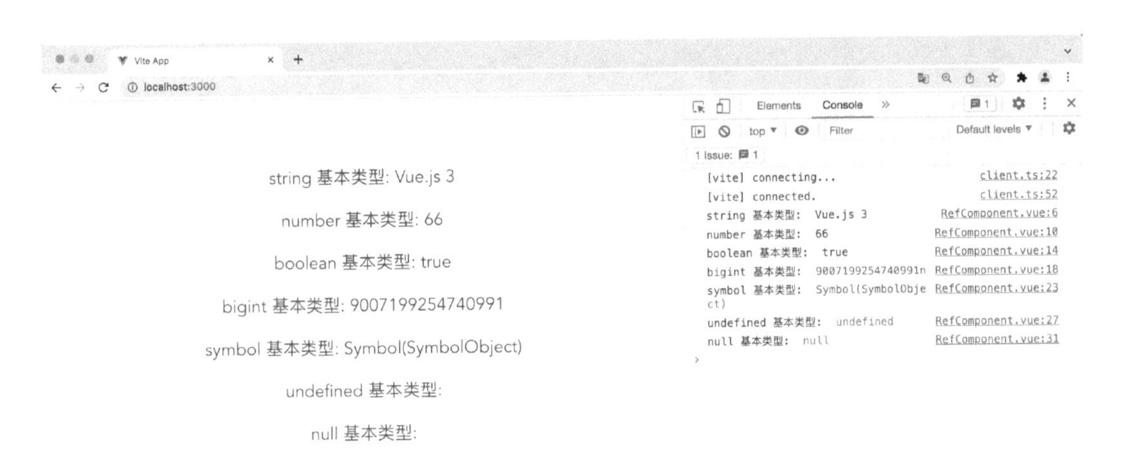

● 图3.3 ref响应式API运行效果

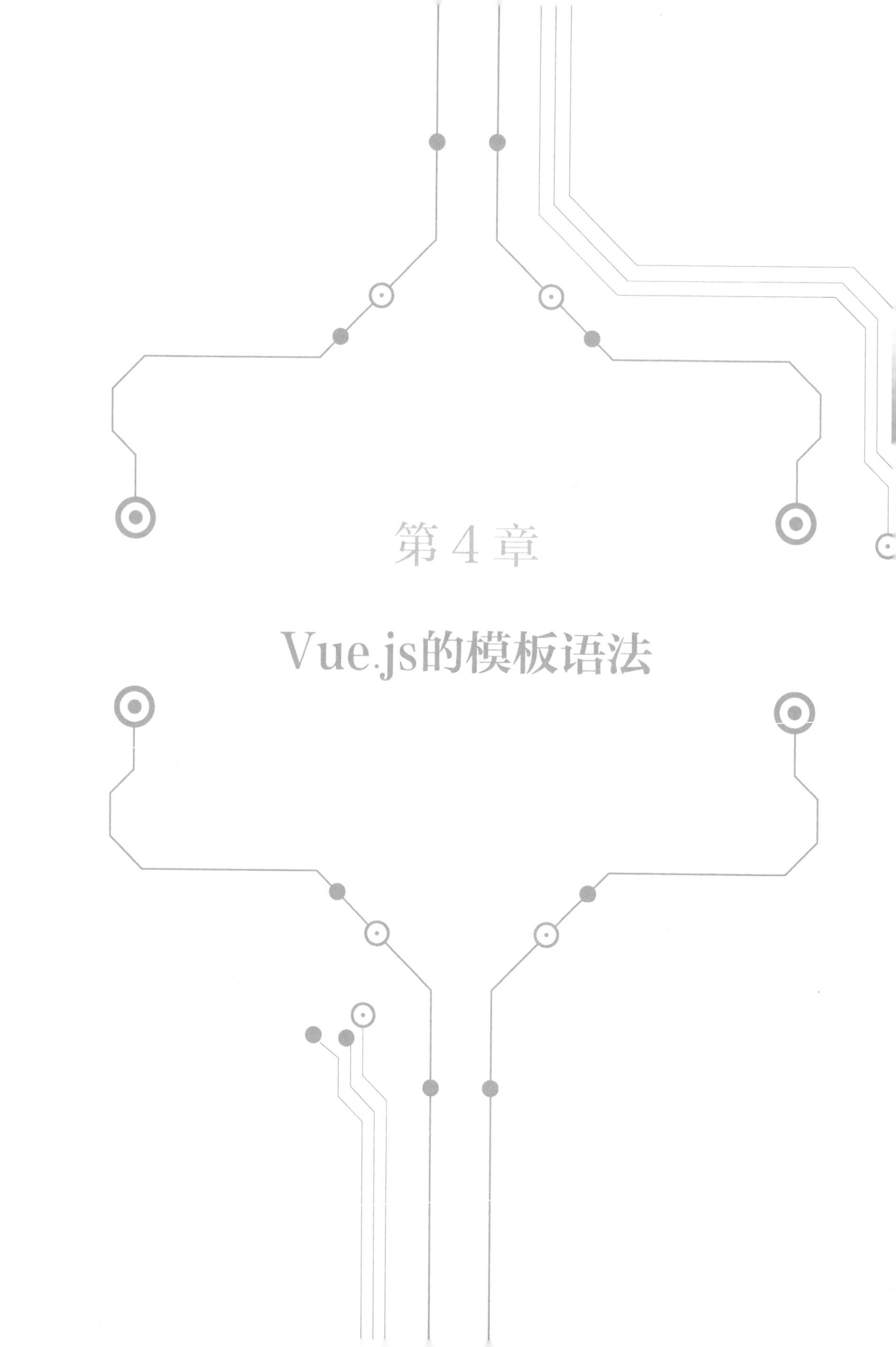

第 4 章

Vue.js的模板语法

Vue. js 使用了基于 HTML 的模板语法，允许开发者声明式地将 DOM 绑定至底层组件实例的数据。Vue. js 的模板都是合法的 HTML，所以能被遵循规范的浏览器和 HTML 解析器解析。这些语法均能在上一章中所说的 Vue 源码中找到并实现。同时在底层的实现上，Vue 将模板编译成虚拟 DOM 渲染函数。结合响应式系统，Vue 能够智能地计算出最少需要重新渲染多少组件，并把 DOM 操作次数减到最少，来提升整体运行效率。本章为大家介绍 Vue. js 的模板语法，并在最后通过一个案例来体验 Vue. js 模板语法的使用。

4.1 Vue 项目目录详解

在第 2 章介绍了三种创建 Vue. js 项目的方法：通过 CDN 引入、通过 Vue CLI 创建和通过 Vite 创建。因为本书在后面的章节主要介绍 Vite 的使用，所以本节在第 2 章的基础上，通过 “Vite 创建” 快速创建一个名为 vite-app 的 Vue 3. x 项目。

在终端中，进入存放项目的目录，通过以下命令创建 vite-app 项目。

```
npm init vite@latest vite-app
```

然后选择 vue 模板和 vue-ts 语法，并依次执行 cd vite-app 和 npm install 命令安装项目依赖。项目创建好之后，可以先执行一下项目的打包命令 npm run build，该命令会将当前项目的所有代码打包成用于部署在服务端的 . js 文件、. html 文件等。用 Visual Studio Code 打开项目，可以看到页面左侧有当前项目的目录，如图 4. 1 所示。

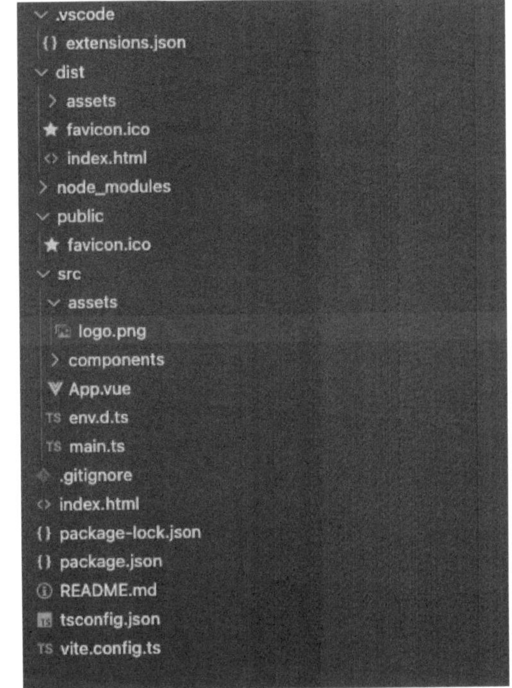

● 图 4. 1　vite-app 项目目录

这里的目录结构是 Vite 依照模板自动生成的。这些文件和文件夹的作用如下。

“. vscode” 目录里面存放的是 Visual Studio Code 软件的配置文件，可以看到这里有一个名为 extensions. json 的文件，里面的内容是 { “recommendations”: [“johnsoncodehk. volar”] }，意思是 Vite 在生成 TypeScript 的 Vue 3. x 项目时，会自动推荐当前 Visual Studio Code 安装官方推出的 Volar 插件。

dist 目录用于存放项目打包文件。一般这里有 “. js” 文件、“. html” 文件、“. css” 文件、图片文件和一些资源文件。这些文件会作为项目的源文件部署到生产环境的服务器上，然后浏览器可以通过加载此目录中的 index. html 文件来访问项目。

node_modules 目录是用于存放包管理工具下载安装的包的文件夹。

public 目录是存放整个项目公共内容的地方，这里就存放的网站图标。

src 目录是用于存放项目代码的地方，说明如下。

- src/assets 目录一般用于存放项目静态资源，例如图片、音频、视频或者文件。这里默认是一个 logo.png 图片。
- src/components 目录用于存放项目组件。
- src/App.vue 文件是项目的入口 Vue 文件，项目的主组件就是在这个文件中编写的。
- src/env.d.ts 文件属于配置文件，其作用是将项目中所有的 .vue 结尾的文件，在编译时自动转换成 JavaScript 可以识别的文件类型。
- src/main.ts 文件是项目入口的 ts 文件。项目在这个文件里完成了 Vue 实例的挂载。

“.gitignore”文件是用来配置不需要 git 版本管理的目录或文件的地方。这里所配置的文件或者目录，git 均不会追踪变化，也不会将这些内容上传到代码库。一般会把第三方资源、临时文件、编译产生的文件等配置到这里。

index.html 文件是项目页面入口文件。由于 Vue.js 开发的应用为单页面应用，这里就是单页面应用的入口 HTML 文件。

package-lock.json 文件会在执行 npm install 之后自动生成，里面记录了当前项目通过 npm 安装的包的详细信息，例如版本号、来源等。

package.json 文件是 Node 项目的配置信息，里面包含了项目的基本信息，例如项目名称、项目版本号、项目作者、项目描述等，同时还包含了项目的依赖库情况、项目脚本等信息。一般拿到项目首先会来这里看这个文件。

README.md 是项目的 Git 的说明引导文件，一般写项目描述，如何开发项目以及如何发布项目等操作的说明文档。

tsconfig.json 文件是项目 TypeScript 的配置文件。

vite.config.ts 是项目的 Vite 配置文件。

以上这些文件仅仅只是 Vite 按照模板自动生成的文件目录。在实际的开发中，文件目录还会增加一些。而项目中最关键的 src 目录组织结构如图 4.2 所示。

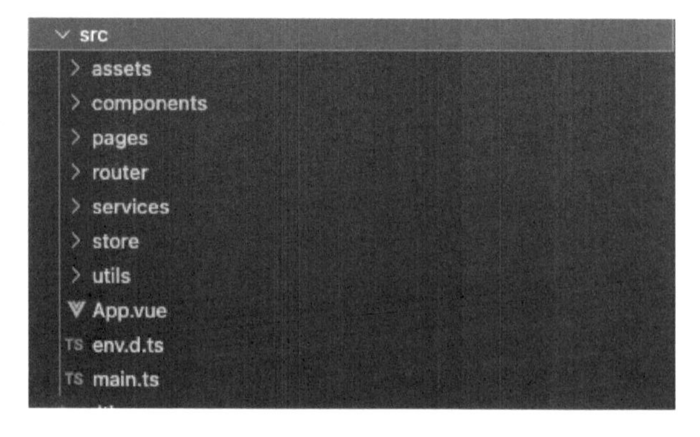

图 4.2 vite-app 项目 src 目录

这里的目录结构说明如下。

assets 目录用来存放项目的资源文件，例如图片、视频、音频等。

components 目录用来存放 Vue 项目中的组件。

pages 目录用来存放项目中所有页面的 Vue 文件。

router 目录用来存放路由配置相关的文件。

services 目录负责存放数据请求相关的代码。

store 目录用来存放项目状态管理器 Vuex 相关的配置文件。

utils 目录用来存放项目的工具函数文件。

在这样配置之后，整个项目的结构目录就一目了然，大大提高了项目的可读性。各个不同的模块、组件、页面以及公共函数存放在指定的目录中，能够让新接触项目的开发人员在短时间之内熟悉代码结构，上手开发。

4.2 Vue 应用程序实例

Vue 项目是一个单页面应用程序，每个 Vue 应用都有一个应用程序实例，在代码中，应用程序实例通过 createApp( ) 方法创建。一般而言，在一个项目中只有一个全局的 Vue 应用程序，当然也可以根据需要创建多个 Vue 应用程序实例。在项目目录中，创建应用程序实例代码一般会在 main 文件中。例如在 vite-app 项目里，创建 Vue 应用程序实例代码就在 main. ts 文件中，具体代码如下。

```
01    import {createApp } from 'vue'
02    import App from './App.vue'
03
04    createApp(App).mount('#app')
```

可以看到在这里通过传入 App 根组件给 createApp( ) 方法，创建出来一个全局的 Vue 的应用程序实例。然后调用实例的 mount( ) 方法，指定一个 DOM 元素作为装载应用程序实例的根组件节点。这个 DOM 元素内的所有变化会被 Vue 框架监控，从而实现数据的双向绑定。因为应用程序实例暴露出来的大多数方法都返回同一个实例，所以可以采取链式效用。这里 Vite 创建的代码就是采用的链式调用。

4.3 Vue 生命周期

Vue 的组件都有一套完整的生命周期。这套生命周期对于 Vue 开发者来说非常重要，生命周期关系到一系列初始化的问题。例如需要设置数据监听、编译模板、将实例挂载到 DOM 并在数据变化时更新 DOM 等。只有开发者熟悉 Vue 的生命周期，才能正确地解决这些问题。

Vue. js 官网有一张非常清晰的关于生命周期的图片，如图 4. 3 所示。

图 4. 3 中阐述了一个 Vue 组件从创建到销毁的全部生命周期。在这张图里，阴影框标注的内容都是生命周期钩子函数。开发人员可以根据项目的需要，在 Vue 暴露出来的生命周期钩子函数中添加代码实现需求。这些钩子函数的含义如下。

beforeCreate：钩子函数在实例初始化之前调用，此时组件的 data 变量没有变成响应式变量，events 变量还没有初始化。

created：钩子函数在实例初始化完成之后立刻调用。此时 templates 模板和虚拟 DOM 还没有挂载和渲染，但是可以访问 data 变量和 events 变量。

beforeMount：钩子函数在组件挂载和渲染之前被调用。

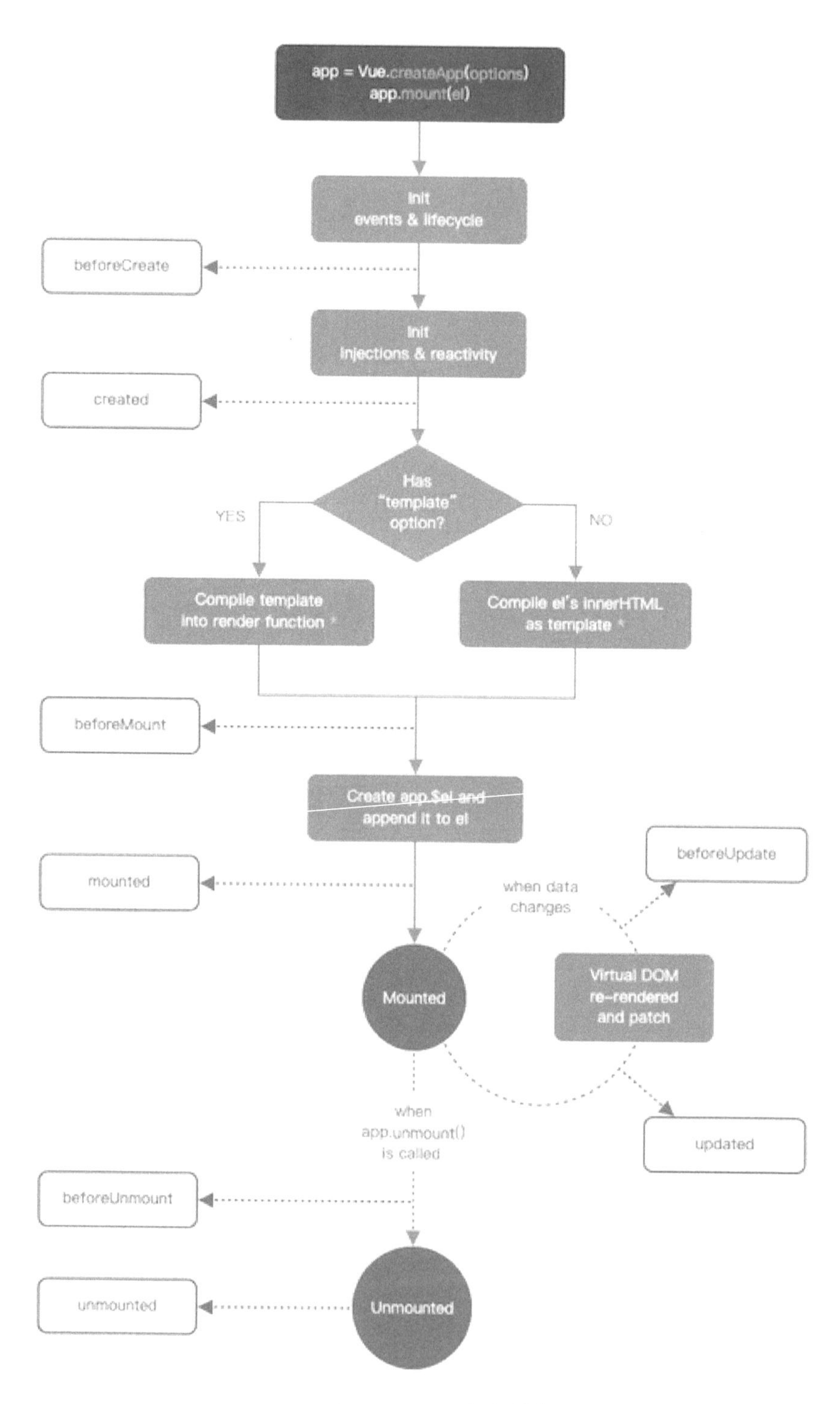
app = Vue.createApp(options)
app.mount(el)
Init
events & lifecycle
beforeCreate
Init
injections & reactivity
created
Has
"template"
option?
YES
NO
Compile template
into render function *
Compile el's innerHTML
as template *
beforeMount
Create app.$el and
append it to el
mounted
beforeUpdate
when data
changes
Mounted
Virtual DOM
re-rendered
and patch
updated
when
app.unmount()
is called
beforeUnmount
unmounted
Unmounted

图 4.3　Vue 生命周期

mounted：钩子函数会在组件挂载渲染完成之后被调用，标志着组件已经完成了所有初始化内容，用户能够访问组件的全部内容，包括模板、DOM 元素、event 事件等。

beforeUpdate：钩子函数会在组件的 data 数据发生变化，DOM 元素还没有重新渲染之前调用。如果数据变化并不会影响 DOM 重新渲染，则此钩子函数不会被调用。

updated：钩子函数会在数据改变之后，DOM 元素重新渲染之后被调用。若之前的数据变化不引起 DOM 重新渲染，此钩子函数同样不会被调用。

beforeUnmount：钩子函数会在卸载组件实例之前调用。在这个阶段，实例仍然是完全正常的。

Unmounted：钩子函数会在卸载组件实例后调用。调用此钩子时，组件实例的所有指令被解除绑定，所有事件侦听器被移除，所有子组件实例被卸载。

以上的这些生命周期钩子函数的触发位置都在图 4.3 中标注出来了。其实 Vue 还有一些其他的生命周期钩子函数，如下。

activated：钩子函数会在被 keep-alive 缓存的组件激活时调用。

deactivated：钩子函数会在被 keep-alive 缓存的组件失活时调用。

errorCaptured：钩子函数会在捕获一个来自后代组件的错误时被调用。此钩子会收到三个参数：错误对象、发生错误的组件实例，以及一个包含错误来源信息的字符串。此钩子函数可以返回 false，以阻止该错误继续向上传播。

renderTracked：钩子函数会在跟踪虚拟 DOM 重新渲染时调用。钩子接收 debugger event 作为参数。此事件告诉你哪个操作跟踪了组件，以及该操作的目标对象和键。

renderTriggered：钩子函数在虚拟 DOM 重新渲染被触发时调用。和 renderTracked 类似，接收 debugger event 作为参数。此事件告诉你是什么操作触发了重新渲染，以及该操作的目标对象和键。

以上这些就是 Vue 的全部生命周期钩子函数。可以在刚才创建的 vite-app 应用中验证这些生命周期钩子函数，需要删除/src/components/HelloWorld.vue 文件，并把/src/App.vue 文件中的<script>和<template>部分修改成如下代码。

```
01    <script lang="ts">
02    import {defineComponent } from 'vue'
03
04    export default defineComponent({
05      data() {
06        return {
07          message: "Peekpa Vue.js 3.0",
08          count: 0,
09        }
10      },
11      props: {
12        msg:String,
13      },
14      beforeCreate() {
15        console.log('beforeCreate()');
16      },
17      created() {
18        console.log('created()');
```

```
19      },
20      beforeMount() {
21        console.log('beforeMount()');
22      },
23      mounted() {
24        console.log('mounted()');
25      },
26      beforeUpdate() {
27        console.log('beforeUpdate()');
28      },
29      updated() {
30        console.log('updated()');
31      }
32    })
33    </script>
34
35    <template>
36      <h1>{{ message }}</h1>
37      <button type="button" @click="count++">count is: {{ count }}</button>
38    </template>
```

直接在终端使用 npm run dev 命令，启动项目。然后打开 Google Chrome 浏览器，输入项目地址 http://localhost:3000/，并且打开 Chrome 开发者工具，在终端里可以看到打印的日志信息，如图 4.4 所示。

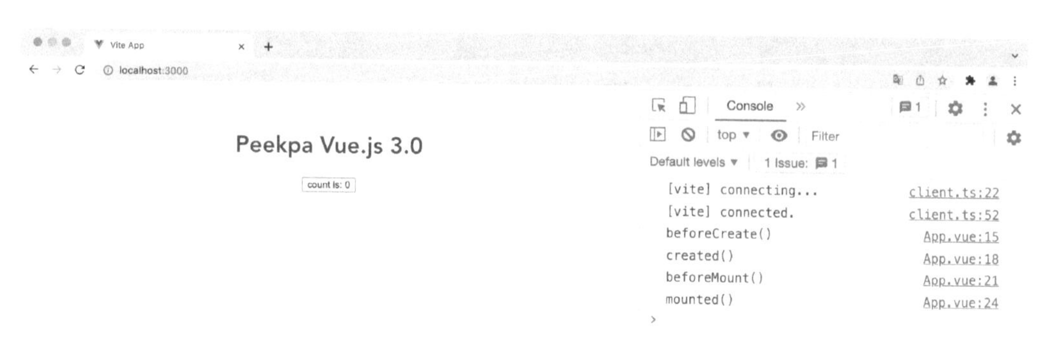

● 图 4.4　调用生命周期钩子函数打印的日志信息

可以看到这里随着 HelloWorld 组件的创建和渲染，浏览器终端里打印了 beforeCreated()、created()、beforeMount()和 mounted()日志，代表这四个声明周期钩子函数被调用了。此时，如果按下页面中的 “count is：0” 按钮，日志信息又会发生改变，如图 4.5 所示。

可以看到 beforeUpdate()和 updated()生命周期函数钩子被调用打印了日志，并且每一次单击，都会打印新的日志。原因就在于 “count is：0” 按钮执行的操作是让 count 数值加一，而且在页面上，count 变量的值是在 button 里面显示的。所以每一次 count 的数值发生改变，都会触发页面重新渲染，从而 beforeUpdate()函数和 updated()函数被调用。

生命周期的概念对于 Vue 开发人员很重要，可能你现在还不是很明白这些钩子函数的作用，不过

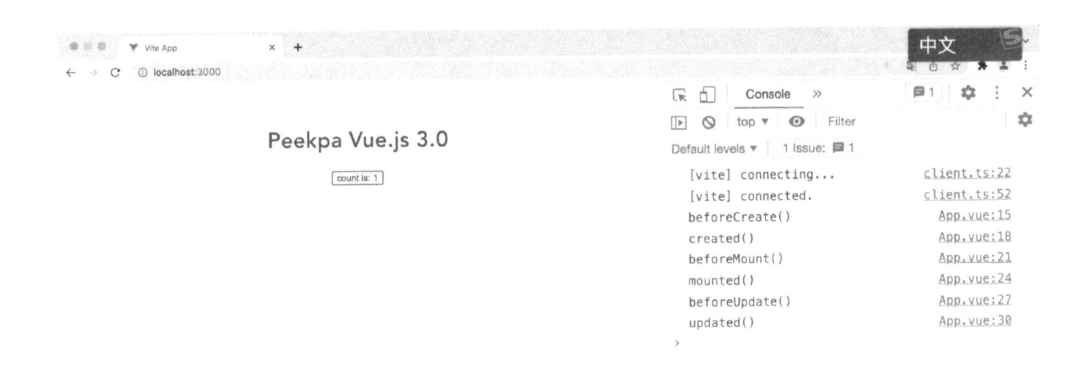

● 图4.5 调用 beforeUpdate 和 updated 生命周期钩子函数打印的日志信息

随着日后不断学习和使用，相信会慢慢理解这些钩子函数的使用场景以及它们的价值。上面的例子仅仅演示了几个最关键的生命周期钩子函数的使用场景，其他的生命周期函数会在之后的开发内容中详细讲解。

4.4 Vue 的插值

Vue.js 在 HTML 模板中，使用 Mustache（双大括号）语法的文本插值进行数据绑定。例如在上一节的 vita-app 项目中/src/App.vue 文件中的 message 变量和 count 变量，在对应的 template 模板中，它的数据绑定代码如下。

```
<h1>{{ message }}</h1>
<button type="button" @click="count++">count is: {{ count }}</button>
```

这里就是通过 {{ 变量名 }} 的 Mustache 语法来显示变量数值。这里的 Mustache 标签会自动替换成来自组件实例里的变量值。只要组件的绑定数值发生变化，插值处的内容也会被更新。

如果文本内容是一段 HTML 代码，比如在 vite-app 项目中的 App.vue 组件新添加一段 HTML 代码文字，代码如下。

```
01    export default defineComponent({
02      data() {
03        return {
04          message: "Peekpa Vue.js 3.0",
05          htmlMessage: "<span style='color:red'>红色字体为 HTML 文本</span>",
06          count: 0,
07        }
08      },
09      // 其他代码省略
10    }
```

此时如果像绑定 message 那样，在 HTML 页面里把 htmlMessage 内容通过双花括号的形式绑定输出，Vue 就会把 htmlMessage 的内容当纯文本渲染。因为双大括号会将数据解释为普通文本，而非

HTML 代码。如果想要正确渲染出来 htmlMessage 的内容，这里需要使用 v-html 指令，把 Vue.app 组件中的 template 模板修改如下。

```
01    <template>
02      <h1>{{ message }}</h1>
03      <button type="button" @click="count++">count is: {{ count }}</button>
04      <p>使用 HTML 文本:<span v-html="htmlMessage"></span></p>
05    </template>
```

此时打开 Google Chrome 浏览器，查看 http://localhost:3000/页面，如图 4.6 所示。

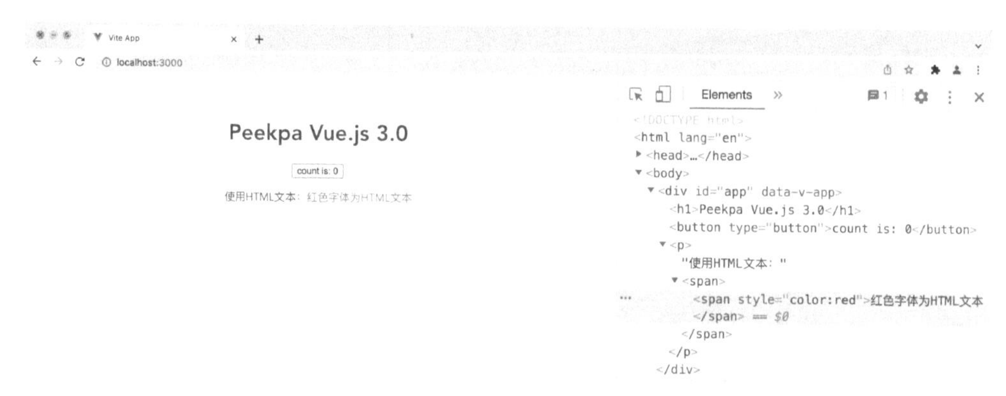

图 4.6　HTML 文本内容正常渲染

可以看到页面中红色的部分就是 htmlMessage 内容的正确渲染。

Mustache 语法不能在 HTML 的 attribute 中使用，但是可以使用 Vue 自带的 v-bind 指令实现。比如要动态修改一个<input>标签的占位符，在 App.vue 组件里的 data 中，添加一个 placeHolderMessage 值，代码如下。

```
01    data() {
02      return {
03        message: "Peekpa Vue.js 3.0",
04        htmlMessage: "&lt;span style='color:red'&gt;红色字体为 HTML 文本 &lt;/span&gt;",
05        placeHolderMessage: '属性绑定',
06        count: 0,
07      }
08    }
```

然后使用 v-bind 指令，在 App.vue 组件的 template 模板中，添加一个<input>标签，代码如下。

```
01    <template>
02      <h1>{{ message }}</h1>
03      <button type="button" @click="count++">count is: {{ count }}</button>
04      <p>使用 HTML 文本:<span v-html="htmlMessage"></span></p>
05      <input type="text" v-bind:placeholder="placeHolderMessage">
06    </template>
```

可以看到这里使用 v-bind: attribute_name = "变量" 的格式来动态绑定 HTML 属性值。此时打开浏览器就能看到绑定效果，如图4.7所示。

● 图4.7　动态绑定属性

除了绑定简单的HTML属性之外，Vue.js还提供了完全的JavaScript表达式支持。例如在App.vue组件的template模板中，添加下面这段代码，将message中所有英文通过JavaScript提供的toUpperCase()方法全部改成大写英文，代码如下。

```
01    <template>
02      <h1>{{ message }}</h1>
03      <button type="button" @click="count++">count is: {{ count }}</button>
04      <p>使用 HTML 文本:<span v-html="htmlMessage"></span></p>
05      <input type="text" v-bind:placeholder="placeHolderMessage">
06      <h1>{{ message.toUpperCase() }}</h1>
07    </template>
```

此时打开浏览器，可以看到原来的message全部改成了大写英文，效果如图4.8所示。

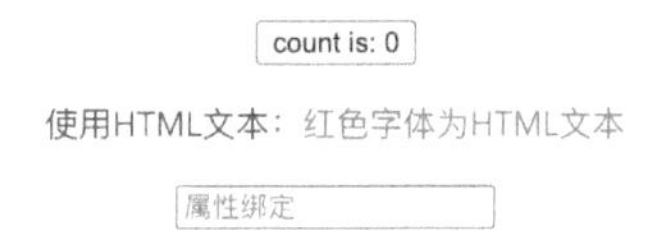

● 图4.8　JavaScript表达式效果

像下面的这些JavaScript方法是可以直接使用的。

```
01    {{ number + 1 }}
02    {{ ok ? 'YES' : 'NO' }}
03    {{ message.split('').reverse().join('') }}
04    <div v-bind:id="'list-' + id"></div>
```

但是这里需要注意一点，这些 JavaScript 表达式只会在当前活动实例的数据作用域下作为 JavaScript 被解析。每个绑定只能包含单个表达式，JavaScript 语句是不会生效的。

4.5 Vue 的指令

在 Vue.js 的模板中，所有的带有 v-前缀的特殊属性，其值预期是单个 JavaScript 表达式。指令的作用是当表达式的值发生改变时，将其产生的连带影响，响应式地作用于 DOM 元素。例如在上一节所举的<input>标签占位符的例子。

```
<input type="text" v-bind:placeholder="placeHolderMessage">
```

通过修改组件传递的 placeHolderMessage 的值，直接作用于页面中的 input DOM 元素，并修改 input 的 placeholder 值，这就是指令的作用。

Vue.js 针对一些常用的页面功能进行了指令的封装，以 HTML 元素属性的方式供开发者使用。这些内置指令能够极大地提升开发效率。下面就来给大家介绍一下这些内部指令。

v-text 指令，作用是更新 DOM 元素的 textContent。这个效果等同于使用 Mustache 插值更新文本。例如下面的这段代码。

```
01    <script lang="ts">
02    import {defineComponent } from 'vue';
03
04    export default defineComponent({
05      data() {
06        return {
07          vTextMessage: "v-text 内容"
08        }
09      }
10    })
11    </script>
12
13    <template>
14      <p>v-text 指令示例: <span v-text="vTextMessage"></span></p>
15    </template>
```

运行之后，效果如图 4.9 所示。

其实这里 v-text 的效果等同于下面这段代码。

```
<span>{{vTextMessage }}</span>
```

v-html 指令，作用就是更新 DOM 元素的 innerHTML 属性。参见上一节的例子。

v-show 指令，作用是切换 DOM 元素的 display CSS 属性。通过接收一个布尔值，来切换 display 属

图 4.9　v-text 指令效果

性是否为 display：none。例如下面这段代码。

```
01    <script lang="ts">
02    import {defineComponent } from 'vue';
03
04    export default defineComponent({
05      data() {
06        return {
07          vShowValue: true,
08        }
09      }
10    })
11    </script>
12
13    <template>
14      <p v-show="vShowValue">v-show 指令示例</p>
15    </template>
```

因为此时 vShowValue 的值为 true，所以页面中的“v-show 指令示例”内容是显示的。但是如果设置 vShowValue 的值为 false，页面中的“v-show 指令示例”内容不显示，并且其 CSS 中 display 的值为 none，如图 4. 10 所示。

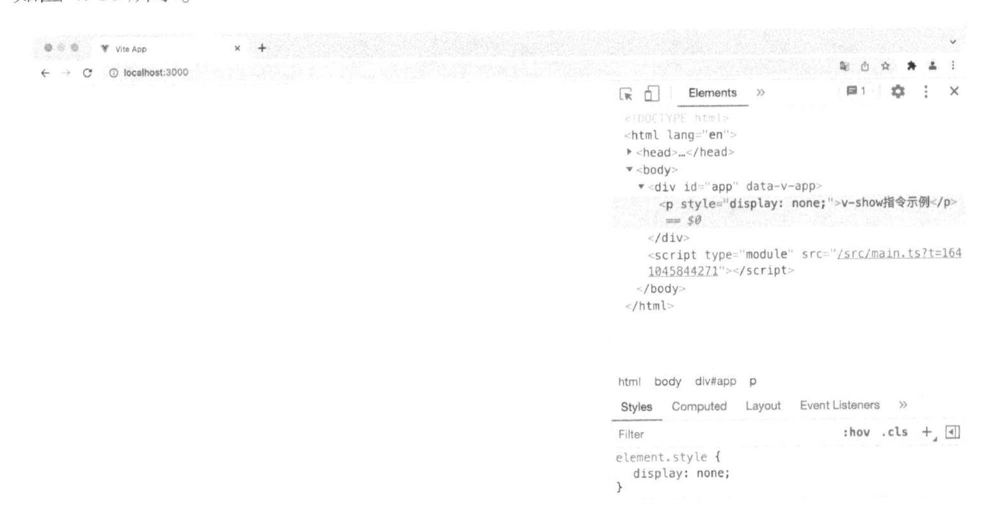

图 4. 10　v-show 为 false 时的效果

v-if 指令，作用是根据传入的布尔值来判断是否渲染当前元素。它和 v-show 有点像，两者区别就是当传入的值为 false 时，v-show 的处理方式是设置 CSS 的 display 属性值为 none，而 v-if 的处理方式是直接不创建组件或者 DOM 元素。例如下面这段代码。

```
01    <script lang="ts">
02    import {defineComponent } from'vue';
03
04    export default defineComponent({
05      data() {
06        return {
07          vIfValue: false,
08        }
09      }
10    })
11    </script>
12
13    <template>
14      <p v-if="vIfValue">v-if 指令示例</p>
15    </template>
```

打开浏览器，此时的页面效果如图 4.11 所示。

● 图 4.11　v-if 为 false 时的效果

可以看到在浏览器的开发者工具里，“v-if 指令示例”的内容根本没有创建。

v-else 指令，前面的兄弟元素必须有 v-if 或者 v-else-if 指令，才能使用这个指令。指令的作用和 if/else 的控制流一样。不渲染元素的逻辑和 v-if 指令一样。

v-else-if 指令，前面的兄弟元素必须有 v-if 或者 v-else-if 指令，才能使用这个指令。指令的作用效果和 if/else if 的控制流一样。不渲染元素的逻辑和 v-if 指令一样。

v-for 指令，用于源数据多次渲染元素或模板块。一般用于遍历数组、对象、数字、字符串和可迭代对象。例如下面这段代码。

```
01    <script lang="ts">
02    import {defineComponent } from'vue';
03
04    export default defineComponent({
```

```
05      data() {
06        return {
07          vForValue: ["Vue.js", "Python", "C++"],
08        }
09      }
10    })
11    </script>
12
13    <template>
14      <p v-for="item in vForValue">v-for 指令示例: {{ item }}</p>
15    </template>
```

此时打开浏览器，可以看到效果如图 4. 12 所示。

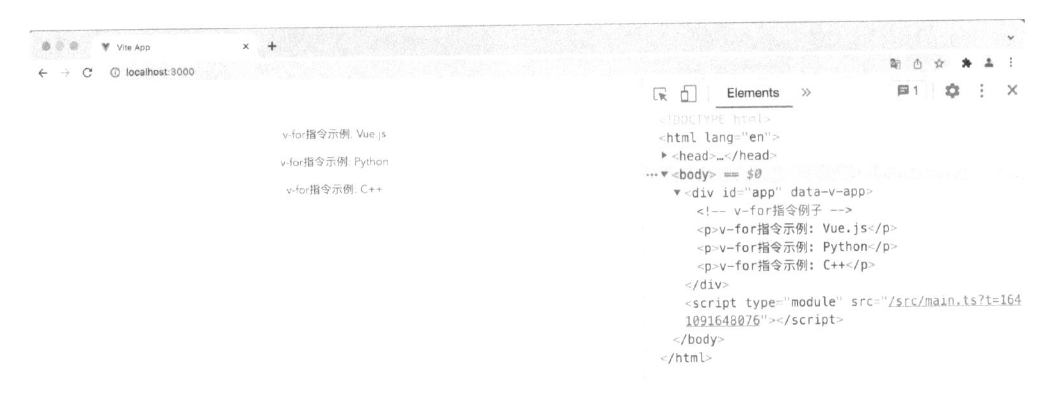

● 图 4. 12　v-for 指令效果

如果想要获取遍历数组的索引或者对象的键，代码如下。

```
<div v-for="(item, index) in items"></div>
<div v-for="(value, key) in object"></div>
<div v-for="(value, name, index) in object"></div>
```

v-for 指令的默认行为是尝试原地修改元素而不是移动它们。要强制其重新排序元素，需要用特殊属性 key 来提供一个排序提示。

```
<div v-for="item in items" :key="item.id">
  {{ item.text }}
</div>
```

v-pre 指令，作用是跳过这个元素和它的子元素的编译过程。可以用来显示原始 Mustache 标签。代码如下。

```
01    <script lang="ts">
02    import {defineComponent } from 'vue';
03
04    export default defineComponent({
05      data() {
06        return {
```

```
07        vPreMessage: "v-pre 显示内容"
08      }
09    }
10  })
11  </script>
12
13  <template>
14    <p v-pre>v-pre 指令示例：{{ vPreMessage }}</p>
15  </template>
```

打开浏览器，可以看到 v-pre 的运行效果，如图 4.13 所示。

● 图 4.13 v-pre 指令效果

可以看到这里添加了 v-pre 的<p>标签里直接渲染的内容就是 Mustache 标签，没有做任何编译工作，即所见即所得。

v-once 指令，作用是只渲染元素和组件一次。当元素组件内部的数值变动，或者再次触发重新渲染的流程时，带有 v-once 指令的元素或组件是不会重新渲染的。示例代码如下。

```
01  <script lang="ts">
02  import {defineComponent } from 'vue';
03
04  export default defineComponent({
05    data() {
06      return {
07        count: 0,
08      }
09    }
10  })
11  </script>
12
13  <template>
14    <button @click="count++" v-once>v-once 指令示例：{ count }}</button>
15  </template>
```

打开浏览器，访问网页，可以看到第一次渲染之后，按钮内的文字是“v-once 指令：0”。当单击几次按钮之后，组件内的 count 数值发生了变化，但是由于 button 标签被 v-once 指令修饰，所以按钮内的文字没有任何变化。这一点从 vue devtools 工具中可以看到，如图 4. 14 所示。

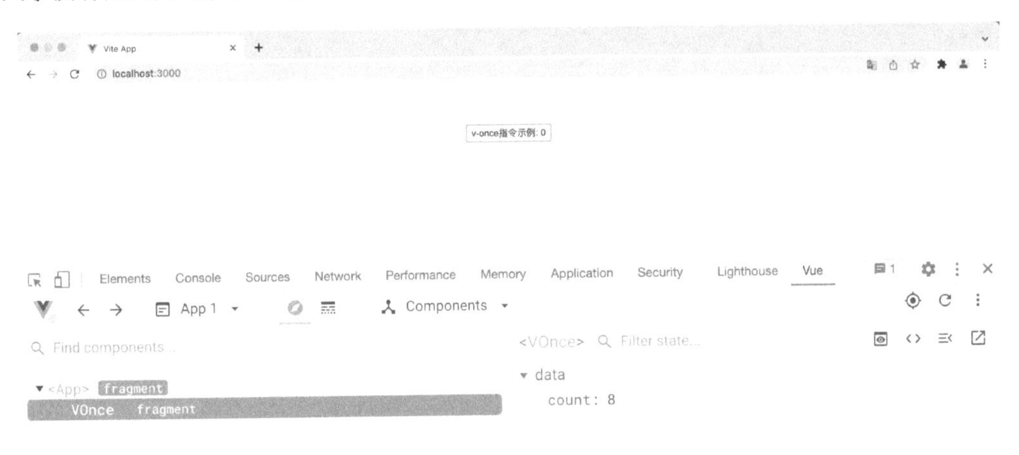

● 图 4. 14　v-once 指令效果

v-cloak 指令，作用是当前指令保持在元素上直到关联组件实例结束编译。和 CSS 规则如［v-cloak］｛display：none｝一起用时，这个指令可以隐藏未编译的 Mustache 标签直到组件实例准备完毕。

v-on 指令，用于绑定事件监听器。用在普通元素上时，只能监听原生 DOM 事件。用在自定义元素组件上时，也可以监听子组件触发的自定义事件。使用最多的就是监听 DOM 元素的单击事件，代码如下。

```
01    <script lang="ts">
02    import {defineComponent } from 'vue';
03
04    export default defineComponent({
05      methods: {
06        vOnClick() {
07          console.log('v-on 监听单击事件发生')
08        }
09      }
10    })
11    </script>
12
13    <template>
14      <button v-on:click="vOnClick">v-on 指令监听单击例子</button>
15    </template>
```

打开浏览器，可以看到按钮已经渲染在页面中间。单击该按钮，在开发者工具的终端，就能看到单击事件打印的日志信息，如图 4. 15 所示。

v-on 指令一般缩写成@。例如 v-on：click 就可以写成@click。这样会大大提高代码的可读性，同时还能提高开发效率。因为 v-on 指令还可以使用以下这些修饰符来增强事件方法。

. stop 修饰符，效果是调用 event. stopPropagation( )方法。

图 4.15　v-on 指令单击效果

.prevent 修饰符，效果是调用 event. preventDefault( )方法。

.capture 修饰符，效果是添加事件侦听器时使用 capture 模式。

.self 修饰器，效果是只当事件是从侦听器绑定的元素本身触发时才触发回调。

.{keyAlias} 修饰器，效果是仅当事件是从特定键触发时才触发回调。

.once 修饰器，效果是只触发一次回调。

.left 修饰器，效果是只当单击鼠标左键时触发。

.right 修饰器，效果是只当单击鼠标右键时触发。

.middle 修饰器，效果是只当单击鼠标中键时触发。

.passive 修饰器，效果是 {passive: true} 模式添加侦听器

例如带 .stop 修饰符的 v-on 指令修饰的 button 标签写法如下。

```
<button v-on:click.stop ="vOnClick">v-on 指令监听单击例子</button>
```

v-bind 指令，作用是在元素上动态地绑定一个及多个 DOM 元素属性，或者在组件上绑定 prop 属性。v-bind 指令可以缩写成“:”，代码如下。

```
01    <script lang="ts">
02    import {defineComponent } from 'vue';
03
04    export default defineComponent({
05      data() {
06        return {
07          vBindValue: "v-bind 内容",
08          vBindID:'v-bind-id'
09        }
10      }
11    })
12    </script>
13
14    <template>
15      <input type="text" v-bind:placeholder="vBindValue" :id="vBindID">
16    </template>
```

这里的 placeholder 属性和 id 属性均使用 v-bind 指令绑定。在浏览器中的开发者工具里，可以看到最终渲染在页面上的 input 元素的情况，如图 4.16 所示。

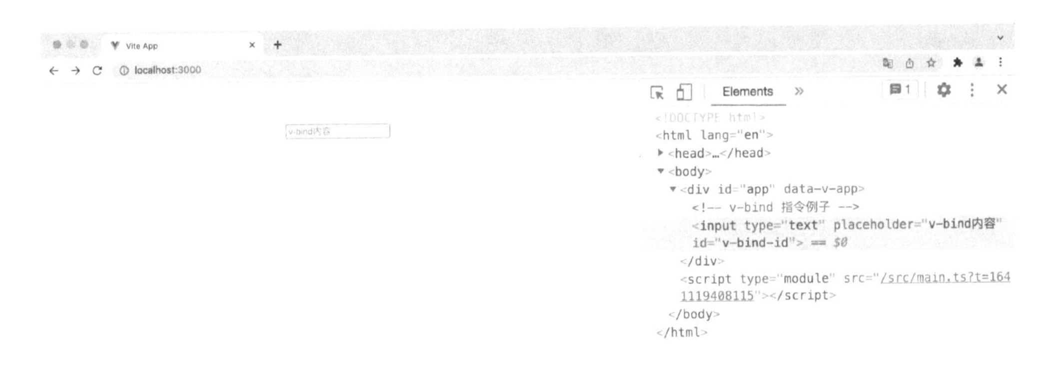

● 图 4.16　v-bind 指令绑定效果

v-model 指令，作用是在表单控件或者组件上创建双向绑定，它会根据控件类型自动选取正确的方法来更新元素。这个指令将在第 7 章 Vue. js 的表单开发详细讲解。

v-slot 指令，作用是提供具名插槽或需要接收 prop 的插槽。这个指令会在第 8 章 Vue. js 的组件开发有详细讲解。

4.6 Vue 的自定义指令

Vue 内集成了丰富的内置指令，这些内置指令基本可以满足绝大多数开发需求，但是有些情况仍然需要开发者对普通 DOM 元素进行底层操作，这时候就会用到自定义指令。

自定义指令的开发非常简单。只有注册过的自定义指令，才能在项目中使用。自定义指令分为两种：全局自定义指令和局部自定义指令。

下面以一个通过指令设置 DOM 元素的 innerHTML 的例子来详细讲解两种自定义指令的方法。

全局注册自定义指令，顾名思义，需要在 App 对象中注册自定义指令，在 vite 创建的项目中，全局 App 对象在 main. ts 文件中，所以也要在此文件内完成注册，代码如下。

```
01    const app =createApp(App)
02    app.directive('globalText', {
03        mounted(el) {
04            el.innerHTML = '全局注册自定义指令'
05        }
06    })
07    app.mount('#app')
```

这里全局注册了一个名为 globalText 的指令，可以在项目内任意元素上通过 v-globalText 的方式使用，例如修改 App. vue 文件的 template 代码，在 p 标签调用这个指令，代码如下。

```
01    <template>
02      <p v-globalText></p>
03    </template>
```

此时打开浏览器，查看被自定义指令修饰过的元素的渲染效果，如图 4. 17 所示。

● 图 4.17　自定义指令 v-globalText 效果

当然，开发者还可以在组件内部注册自定义。这里以修改元素 innerHTML 内容为例，修改组件内部代码如下。

```
01    <script lang="ts">
02    import {defineComponent } from 'vue';
03    export default defineComponent({
04      directives: {
05        componentText: {
06            mounted(el) {
07                el.innerHTML = '组件内注册自定义指令'
08            }
09        }
10      }
11    })
12    </script>
13
14    <template>
15      <p v-componentText></p>
16    </template>
```

可以看到组件内部接收一个 directives 组件选项，注册了一个名为 componentText 的自定义指令，然后可以直接在组件内部的所有元素以及子元素上通过 v-componentText 的形式使用自定义指令，打开浏览器，查看被组件注册的自定义指令渲染效果，如图 4.18 所示。

● 图 4.18　自定义指令 v-componentText 效果

当然，不论是全局注册自定义指令还是局部注册自定义指令，都支持传入参数。例如要实现一个通过传入参数来修改元素 innerHTML 的局部注册自定义组件，可以在组件内，添加以下代码。

```
01    <script lang="ts">
02    import {defineComponent } from 'vue';
03    export default defineComponent({
04      data() {
05        return {
06          message: "自定义组件传参内容"
07        }
08    },
09    directives: {
10      componentTextByContent: {
11          mounted(el, binding) {
12            console.log(binding)
13            el.innerHTML = binding.value
14          }
15      }
16    }
17    })
18    </script>
19
20    <template>
21      <p v-componentTextByContent="message"></p>
22    </template>
```

可以看到这里注册了一个新的名为 componentTextByContent 指令，然后在<p>标签里使用 v-componentTextByContent="message"方式将 data 中的 message 传递给指令，这样就达到了自定义指令传值的效果。

4.7 实战：制作一个便签程序

实操微视频

大家都知道便签，在一张小纸条上记录内容，然后贴在自己工作醒目的位置，如果记录的内容已经完成，就可以随时撕下来。而网页版的便签程序也有类似功能：一个输入框，负责记录信息并生成笔记，同时还有一个展示笔记的列表，并且每条笔记都有删除按钮，负责删除笔记。整体效果如图 4. 19 所示。

图 4. 19　便签程序效果

想要实现这样的一个程序，首先通过以下命令来使用 vite 来创建项目。

```
npm init vite@latest sticky-note
```

然后分析页面，发现页面主要由两部分组成，一个输入框和一个列表。所以先来实现页面布局部分。在 App.vue 文件中，修改 template 模板部分的代码，具体代码如下。

```
01    <template>
02      <div class="note-container">
03        <div class="note-wrap">
04          <!--笔记输入框 -->
05           <input class ="note-input" type ="text" placeholder ="输入任务,按回车键确认"
             @keyup.enter="addNote($event)"/>
06          <!--笔记列表 -->
07          <ul v-show="noteList.length > 0" class="note-main">
08            <li v-for="(item, index) innoteList" :key="index">
09              <label>
10                <span>{{ item }}</span>
11              </label>
12              <button v-show="true" class="btn btn-warning" @click="deleteNote">
13                删除
14              </button>
15            </li>
16          </ul>
17        </div>
18      </div>
19    </template>
```

这里可以看到，内容输入框上面通过@符号，即 v-bind 指令，绑定了 keyup 事件，同时还有 .enter 修饰符，其作用是只有在当前组件获得焦点的时候，按回车键才会调用绑定的 addNote 方法。笔记列表部分则使用 v-for 循环展示 noteList 里面的内容。每一条笔记内部的删除按钮则通过@click 指令绑定 deleteNode 方法。

接下来需要实现页面中的业务逻辑部分，修改 App.vue 文件中 script 部分的代码，具体代码修改如下。

```
01    <script setup lang="ts">
02    import { reactive } from'vue';
03
04    const noteList = reactive<string[]>(['学习 Vue.js', '学习 Python', '学习 Golang']);
05    // 新建笔记方法
06    const addNote = (element: KeyboardEvent): void => {
07      const note: string = (element.currentTarget as HTMLInputElement).value;
08      // 处理当输入为空的情况
09      if (!note) {
10        alert('输入不能为空,请重新输入');
11        return;
12      }
13      noteList.unshift(note);
14      // 还原输入框内容
15      const newElement = element;
```

```
16      (newElement.currentTarget as HTMLInputElement).value = '';
17    };
18
19    // 删除笔记方法
20    const deleteNote = (index: number): void => {
21      if (window.confirm('你确定要删除这条记录么？')) {
22        noteList.splice(index, 1);
23      }
24    };
25    </script>
```

这里分别实现了新建笔记的 addNote 方法和删除笔记的 deleteNote 方法。在新建笔记方法内，首先处理输入为空的情况，当输入内容不为空值时，将输入的内容添加到 noteList 数组中，最后将输入框里的内容重置为空。这样，通过 Vue. js 的响应式框架，页面上就会立刻显示出刚才输入的笔记内容。例如在输入框内输入“学习 Vue. js”，然后按回车键，浏览器呈现的效果如图 4. 20 所示。

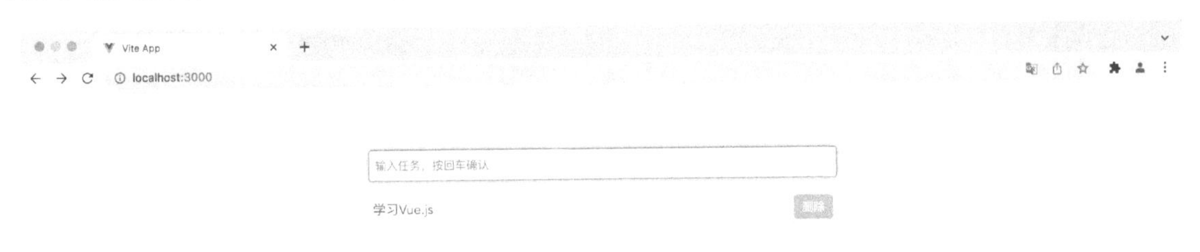

● 图 4. 20　新建笔记效果

因为 CSS 布局不是本书的重点，所以这里就不再把 App. vue 文件中 style 相关的代码罗列出来了。感兴趣的读者可以去查看配套源码学习参考。

vite. 3 配置说明

这样，一个简单的 Vue. js 编写的便签程序就完成了。

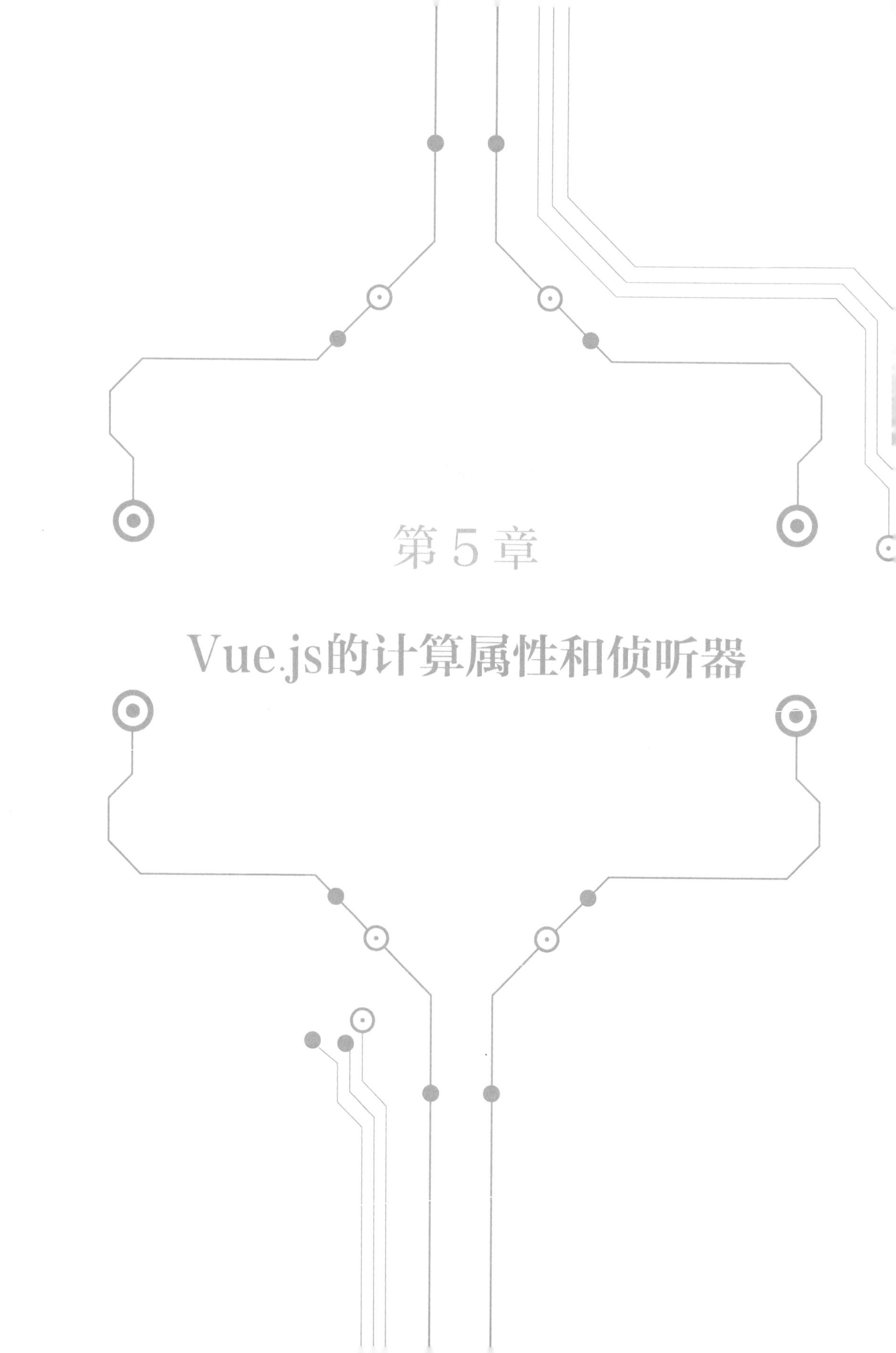

第5章

Vue.js的计算属性和侦听器

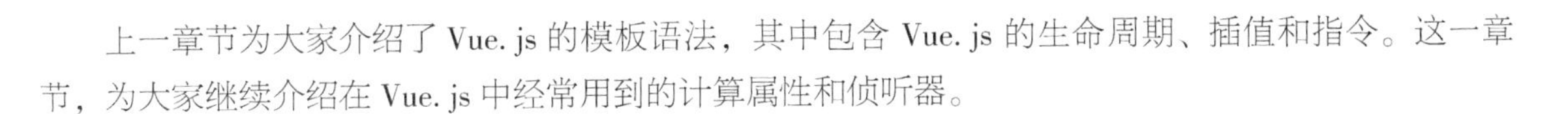

上一章节为大家介绍了 Vue. js 的模板语法，其中包含 Vue. js 的生命周期、插值和指令。这一章节，为大家继续介绍在 Vue. js 中经常用到的计算属性和侦听器。

5.1 计算属性的定义

在上一章介绍到 Vue. js 的插值在 HTML 模板中是支持 JavaScript 表达式的。但是如果当表达式过于复杂，模板代码就会变得非常臃肿且可读性差，例如下面这段代码。

```
<p>{{ message.split(").reverse().join(") }}</p>
```

这个表达式首先要将 message 变量按照每一个字母分解成一个字符串数组，然后将字符串数组翻转，接着再拼接字符串数组里面的内容成一个新的字符串，最终达到字符串翻转的效果。这里一个表达式就含有三个 JavaScript 方法，逻辑过于复杂，可读性非常差。如果页面中有多个地方需要这个字符串翻转的表达式，那整体的 Vue 模板的代码将会变得非常难以维护，而且在 MVVP 模式下，模板中过多的处理数据计算，会导致模板和控制器之间高度耦合。这种情况下，就需要使用计算属性了。

计算属性的作用就是为了解决表达式逻辑过于复杂的场景，使页面尽可能没有数据复杂处理。计算属性是以函数的形式出现在组件的 computed 选项中，在新版的 Vue 3. x 的 setup 语法糖里，可以将计算属性的具体实现函数传递给 computed( )方法，然后赋值给一个变量。如果将上述翻转字符串的表达式通过计算属性实现，具体代码如下。

```
01    <script setup lang="ts">
02    import { computed, ref } from 'vue';
03
04    const message = ref<string>('Peekpa Vue.js 3.0');
05    const reversedMessage = computed((): string => {
06      return message.value.split(").reverse().join(");
07    });
08    </script>
09
10    <template>
11      <h2>原始数据：{{ message }}</h2>
12      <h2>翻转数据：{{ reversedMessage }}</h2>
13      <h2>JavaScript 表达式翻转：{{ message.split(").reverse().join(") }}</h2>
14    </template>
```

这里的 reversedMessage 就是计算属性，它能够像其他变量一样，通过 Mustache 语法作为插值绑定到模板中。而且如果 message 变量被修改，对应的 reversedMessage 的结果也会立刻被修改。运行页面，结果如图 5.1 所示。

● 图 5.1 reversedMessage 计算属性效果

5.2 计算属性的用法

在 Vue 3.x 新版的 setup 语法中，计算属性有两种用法，第一种如上节内容所介绍，直接将实现函数以参数的形式，然后传递给 computed( ) 方法中实现。另一种则是分别具体实现 getter 方法和 setter 方法，然后再封装成对象传递给 computed( ) 方法。

例如下面这段代码，商品的单价在组件的 data 中用 price 表示，通过计算属性，求买五个同样的商品需要花多少钱，代码如下。

```
01    <script setup lang="ts">
02    import { computed, ref } from 'vue';
03
04    const price = ref<number>(6);
05
06    const totalPrice = computed({
07      get: (): number => {
08        return price.value * 5;
09      },
10      set: (value: number) => {
11        price.value = value / 5;
12      },
13    });
14    </script>
15
16    <template>
17      <h2>单价: {{ price }} 元/件</h2>
18      <h2>买五个共计: {{ totalPrice }} 元</h2>
19    </template>
```

可以看到这里在 computed( ) 方法接收一个含有 get 变量和 set 变量的对象，其中 get 变量对应的是 getter 方法实现，set 变量对应的内容是 setter 方法实现。打开浏览器单价和总价分别是 6 元和 30 元，如图 5.2 所示。

如果在浏览器的开发者工具的 vue devtools 里找到 App 组件，然后手动修改 totalPrice 的值为 100，就会发现页面的单价价格和总价价格都发生了变化，如图 5.3 所示。

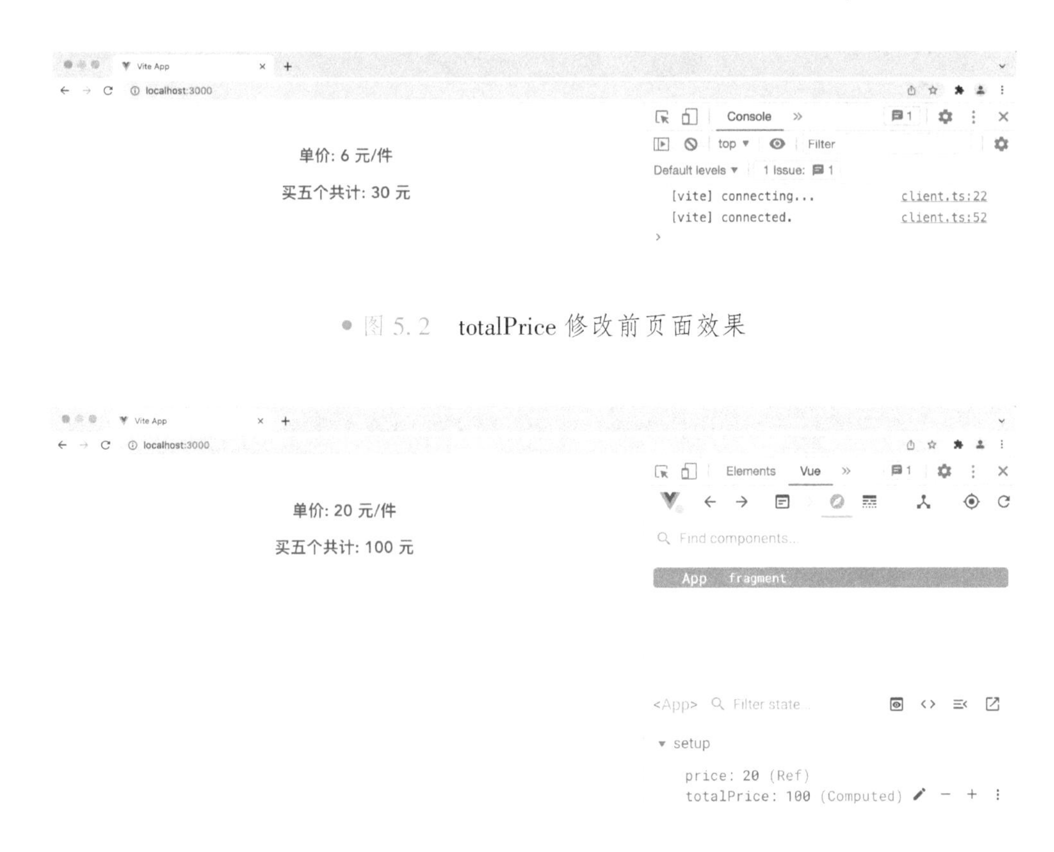

● 图 5.2　totalPrice 修改前页面效果

● 图 5.3　totalPrice 手动修改后页面效果

这里的数字变化是因为在代码中实现了 totalPrice 计算属性的 setter 方法，当用户修改 totalPrice 的数值，totalPrice 的 setter 方法就会被调用，因而在 setter 内部被修改的 price 数值也会发生变化。但是此时整个调用链还没有结束，因为 price 的数值发生变动，触发了响应式机制，所以 totalPrice 的数值会根据最新的 price 数值重新计算，渲染最后的计算结果显示在页面上。从而达到单价和总价两个数字同时发生改变。

这里有两个细节点需要注意：第一，如果计算属性没有实现 setter 方法，那么在 vue devtools 里，计算属性变量是不可以被修改的；第二，如果被计算属性监测的变量在计算属性的 setter 方法内被修改，那么计算属性最终的数值会以被监测变量变化之后的最新数值重新计算或渲染。

其实在计算属性的两种实现方法中，第一种实现方法的底层逻辑仅仅实现了计算属性的默认的 getter 方法。如果开发者需要在 setter 中进行其他数据操作，可以根据具体需求按照第二种写法来实现计算属性。

5.3 计算属性的缓存

想要在模板中进行数据的计算和修改，可以通过计算属性来实现。但还有一种实现思路是通过在表达式中直接调用 methods 方法来修改数据。例如下面这段代码，使用计算属性和方法分别计算买不同个数商品的总价，代码如下。

```
01    <script setup lang="ts">
02    import { computed, ref } from 'vue';
03
04    const price = ref<number>(6);
05
06    const computedPrice = computed((): number => {
07      return price.value * 5;
08    });
09
10    const methodsPrice = (): number => {
11      return price.value * 100;
12    };
13    </script>
14
15    <template>
16      <p>单价: {{ price }} 元/件</p>
17      <p>买五件共计: {{ computedPrice }} 元</p>
18      <p>买一百件共计: {{ methodsPrice() }} 元</p>
19    </template>
```

这里使用计算属性计算买五件商品总价，使用方法计算买一百件商品总价。既然这里两种方式都能在模板中进行数据计算，那么 Vue 为什么还要推出计算属性呢？答案就是计算属性具有缓存的特性。例如在上面的代码里，分别在 methodsPrice( ) 方法和 computedPrice 计算属性中添加日志打印，代码如下。

```
01    const computedPrice = computed((): number => {
02      console.log('computedPrice 被调用');
03      return price.value * 5;
04    });
05
06    const methodsPrice = (): number => {
07      console.log('methodsPrice() 被调用');
08      return price.value * 100;
09    };
```

同时将模板修改成下面这样，保证 methodsPrice( ) 方法和 computedPrice 计算属性分别被调用四次，代码如下。

```
01    <template>
02      <p>单价: {{ price }} 元/件</p>
03      <p>买五件共计: {{ computedPrice }} 元</p>
04      <p>买五件共计: {{ computedPrice }} 元</p>
05      <p>买五件共计: {{ computedPrice }} 元</p>
06      <p>买五件共计: {{ computedPrice }} 元</p>
07      <p>买一百件共计: {{ methodsPrice() }} 元</p>
08      <p>买一百件共计: {{ methodsPrice() }} 元</p>
09      <p>买一百件共计: {{ methodsPrice() }} 元</p>
```

```
10      <p>买一百件共计：{{ methodsPrice() }} 元</p>
11    </template>
```

这个时候，在浏览器里查看页面渲染效果，在开发者浏览器的终端里，可以看到打印的日志，如图 5.4 所示。

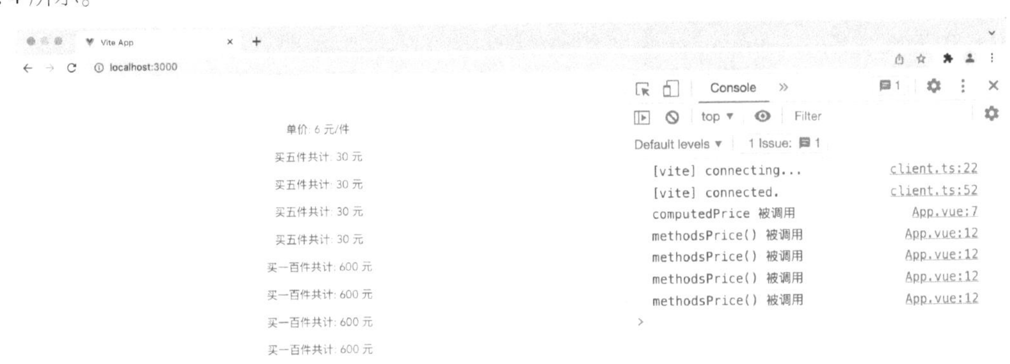

● 图 5.4　计算属性缓存验证

可以看到在右侧的开发者工具栏里，计算属性函数只调动了一次，而方法函数则被调用了四次。原因就是计算属性将基于它的响应依赖关系缓存。而且只会在相关响应式依赖发生改变时重新求值。这就意味着只要 price 不变，在模板中多次访问 computedPrice 均会立刻返回结果，而不是再次执行计算返回结果。

但是如果计算属性函数中的数据不是响应式依赖，就不会触发计算属性的缓存机制。比如下面这段代码。

```
01    const newDate = computed((): number => {
02      return Date.now();
03    });
```

因为 Data. now( ) 不是响应式依赖，所以它是不会触发 now 计算属性更新的。

有了计算属性提供的缓存，可以极大地提高页面渲染效率。例如一个页面渲染需要计算一个开销极大的列表，每一次渲染计算都需要遍历一遍列表，这样会极大地增加页面加载时间。但是有了计算属性缓存的存在，在计算属性中的响应式数据不发生改变的情况下，页面会直接读取缓存数据然后渲染，可以降低页面渲染开销，从而提高效率。

如果不希望实现缓存，则可以使用方法代替。

5.4 侦听属性的定义

Vue 提供了一种更加通用的方式来监测组件中数据变化，那就是侦听属性。用户可以在侦听属性里根据数据变化做想要的操作。例如下面的代码。

```
01    <script setup lang="ts">
02    import { ref, watch } from 'vue';
```

```
03
04    const result = ref<number>(0);
05    const num = ref<number>(0);
06
07    watch(
08      () => num.value,
09      (newValue, oldValue) => {
10        console.log('旧值：', oldValue, '新值：', newValue);
11        result.value = num.value *  num.value;
12      }
13    );
14    </script>
15
16    <template>
17      <input v-model="num" type="number" />
18      <p>计算结果：{{ result }}</p>
19    </template>
```

上面的代码中，用户可以通过输入框输入数字修改 num 数值，侦听属性通过监听 num 值的变化，计算输入数字的平方结果。这一功能听起来和计算属性很相似，区别就在于，侦听属性可以检测数值的变化，以及在浏览器里的开发者工具的终端看到打印的日志，如图 5.5 所示。

● 图 5.5　计算属性日志打印

侦听属性其实是计算属性的底层逻辑实现。不同之处在于侦听属性可以知道变化前后的数据数值以及在侦听属性之内可以使用异步方法，这两点计算属性是没有的。例如添加在用户输入完数字 2 秒后，计算结果才会刷新，watch() 的代码修改如下。

```
01    watch(
02      () => num.value,
03      (newValue, oldValue) => {
04        console.log('旧值：', oldValue, '新值：', newValue);
05          setTimeout(() => {
06        resultDelay.value = num.value *  num.value;
07        }, 2000);
08      }
09    );
```

在侦听属性里添加异步操作是一个非常重要的操作。这里可以是网络请求，也可以是消耗非常高的计算，总之，这一特征是计算属性所没有的。

5.5 侦听属性的用法

在Vue 3.x的setup语法中，侦听属性的语法大致如下。

```
watch(
  被监测属性,
  监测到变化时的回调函数,
  参数选项,
)
```

其中，第二个“监测回调函数”的可传参数如下。

```
() => {
  // 无参数
}
(value) => {
  // 变化后的数值作为参数传入
}
(newValue, oldValue) => {
  // 变化前的数值和变化后的数值作为参数传入
}
```

所以侦听属性不仅可以监测基本数据类型的ref()数据，同时还可以监测引用数据类型的reactive()数据。不过监测引用数据类型的数据，需要将{deep: true}属性作为第三个参数传递给watch()函数，代码如下。

```
01    <script setup lang="ts">
02    import { reactive, ref, watch } from 'vue';
03
04    interface Student {
05      name: string;
06      score: number;
07    }
08
09    const newScore1 = ref<number>(0);
10
11    const student = reactive<Student>({
12      name: '王五',
13      score: 59,
14    });
15
16    const updateStudent = (): void => {
17      student.score =newScore1.value;
18    };
19
20    // 监听 student 对象的 score 属性
21    watch(
```

```
22        () => student.score,
23        (newValue, oldValue) => {
24          console.log('学生个人信息更新,更新前: ', oldValue, '更新后: ', newValue);
25        }
26      );
27
28      // 监听 student 对象
29      watch(
30        () => student,
31        (value) => {
32          console.log('学生个人信息更新,更新后: ', value.score);
33        },
34        { deep: true }
35      );
36
37      // 监听多个对象
38      watch(
39        () => [student.score, student.name],
40        (value) => {
41          console.log('学生信息多个对象被监听调用');
42        }
43      );
44      </script>
45
46      <template>
47        <input v-model="newScore1" type="number" />
48        <button @click="updateStudent">个人更新</button>
49        <div>
50          <p>学生信息: {{ student.name }}, 分数: {{ student.score }}</p>
51        </div>
52      </template>
```

从这个例子可以看出，如果仅仅监听一个对象内部的基础属性，则可以不用将{deep: true}传给watch()方法，但是如果要监听一个对象的所有内部发生变化，则必须设置deep参数为true。感兴趣的读者可以试一下这里不传deep的结果。同样，watch()方法还能同时监听多个对象，这时只需将传入watch()方法的第一个函数参数的返回值设置成列表即可。当修改成绩后单击“提交”按钮，代码运行效果如图5.6所示。

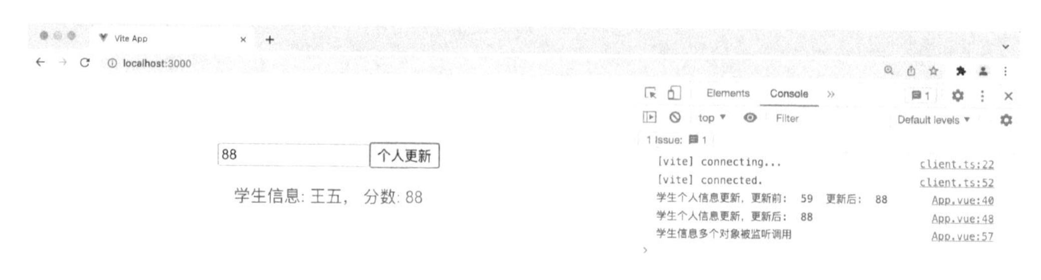

● 图5.6 个人成绩修改日志打印

deep参数的监听层级并不仅仅是一层，而是对象内部所有属性，例如下面这段代码。

```
01  <script setup lang="ts">
02  import { reactive, ref, watch } from 'vue';
03
04  interface Student {
05    name: string;
06    score: number;
07  }
08
09  const newScore2 = ref<number>(0);
10
11  const classList = reactive<Student[]>([
12    {
13      name: '张三',
14      score: 98,
15    },
16    {
17      name: '李四',
18      score: 99,
19    },
20  ]);
21
22  const updateClass = (): void => {
23    classList[0].score =newScore2.value;
24  };
25
26  // 监听 classList 对象
27  watch(
28    () => classList,
29    () => {
30      console.log('班级学生更新了');
31    },
32    { deep: true }
33  );
34  </script>
35
36  <template>
37    <input v-model="newScore2" type="number" />
38    <button @click="updateClass">班级更新</button>
39    <div v-for="stu in classList" :key="stu.name">
40      <p>学生信息: {{ stu.name }}, 分数: {{ stu.score }}</p>
41    </div>
42  </template>
```

这里的classList是一个Student列表，当列表内部任何属性发生变化，都会触发watch()方法调用。

当然，watch()的传入参数并不仅仅只有deep选项，还有immediate选项。Immediate选项接收一个布尔值，默认值为false。当{immediate:true}传入watch()方法时，组件会立即以当前被监测对象的数值直接调用监测回调。当其值为false时，只有被监测对象的数值发生变化，才会调用检测回调函数。

5.6 实战：制作一个点餐页面

实操微视频

点餐系统大家都熟悉，主页列表中罗列着菜品名称、图片以及介绍，用户通过单击添加菜品实现点餐的过程。最后在页面最下方会显示此次点餐详情以及总价。页面效果如图 5.7 所示。

● 图 5.7　点餐页面效果

首先通过以下命令创建 food-order 项目。

```
npm init vite@latest food-order
```

vite.3 配置说明

然后根据图片展示，点餐系统的页面可以分成三部分，即菜品列表、点餐列表以及消费价格。可以先依照这个页面设计来实现页面布局代码。在 App.vue 文件中，修改 template 模板部分的代码，具体代码如下。

```
01    <div class="food-container">
02      <div class="food-wrap">
03        <! --商品列表 -->
04        <ul class="food-main">
05          <li v-for="(item, index) infoodList" :key="item.name">
06            <img class="food-image" :src="item.url" alt="" />
07            <label>
08              <span>{{ item.name }}</span>
09            </label>
10            <button v-show="true" class="btn btn-add" @click="orderFood(index)">
11              添加
12            </button>
13            <span class="food-price">价格: {{ item.price }} 元/份</span>
14          </li>
15        </ul>
16        <! --点餐列表 -->
17        <div class="food-order">
18          <ul class="order-main">
19            <li
20              v-for="(item, index) inorderList"
```

```
21              :key="item.name"
22              class="order-item"
23            >
24              <label>
25                {{ item.name }}
26              </label>
27              <div>
28                <span class="order-count"> X {{ item.count }} </span>
29                <button
30                  v-show="true"
31                  class="btn btn-delete"
32                  @click="removeFood(index)"
33                >
34                  删除
35                </button>
36              </div>
37            </li>
38          </ul>
39        </div>
40        <! --总消费价格 -->
41        <div class="food-total-price">
42          <span>
43            <span v-if="totalCount" class="total-count"
44              >已点 {{ totalCount }} 份餐</span
45            >
46            <span
47              >共计: <b>{{ total }}</b> 元</span
48            >
49          </span>
50        </div>
51      </div>
52    </div>
```

在这段代码里，使用 v-for 指令分别渲染菜品列表和点餐列表。“添加”按钮和“删除”按钮分别绑定 orderFood()和 removeFood()方法。最后通过 totalCount 的值是否为 0 来显示份数。

接下来实现点餐系统的业务逻辑，修改 App. vue 文件中的 script 部分代码，具体代码修改如下。

```
01    import { reactive, watch, ref, computed } from 'vue';
02
03    interface Food {
04      name: string;
05      url: string;
06      price: number;
07    }
08
09    interface Order {
10      name: string;
11      price: number;
12      count: number;
13    }
```

```
14
15  const foodList = reactive<Food[]>([
16    { name: '宫保鸡丁', url: '/src/assets/gbjd.png', price: 12.0 },
17    { name: '鱼香肉丝', url: '/src/assets/yxrs.png', price: 17.0 },
18    { name: '红烧排骨', url: '/src/assets/hspg.png', price: 20.0 },
19  ]);
20
21  const orderList = reactive<Order[]>([]);
22
23  const total = ref(0);
24
25  const totalCount = computed((): number => {
26    let count = 0;
27    orderList.forEach((element) => {
28      count += element.count;
29    });
30    return count;
31  });
32
33  const orderFood = (index: number): void => {
34    const isOrdered = orderList.filter((item): boolean => {
35      return item.name ===foodList[index].name;
36    });
37    if (isOrdered.length) {
38      isOrdered[0].count += 1;
39    } else {
40      orderList.push({
41        name:foodList[index].name,
42        price:foodList[index].price,
43        count: 1,
44      });
45    }
46  };
47
48  const removeFood = (index: number): void => {
49    if (orderList[index].count > 0) {
50      orderList[index].count -= 1;
51    }
52    if (orderList[index].count === 0) {
53      orderList.splice(index, 1);
54    }
55  };
56
57  watch(
58    () =>orderList,
59    () => {
60      total.value = 0;
61      orderList.forEach((element) => {
```

```
62          total.value += element.count *  element.price;
63        });
64      },
65      { deep: true }
66    );
```

这里首先分别定义了 Food 和 Order 两个类型，然后初始化 foodList、orderList 和 total 变量，对应的是菜品列表、点餐列表和消费总价。接下来使用一个 totalCount 计算属性统计总点餐份数。orderFood( ) 方法和 removeFood( ) 方法分别对应模板中的“添加”和“删除”按钮。最后使用侦听属性，检测 orderList 对象的变化。通过 orderList 数据变化来计算总点餐花费。

这样，一个简单的点餐页面就做好了。

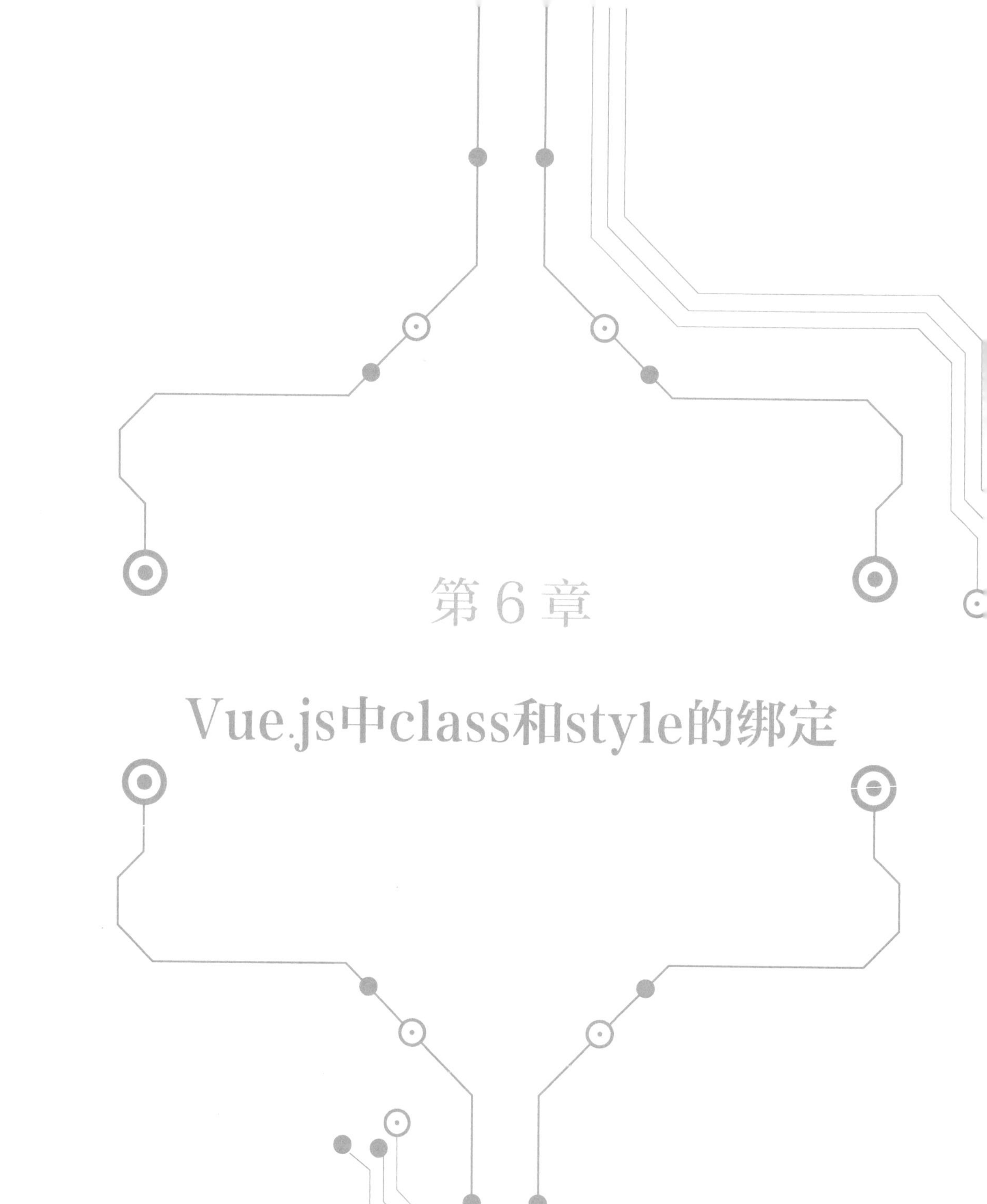

第6章

Vue.js中class和style的绑定

构成前端项目三大元素：业务逻辑、页面布局和页面样式。在 Vue.js 项目中，这三大元素分别对应 TypeScript、HTML 和 CSS 代码。其中，页面的 CSS 是通过绑定 DOM 元素的 class 属性或直接赋值给 style 属性来实现的。所以这一章为大家介绍 Vue.js 是如何通过操作页面 class 和 style 来实现页面样式。

6.1 v-bind 指令

在 4.5 节里有介绍 Vue 可以通过 v-bind 指令来实现动态绑定 DOM 元素的一个或者多个属性，如果被绑定的对象是一个组件，v-bind 还可以绑定组件的 prop 属性。v-bind 可以缩写成“:”。例如下面的代码。

```
<! --绑定 attribute -->
<img v-bind:src="imageSrc" />

<! --动态 attribute 名 -->
<button v-bind:[key]="value"></button>

<! --缩写 -->
<img :src="imageSrc" />

<! --动态 attribute 名缩写 -->
<button :[key]="value"></button>

<! --内联字符串拼接 -->
<img :src="'/path/to/images/' + fileName" />

<! --绑定一个全是 attribute 的对象 -->
<div v-bind="{ id:someProp, 'other-attr': otherProp }"></div>

<! -- prop 绑定。prop 必须在 my-component 声明 -->
<my-component :prop="someThing"></my-component>

<! --将父组件的 props 一起传给子组件 -->
<child-component v-bind="$props"></child-component>

<! --XLink -->
<svg><a :xlink:special="foo"></a></svg>
```

当在一个元素上设置一个绑定的时候，Vue 会默认调用 in 操作检测该元素是否有一个被定义为 property 的 key。如果该 property 被定义了，Vue 会将这个值设置为一个 DOM property 而不是 DOM 属性。这就是 v-bind 绑定属性或者 prop 的底层实现区别。

正是因为 v-bind 可以动态绑定 DOM 元素属性，而 class 和 style 恰巧又是 DOM 元素属性，所以开发者能够通过调用 v-bind 指令来动态操作 DOM 元素的样式。

6.2 绑定 HTML class

如果想要在 Vue 中实现最简单的样式设置，可以在 .vue 文件的 template 模板的 HTML 标签中设置

class 属性，然后在 style 模板里实现对应的 css 代码即可，代码如下。

```
01    <template>
02      <p class="italic">默认 class 修改 italic</p>
03    </template>
04
05    <style>
06    .italic {
07      font-style: italic;
08    }
09    </style>
```

通过给 p 标签设置 class="italic"属性，并且在 style 标签内实现 .italic 类的 CSS 样式，将字体设置成斜体，从而达到修改 p 标签样式的效果。

Vue 绑定 class 属性，有对象语法和数组语法两种。其中，对象语法用于给绑定的 class 属性传递一个 JavaScript 对象，例如下面的代码。

```
01    <script setup lang="ts">
02    import { ref } from 'vue';
03
04    const isItalic = ref<boolean>(true);
05    </script>
06
07    <template>
08      <p class="">原始 &lt;p&gt;标签</p>
09      <p :class="{ italic: isItalic }">通过对象语法修改 italic</p>
10    </template>
```

这里可以看到，通过 v-bind 指令绑定 class 属性，然后传入 { italic: isItalic } 对象，其中键作为 class 名字，而值则是从 Vue 中传递过来的布尔值。表示最终页面渲染结果里是否含有键的值的 class 名字。当布尔值为 true 时，标签会将 class 渲染出来，当布尔值为 false 时，class 的名字将不会被渲染出来。同时因为 isItalic 是 Vue 封装的响应式数据，所以 isItalic 的数值一旦发生变化，DOM 元素的 class 属性值将立刻发生变化。

对象语法可以传递一个键值对组成的对象，也可以传递多个键值对组成的对象，例如下面的代码。

```
01    <script setup lang="ts">
02    import { ref } from 'vue';
03
04    const isItalic = ref<boolean>(true);
05    const isBold = ref<boolean>(true);
06    </script>
07
08    <template>
09      <p :class="{ italic:isItalic }">通过对象语法修改 italic</p>
10      <p :class="{ italic:isItalic, bold: isBold }">通过对象语法修改 italic 和 bold</p>
11    </template>
12
13    <style>
```

```
14    .italic {
15      font-style: italic;
16    }
17    .bold {
18      font-weight: bold;
19    }
20    </style>
```

这段代码中，isItalic 和 isBold 均为 true，所以最后在页面中。两个 p 标签的 class 属性中的 italic 和 bold 均会渲染出来，结果如图 6.1 所示。

● 图 6.1 对象语法绑定 class 渲染效果

当然，对象语法不仅能将 Vue 组件内定义的布尔值传递给 DOM 元素并绑定，还可以将 Vue 组件内定义对象变量传递并绑定到 DOM 元素的 clsss 属性中，代码如下。

```
01    <script setup lang="ts">
02    import { reactive } from 'vue';
03
04    const fontClass = reactive({
05      italic: false,
06      bold: true,
07    });
08    </script>
09
10    <template>
11      <p :class="fontClass">通过对象语法传递对象修改 italic 和 bold</p>
12    </template>
```

因为这里直接将 fontClass 对象绑定到了 p 标签上，并且 italic 值为 false，bold 值为 true，所以这段代码渲染出来的效果就仅仅只有字体被加粗了。

当然，Vue 同时还可以将计算属性绑定到 DOM 元素的 class 属性上，代码如下。

```
01    <script setup lang="ts">
02    import { ref, computed } from 'vue';
03
04    const isActive = ref<boolean>(true);
```

```
05
06    const computedObject = computed(() => {
07      return {
08        bold:isActive.value === false,
09        italic:isActive.value === true,
10      };
11    });
12    </script>
13
14    <template>
15      <p :class="computedObject">通过对象语法传递计算属性修改 italic 和 bold</p>
16    </template>
```

这里可以看到，Vue 将 computedObject 计算属性作为参数绑定给了 p 标签的 class 属性，而同时 computedObject 计算属性又监听 isActive 变量的变化。根据当前 isActive 的值能计算出最后 p 标签的 class 属性的值就是 italic。以上这些传入方式都属于对象语法。

绑定 class 的另外一种语法是数组语法，即通过在 class 属性上绑定一个数组来达到动态修改页面样式的效果，代码如下。

```
01    <script setup lang="ts">
02    import { ref } from 'vue';
03
04    const arrayItalic = ref<string>('italic');
05    const arrayBold = ref<string>('bold');
06    </script>
07
08    <template>
09      <p :class="[arrayItalic, arrayBold]">通过数组语法传递数组修改 italic 和 bold</p>
10    </template>
```

这里可以看到，在 p 标签上，通过 v-bind 指令将一个数组与 class 属性绑定，而数组内部的元素则是 Vue 组件内定义的 string 响应式变量，它们的值分别就是 style 标签中的 css 类名，因此 p 标签的最后的渲染结果如下。

```
<p class="italic bold">通过数组语法传递数组修改 italic 和 bold </p>
```

当然，在数组语法中，Vue 还支持三元表达式，代码如下。

```
01    <script setup lang="ts">
02    import { ref } from 'vue';
03
04    const isActive = ref<boolean>(true);
05
06    const arrayItalic = ref<string>('italic');
07    const arrayBold = ref<string>('bold');
08    </script>
09
10    <template>
11      <p :class="[isActive ? arrayItalic : '', arrayBold]">通过数组语法的三元表达式修改
italic 和 bold</p>
12    </template>
```

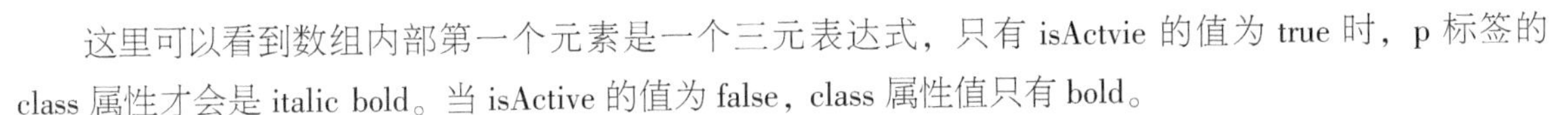

这里可以看到数组内部第一个元素是一个三元表达式，只有 isActvie 的值为 true 时，p 标签的 class 属性才会是 italic bold。当 isActive 的值为 false，class 属性值只有 bold。

通过 Vue 提供的 v-bind 指令，和绑定 class 的对象语法及数组语法，开发者可以使用 TypeScript 代码就能动态地改变 DOM 元素的 class 值，这样一来就极大地提高了程序的灵活度，而且能够满足绝大多数使用场景。

6.3 绑定内联样式

HTML 的内联样式，就是直接将对 css 的实现赋值给 DOM 元素中的 style 属性，从而直接修改页面样式。而且内联样式的优先级是最高的，它能够覆盖内部样式和外部样式。内联样式的代码如下。

```
01    <template>
02      <p>原始 &lt;p&gt;标签</p>
03      <p style="border: 1px solid; font-size: 30px">内联样式</p>
04    </template>
```

这里直接设置 style 属性的值为 border: 1px solid; font-size: 30px，渲染到页面的效果如图 6.2 所示。

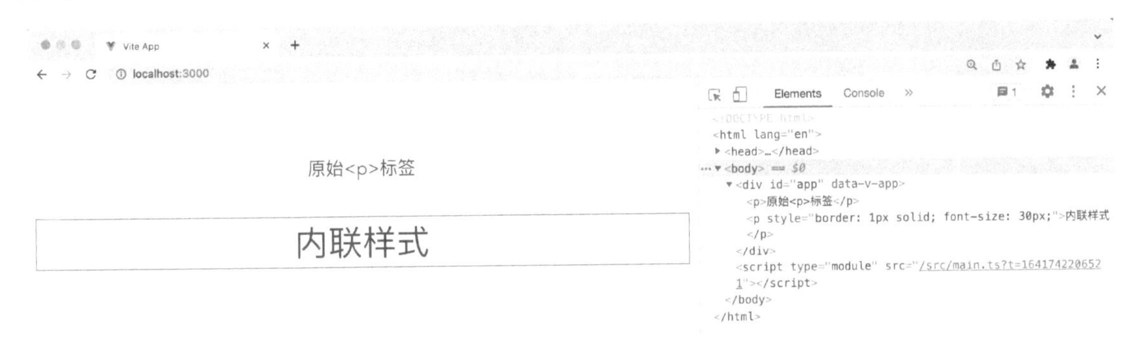

● 图 6.2　内联样式渲染效果

Vue 通过 v-bind 指令绑定 style 属性，实现样式的修改，其提供了两种绑定方式，即对象语法和数组语法。其中对象语法用于将 Vue 内部定义的响应式变量直接绑定到 style 属性，例如下面这段代码。

```
01    <script setup lang="ts">
02    import { ref } from 'vue';
03
04    const borderValue = ref<string>('2px solid');
05    const fontSize = ref<number>(20);
06    </script>
07
08    <template>
09      <p :style="{ border:borderValue, fontSize: fontSize + 'px' }">
```

```
10        通过对象语法修改 border 和 font-size
11      </p>
12    </template>
```

可以看到这里通过 v-bind：style 的缩写：style 来绑定属性。同时在组件内部首先声明一个字符串响应式变量 borderValue 和数字响应式变量 fontSize，然后将这两个变量通过对象语法的方式传递给 style 属性。这里注意到，对象语法传递的数值，既可以是字符串类型，也可以是数字类型。同时还需注意一点：有些 HTML 样式属性名是以连接号的形式命名，例如这里的 font-size，但是在 Vue 的对象语法中，需要将破折号的写法改成驼峰写法，即改成 fontSize。这段代码运行效果如图 6.3 所示。

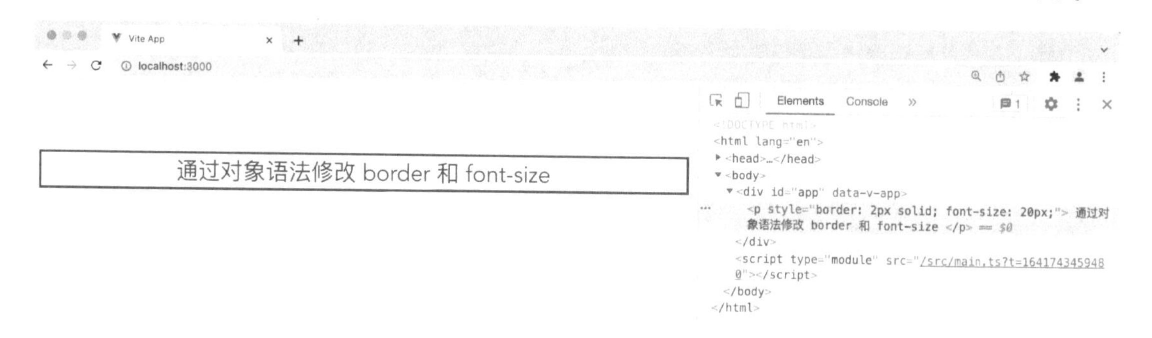

图 6.3　对象语法绑定内联样式

和绑定 HTML class 属性一样，绑定内联样式的对象语法同样还支持直接绑定对象变量和计算属性，代码如下。

```
01    <script setup lang="ts">
02    import { computed, reactive, ref } from 'vue';
03
04    const fontSize = ref<number>(20);
05
06    const styleObject = reactive({
07      border: '2px solid',
08      fontSize: '20px',
09    });
10
11    const computedStyle = computed(() => {
12      return {
13        border: '2px solid',
14        fontSize: `${fontSize.value}px`,
15      };
16    });
17    </script>
18
19    <template>
20      <p :style="styleObject">通过对象语法绑定整体对象修改 border 和 font-size</p>
21      <p :style="computedStyle">通过对象语法绑定计算属性修改 border 和 font-size</p>
22    </template>
```

可以看到这里的 styleObject 是一个 reactive 响应式对象变量，computedStyle 是计算属性，并且内部监测 fontSize 的数值变化。它们的返回结果都是一个对象。然后 Vue 通过 v-bind 指令将返回的对象结果与 style 属性绑定。其实响应式对象变量和计算属性都是对象语法绑定的扩展。同样需要注意属性名称要从连接号的模式转换成驼峰命名。

绑定内联样式的数组语法与绑定 HTML class 的数组语法相似，可以直接将一个数组与元素属性绑定，数组内部则是具体的样式属性，代码如下。

```
01    <script setup lang="ts">
02    import { reactive } from 'vue';
03
04    const borderObject = reactive({
05      border: '1px solid',
06    });
07    const fontSizeObject = reactive({
08      fontSize: '20px',
09    });
10    </script>
11
12    <template>
13      <p :style="[borderObject, fontSizeObject]">
14        通过数组语法绑定修改 border 和 font-size
15      </p>
16    </template>
```

这里可以看到在组件内部声明了 borderObject 响应式对象变量和 fontSizeObject 响应式对象变量，然后将它们二者组装成一个数组，通过 v-bind 指令将数组与 style 属性绑定，从而实现绑定内联样式。

实操微视频

6.4 实战：制作消息提示框

每一个网站都会有各种各样的交互操作，其中一个能够提高用户体验的就是消息提示框。消息提示框会根据用户操作而显示结果，一般操作成功则为绿色提示框，操作失败则为红色警示框。成功提示框、警告提示框和失败提示框效果如图 6.4 所示。

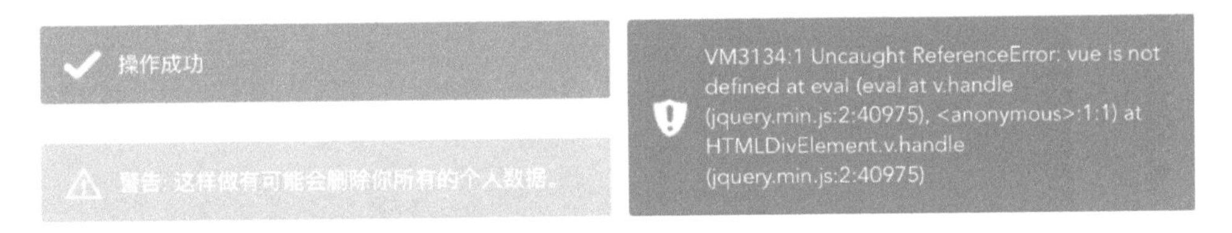

● 图 6.4　消息提示框效果图

今天就来通过 Vue 提供的 HTML class 绑定和 style 绑定功能实现一个消息提示框。为了能够最大程度的复用代码，可以设计这种几种消息提示框共用一个消息布局样式，通过传递不同的样式布局和内容，修改提示框的渲染效果，最终显示不同的内容。

vite.3 配置说明

首先通过以下命令创建 tip-message 项目。

```
npm init vite@latest tip-message
```

然后根据消息提示框共用布局的特点，可以在 App.vue 文件的 template 模板中写出提示框的页面布局代码，如下。

```
01    <div class="tip-container" :style="{ opacity:tipOpacity }">
02      <div :class="tipStatus" class="tip-body" :style="backgroundColor">
03        <div class="tip-message">
04          {{ message }}
05        </div>
06      </div>
07    </div>
```

可以看到这里绑定 tipOpacity 变量到提示框元素的 style 属性，绑定 tipStatus 变量到提示框主体的 class 属性，同时还将 backgroundColor 对象与 style 属性绑定。接下来再添加三个按钮，分别模拟不同的操作结果触发消息提示框的过程。代码如下。

```
01    <div class="button-main">
02      <button class="btn-success" @click="success">成功</button>
03      <button class="btn-warning" @click="warning">警告</button>
04      <button class="btn-failed" @click="failed">失败</button>
05    </div>
```

这里的三个按钮单击事件分别绑定了三种函数方法。接下来就实现整体的业务逻辑，在 App.vue 的 script 模板中的代码如下。

```
01    <script setup lang="ts">
02    import { reactive, ref } from 'vue';
03
04    interface BackgroundColor {
05      backgroundColor: string;
06    }
07
08    const tipStatus = ref<string>();
09    const tipOpacity = ref<number>(0);
10    const backgroundColor = reactive<BackgroundColor>({
11      backgroundColor: '#fff',
12    });
13
14    const message = ref<string>();
15
16    const missTip = ref<number | null>();
17
18    // 提示框显示
19    const showTip = (): void => {
20      tipOpacity.value = 1;
21      // 触发 2 秒后提示框消失
22      if (missTip.value) {
23        clearTimeout(missTip.value);
```

```
24          missTip.value = setTimeout(() => {
25            message.value = '';
26            tipOpacity.value = 0;
27          }, 2000);
28        } else {
29          missTip.value = setTimeout(() => {
30            message.value = '';
31            tipOpacity.value = 0;
32          }, 2000);
33        }
34      };
35
36      // 操作成功提示框
37      const success = (): void => {
38        tipStatus.value = 'tip-success';
39        backgroundColor.backgroundColor = '#28a745';
40        message.value = '操作成功';
41        showTip();
42      };
43
44      // 警告提示框
45      const warning = (): void => {
46        tipStatus.value = 'tip-warning';
47        backgroundColor.backgroundColor = '#ffc107';
48        message.value = '警告：这样做有可能会删除你所有的个人数据。';
49        showTip();
50      };
51
52      // 失败提示框
53      const failed = (): void => {
54        tipStatus.value = 'tip-failed';
55        backgroundColor.backgroundColor = '#dc3545';
56        message.value = 'VM3134:1 UncaughtReferenceError: vue is not defined
57          at eval (eval at v.handle (jquery.min.js:2:40975), <anonymous>:1:1)
58          atHTMLDivElement.v.handle (jquery.min.js:2:40975)';
59        showTip();
60      };
61      </script>
```

这里通过单击不同按钮会触发相应的函数，单击函数通过修改 tipStatus、message 和 backgroundColor 的值来达到动态修改提示框的布局样式的效果。项目中的 css 代码在本书配套源码中，感兴趣的读者可以学习参考。这样，一个消息提示框程序就完成了。

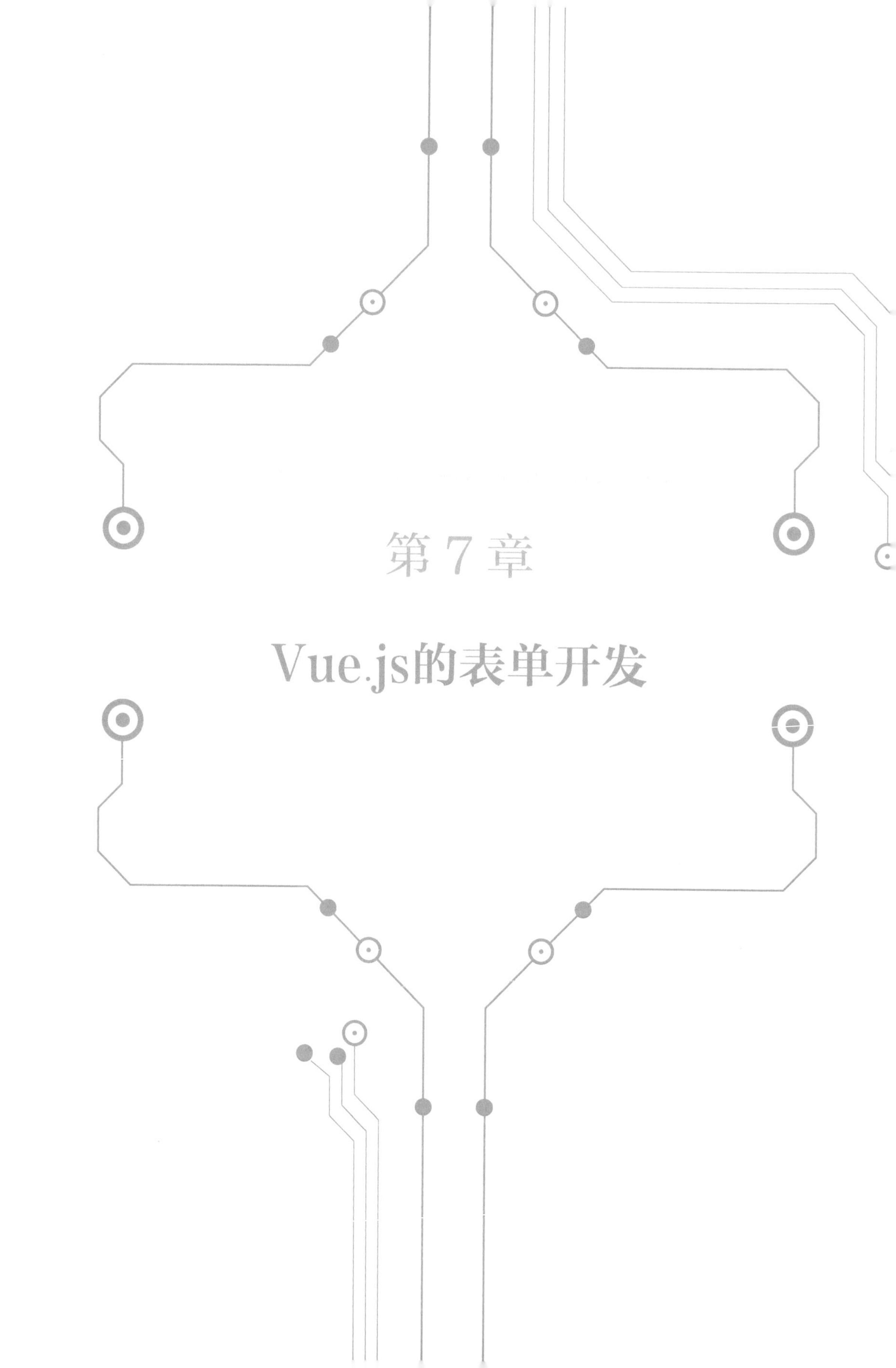

第 7 章

Vue.js的表单开发

表单是网络应用最重要的一个环节，它主要负责用户的输入。Vue 在表单开发时使用 v-model 指令将表单元素与响应式数据进行双向绑定。同时，针对不同的表单元素，v-model 的使用也有所差异。本章将详细介绍 Vue.js 各个表单元素如何开发。

7.1 v-model 指令

v-model 属于 Vue 的内置指令之一，其作用是将组件的响应式变量与表单组件双向绑定，双向绑定的意思：当组件内的响应式数据发生改变，对应表单元素内的数据也会发生改变；同理，当用户修改了表单元素内的值，反过来也会直接作用于组件内的响应式数据。例如下面的这个例子。

```
01    <script setup lang="ts">
02    import { ref } from 'vue';
03
04    const count = ref<number>(0);
05    </script>
06
07    <template>
08      <input v-model="count" type="number" />
09      <button @click="count++">count 的值: {{ count }}</button>
10    </template>
```

组件内先声明一个名为 count 的响应式变量，然后通过 v-model 指令将这个变量与 input 标签进行双向绑定。然后在 button 标签内，显示 count 的数值，同时按钮的单击方法会对 count 变量执行加一操作。最后的效果就是：单击按钮，input 标签内和按钮内的数值都会发生变化，同时修改 input 标签内的数值，并且按钮的显示内容也会发生变化。这就是 v-model 的双向绑定。运行效果如图 7.1 所示。

● 图 7.1　双向绑定渲染效果

v-model 指令可以通过以下修饰符来增强事件效果。

.lazy 修饰符，效果是监听表单元素的 change 事件而不是 input 事件。例如将正常的 v-model 绑定在 input 标签上，在 input 标签内输入一串字符，每输入一个字符都会触发响应式变量的修改，但是添加了.lazy 修饰符之后，只有输入完字符串，焦点离开表单元素的时候，才会触发修改响应式变量的方法。

.number 修饰符，效果是将表单元素输入字符串转为有效的数字。例如下面这段代码。

```
01    <script setup lang="ts">
02    import { ref } from 'vue';
03
```

```
04    const numberMessage = ref<string>('');
05    </script>
06
07    <template>
08      <!-- .number -->
09      <div class="example">
10        <input v-model.number="numberMessage" type="text" />
11        <span>输入类型: {{ typeof numberMessage }}</span>
12      </div>
13    </template>
```

这里 input 标签内的 type 属性值为 text，意味着当前 input 输入框中输入的所有内容均会被当作字符串处理。但是添加了 .number 修饰符以后，在输入框输入字符串时，JavaScript 表达式判断与 input 绑定的响应式变量类型为 string，如果输入为数字，判断结果则为 number，运行结果如图 7.2 所示。

图 7.2 .number 运行效果

.trim 修饰符，效果是将输入字符串的首为空格过滤掉。在有些时候可以通过直接添加修饰符的方法完成过滤空格。

究其本质，v-model 指令的绑定原理其实是动态变量作为 props 值传递给表单元素，然后在表单元素的更新方法内，通过 emit 将值的 update 事件发射回父组件。这里提及的 props 与 emit 均会在组件一章（第 8 章）有详细讲解。这里仅需读者理解 v-model 指令是通过 props 和 emit 来实现双向绑定即可。

7.2 表单的基本用法

Vue 中可以使用 v-model 指令在表单<input><textarea>及<select>元素上创建双向数据绑定。V-model 指令会根据控件类型自动选取正确的方法来更新元素，即不同的元素会使用不同的 props 属性与不同的更新方法。接下来就为大家一一介绍在这些表单元素中 v-model 是如何工作的。

7.2.1 文本

v-model 指令在 input 标签上使用，原理是使用的元素的 value 属性作为 props，同时在 input 的 input 事件里调用 emit 来更新数据，代码如下。

```
01    <script setup lang="ts">
02    import { ref } from 'vue';
03
04    const textMessage = ref<string>('');
05    </script>
06
07    <template>
08      <!--文本(Text) -->
09      <input v-model="textMessage" type="text" />
10      <p>文本值: {{ textMessage }}</p>
11    </template>
```

这里 v-model 指令将一个 string 类型的响应式变量与 input 标签绑定。同时 v-model 还会忽略 input 标签内的 value 属性，如果在 input 标签内同时使用了 v-model 和 value 属性，Vue 会报错，提示"Unnecessary value binding used alongside v-model. It will interfere with v-model's behavior."。所以使用了 v-model 属性之后，就没有必要再设置 value 属性。

7.2.2 多行文本

v-model 指令也可以在 textarea 上使用，原理同样是使用 textarea 的 value 属性和 input 事件，代码如下。

```
01    <script setup lang="ts">
02    import { ref } from 'vue';
03
04    const mutilMessage = ref<string>('');
05    </script>
06
07    <template>
08      <!--多行文本(Textarea) -->
09      <textarea v-model="mutilMessage" rows="8"></textarea>
10      <p>多行文本值: {{ mutilMessage }}</p>
11    </template>
```

这里 v-model 指令将一个字符串类型的响应式变量与 textarea 标签绑定。需要注意一点，插值在 textarea 内是无法使用的，代码如下。

```
<textarea>{{ text }}</textarea>
```

这时候就需要使用 v-model 来绑定 textarea 的值，代码如下。

```
<textarea v-model="text"></textarea>
```

7.2.3 复选框

当 v-model 指令在 checkbox 类型的 input 标签上也可以使用。v-model 指令通过复选框的 check 属性和 change 事件来实现双向绑定，代码如下。

```
01    <script setup lang="ts">
02    import { ref } from 'vue';
03
04    const checkBoxValue = ref<boolean>(false);
05    </script>
06
07    <template>
08      <!--复选框(Checkbox)-->
09      <input v-model="checkBoxValue" type="checkbox" />
10      <label for="checkbox">{{checkBoxValue }}</label>
11    </template>
```

这里 v-model 指令将一个布尔类型的响应式变量与复选框组件绑定。当复选框选中或者取消选中都将会改变 checkBoxValue 的值。

7.2.4 单选框

v-model 指令也可以和 type 为 radio 的 input 标签绑定。和复选框的原理一样，都是使用 input 标签的 check 属性和 change 事件来实现双向绑定，代码如下。

```
01    <script setup lang="ts">
02    import { ref } from 'vue';
03
04    const radioValue = ref<string>('');
05    </script>
06
07    <template>
08      <!--单选框(Radio)-->
09      <div>
10        <input id="one" v-model="radioValue" type="radio" value="One" />
11        <label for="one">One</label>
12        <br />
13        <input id="two" v-model="radioValue" type="radio" value="Two" />
14        <label for="two">Two</label>
15        <br />
16        <span>单选框值: {{ radioValue }}</span>
17      </div>
18    </template>
```

这里因为是单选框，所以勾选不同的单选框，radioValue 的值也不一样，它的具体值是选中单选框 input 标签的 value 属性值。

7.2.5 选择框

v-model 也可以和 select 标签绑定。在选择框中使用是调用了 select 标签的 value 字段和 change 事件来实现双向绑定，代码如下。

```
01    <script setup lang="ts">
02    import { ref } from 'vue';
03
```

```
04    const selectedValue = ref<string>('');
05    </script>
06
07    <template>
08      <!--选择框(Select) -->
09      <div>
10        <select v-model="selectedValue">
11          <option disabled value="">请选择</option>
12          <option>Vue.js</option>
13          <option>Python</option>
14          <option>Golang</option>
15        </select>
16        <span>选择框值: {{ selectedValue }}</span>
17      </div>
18    </template>
```

这里通过 select 选择不同的 option 选项，selectedValue 会得到不同的值。

7.2.6 多选框

v-model 同样也可以和带有 multiple 属性的 select 标签绑定。只不过这里 v-model 绑定的响应式变量必须是一个数组，代码如下。

```
01    <script setup lang="ts">
02    import { ref } from 'vue';
03
04    const multipleSelectedValue = ref<string[]>();
05    </script>
06
07    <template>
08      <!--复选框(Select) -->
09      <div>
10        <select v-model="multipleSelectedValue" multiple>
11          <option disabled value="">请选择</option>
12          <option>Vue.js</option>
13          <option>Python</option>
14          <option>Golang</option>
15        </select>
16        <span>选择框值: {{ multipleSelectedValue }}</span>
17      </div>
18    </template>
```

通过多选 select 标签里的 option 选项，mutipleSelectedValue 列表里的数据也会随之更新。

7.3 表单的值绑定

v-model 指令可以将响应式数据与表单元素双向绑定，如果不特殊设置，v-model 绑定的值通常为静态字符串或布尔值，代码如下。

```
01    <!--当选中时,'picked'为字符串 "a" -->
02    <input type="radio" v-model="picked" value="a" />
03
04    <!--'toggle'为 true 或 false -->
05    <input type="checkbox" v-model="toggle" />
06
07    <!--当选中第一个选项时,'selected'为字符串 "abc" -->
08    <select v-model="selected">
09      <option value="abc">ABC</option>
10    </select>
```

有时可能需要把值绑定到当前活动实例的一个动态属性上。这个时候可以通过 Vue 提供的 v-bind 指令实现。使用 v-bind 指令可以将输入值绑定到非字符串。

7.3.1 复选框值绑定

默认情况，复选框中的 v-model 指令绑定的是一个布尔值。但是可以通过 true-value 和 false-value 属性来绑定勾选与否的对应数值，代码如下。

```
01    <script setup lang="ts">
02    import { ref } from 'vue';
03
04    const checkBoxValue = ref<boolean>(true);
05    </script>
06
07    <template>
08      <!--复选框值绑定(Checkbox) -->
09      <div>
10        <input
11          v-model="checkBoxValue"
12          type="checkbox"
13          true-value="已经勾选"
14          false-value="没有勾选"
15        />
16        <label for="checkbox">{{checkBoxValue }}</label>
17      </div>
18    </template>
```

当选择框选中时，checkBoxValue 的值为“已经勾选”，当没有选中时，checkBoxValue 的值又为“没有勾选”。注意这里的 true-value 和 false-value 属性并不会影响输入控件的 value 属性，它们可以被理解成一种语法糖。

7.3.2 单选框值绑定

上一节中遇到的 v-model 指令与 radio 类型的 input 绑定时，最后绑定的结果值来自于 input 标签中的 value 属性值。同样，这里也可以通过 v-bind 指令将 value 属性与响应式变量绑定，然后作为单选框选中的值，代码如下。

```
01    <script setup lang="ts">
02    import { ref } from 'vue';
03
04    const radioValue = ref<string>('');
05    const valueOne = ref<string>('选择了 One');
06    const valueTwo = ref<string>('选择了 Two');
07    </script>
08
09    <template>
10      <!--单选框(Radio) -->
11      <div id="v-model-radiobutton">
12        <input id="one" v-model="radioValue" type="radio" :value="valueOne" />
13        <label for="one">One</label>
14        <br />
15        <input id="two" v-model="radioValue" type="radio" :value="valueTwo" />
16        <label for="two">Two</label>
17        <br />
18        <span>单选框值: {{ radioValue }}</span>
19      </div>
20    </template>
```

7.3.3 选择框值绑定

v-model 指令与 select 标签绑定时，可以在 option 标签内通过 v-bind 指令将复杂的响应式数据与选择框元素绑定，代码如下。

```
01    <script setup lang="ts">
02    import { ref, reactive } from 'vue';
03
04    interface Student {
05      name: string;
06      score: number;
07    }
08
09    const selectedValue = ref<string>('');
10    const studentList = reactive<Student[]>([
11      {
12        name: '张三',
13        score: 100,
14      },
15      {
16        name: '李四',
17        score: 99,
18      },
19      {
20        name: '王五',
21        score: 98,
22      },
23    ]);
24    </script>
```

```
25
26    <template>
27      <!--选择框(Select)-->
28      <div>
29        <select v-model="selectedValue">
30          <option disabled value="">请选择</option>
31          <option
32            v-for="student instudentList"
33            :key="student.name"
34            :value="student"
35          >
36            {{ student.name }}
37          </option>
38        </select>
39        <span>选择框值: {{ selectedValue }}</span>
40      </div>
41    </template>
```

可以看到这里定义了一个 Student 数组，并使用 v-for 指令将数组遍历到 option 选项，同时还使用 v-bind 指令将 Student 对象与 option 的 value 属性绑定。最后通过选择框选出来的值，就是一个 Student 对象。

7.4 实战：实现注册页面

实操微视频

注册页面大家应该都很熟悉。任何一个注册页面内都有大量的表单元素，在单页面应用中，当用户输入完注册页面所有内容之后，单击“提交”按钮，程序会自动收集表单内的全部信息，然后转换成 JSON 字符串，最后调用 Ajax 发送数据到服务器。正是因为有 v-model 指令的存在，使得用 Vue 开发表单变得非常轻松。接下来就通过本章所学的内容来实现一个注册页面。

首先通过以下命令使用 vite 创建项目。

```
npm init vite@latest registration-form
```

vite.3 配置说明

然后分析一个新用户应该具备哪些属性，例如：username（用户名）、password（密码）、email（邮箱）、gender（性别）、phone（手机号）、education（学历）以及 agree（同意协议）。根据以上这些属性，可以首先创建出 User 接口及 user 响应式变量，代码如下。

```
01    <script setup lang="ts">
02    import { reactive } from'vue';
03
04    // User 接口类型
05    interface User {
06      username: string; // 用户名
07      password: string; // 密码
08      email: string; // 邮箱
09      gender: number; // 性别
10      phone: string; // 手机号
```

```
11      education: number; // 学历
12      agree: boolean; // 是否同意网站协议
13    }
14
15    // user 响应式变量
16    const user = reactive<User>({
17      username: '',
18      password: '',
19      email: '',
20      gender: 0,
21      phone: '',
22      education: 0,
23      agree: false,
24    });
25    </script>
```

可以看到在以上代码中不但定义了数据结构，同时 user 的每一个属性都有初始值。然后根据 User 的数据结构，编写出页面的布局代码，并且可以在表单元素标签上使用 v-model 指令来完成数据双向绑定。代码如下。

```
01    <template>
02      <form action="">
03        <table>
04          <tr>
05            <td>用户名:</td>
06            <td>
07              <input v-model="user.username" type="text" />
08            </td>
09          </tr>
10          <tr>
11            <td>密码:</td>
12            <td>
13              <input v-model="user.password" type="password" />
14            </td>
15          </tr>
16          <tr>
17            <td>邮箱:</td>
18            <td>
19              <input v-model="user.email" type="text" />
20            </td>
21          </tr>
22          <tr>
23            <td>性别:</td>
24            <td>
25              <input v-model="user.gender" type="radio" name="gender" value="1" />男
26              <input v-model="user.gender" type="radio" name="gender" value="2" />女
27            </td>
28          </tr>
29          <tr>
30            <td>手机号:</td>
```

```
31              <td>
32                <input v-model="user.phone" type="text" />
33              </td>
34            </tr>
35            <tr>
36              <td>学历:</td>
37              <td>
38                <select id="education" v-model="user.education" name="education">
39                  <option disable value="0">请选择</option>
40                  <option value="4">博士</option>
41                  <option value="3">硕士</option>
42                  <option value="2">学士</option>
43                  <option value="1">高中</option>
44                </select>
45              </td>
46            </tr>
47            <tr>
48              <tdcolspan="2">
49                <input v-model="user.agree" type="checkbox" />是否同意<a
50                  href=""
51                  target="_blank"
52                  >网站协议</a
53                >
54              </td>
55            </tr>
56            <tr>
57              <td><button type="submit" @click.prevent="submit">提交</button></td>
58            </tr>
59          </table>
60        </form>
61      </template>
```

这里给每一个表单元素双向绑定了user的属性，最后的“提交”按钮绑定了一个submit方法用来处理表单提交操作，这里还使用了.prevent修饰符来阻止表单默认事件。接下来就可以创建一个submit方法，并在方法内打印user变量，代码如下。

```
01  <script setup lang="ts">
02
03  // 其余代码省略
04
05  const submit = () => {
06    console.log(user);
07  };
08  </script>
```

至此，一个注册页面就完成了。启动项目，可以在浏览器内查看渲染效果，如图7.3所示。

当在表单里填写完全部内容，然后单击“提交”按钮，就可以在开发者工具的终端中看到打印的user内容，如图7.4所示。

这样，一个注册页面就完成了。

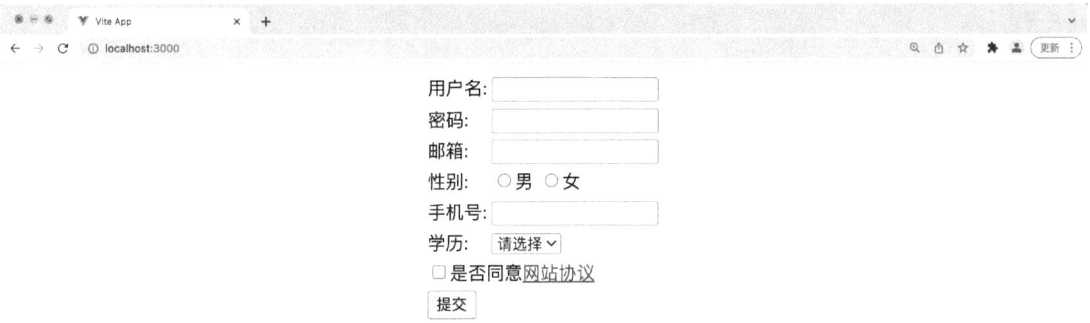

用户名:
密码:
邮箱:
性别: ○男 ○女
手机号:
学历: 请选择
□是否同意网站协议
提交

图7.3 注册页面运行效果

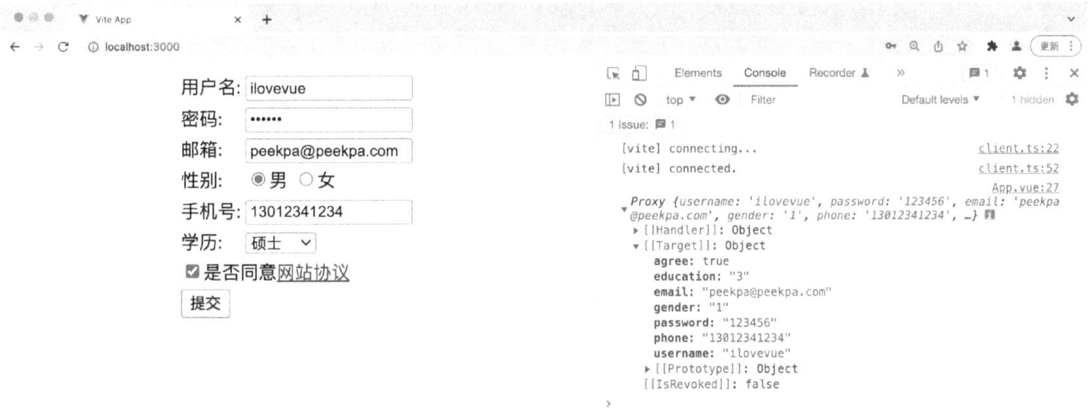

用户名: ilovevue
密码: ••••••
邮箱: peekpa@peekpa.com
性别: ◉男 ○女
手机号: 13012341234
学历: 硕士
☑是否同意网站协议
提交

```
[vite] connecting...                                   client.ts:22
[vite] connected.                                      client.ts:52
                                                       App.vue:27
▾Proxy {username: 'ilovevue', password: '123456', email: 'peekpa@peekpa.com', gender: '1', phone: '13012341234', …}
  ▸[[Handler]]: Object
  ▾[[Target]]: Object
     agree: true
     education: "3"
     email: "peekpa@peekpa.com"
     gender: "1"
     password: "123456"
     phone: "13012341234"
     username: "ilovevue"
   ▸[[Prototype]]: Object
  [[IsRevoked]]: false
```

图7.4 表单提交效果

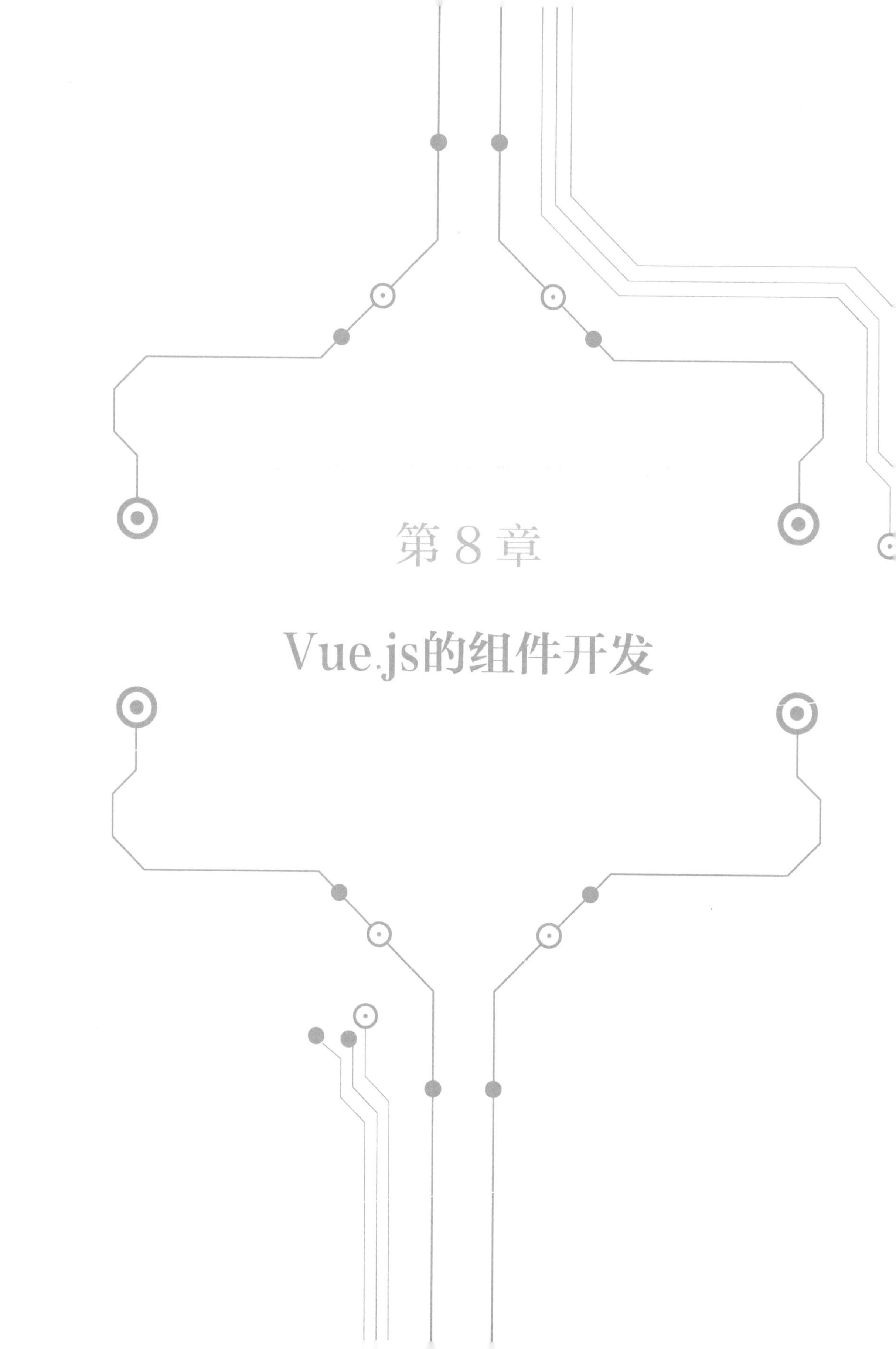

第 8 章

Vue.js的组件开发

组件开发可谓是 Vue 中最核心和强大的功能之一。这一章节将为大家介绍 Vue 的组件概念、组件的开发、组件的传值和通信、组件的插槽、最新的 Teleport 功能以及组件的懒加载等内容，为后面的学习和开发奠定更好的基础。

8.1 组件的概念

组件（Component）是一种对数据和方法的简单封装，每一个组件有自己单独的逻辑，并且可以分别管理。不同的组件组合在一起，就形成了页面。所以，每一个 Web 页面可以抽象成是不同组件组合而成的，页面只是这些组件的一个容器。并且这些组件可以在不影响程序运行的情况下，随时被替换。利用这种组件化的思想可以将一个巨大的东西拆成很多小东西，它是现代前端框架核心思想之一。

在 Vue 中，通常一个应用会以一棵嵌套的组件树的形式来组织，如图 8.1 所示。

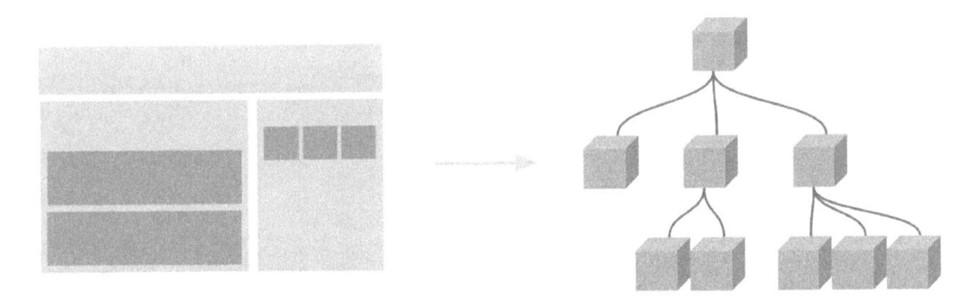

图 8.1　应用树形结构的组织

这里可以看到，图 8.1 中整体页面为一个根组件，然后根组件下有三个子组件，分别是页头组件、侧边栏组件还有内容区组件。在中间内容区组件下，又细分出来两个内容组件，而侧边栏组件则有三个侧边栏内容组件。所有的组件整齐排列，按照树形结构组合，这就是 Vue 内组件的组织结构。

Vue 的组件可以内置组件和自定义组件。内置组件可以直接在模板中使用，不需要注册。例如，<keep-alive><transition><transition-group>和<teleport>组件。而在开发的过程中，绝大多数情况需要使用到自定义组件。

8.1.1 组件的结构

其实在之前的内容中，大家已经见过 Vue 的组件，每当使用 Vite 创建一个新的 Vue 项目时，项目中的 HelloWord.vue 就是一个 Vue 组件。一般来说，在项目代码中，所有的 .vue 文件是单独的组件。下面这段 MyComponent 代码就是组件的基本结构。

```
01    <script setup lang="ts">
02    import { ref } from 'vue';
03
04    const count = ref<number>(0);
05    </script>
```

```
06
07    <template>
08      <button @click="count++">你已经单击了 {{ count }} 次.</button>'
09    </template>
10
11    <style></style>
```

这里可以看到，一个组件里面主要有三部分：<script><template>和<style>。其中<script>负责组件的业务逻辑，<template>负责组件的页面布局，<style>负责组件的页面样式。项目中的每个 . vue 文件都是一个组件，每个组件都有这三个部分。

如果想要在 Vue 中使用自定义组件，第一步需要做的是注册组件。Vue 提供两种注册方式：全局注册和局部注册。

在 Vite 创建的项目中，全局注册组件应该在 main. ts 文件中完成，因为这里是整个项目 App 实例的初始位置，例如把上面的 MyComponent 组件进行全局注册，代码如下。

```
01    import {createApp } from 'vue';
02    import App from './App.vue';
03    import MyComponent from './components/MyComponent.vue';
04
05    const app =createApp(App);
06    app.component('GlobalComponent', MyComponent);
07    app.mount('#app');
```

这里通过 app. component（'GlobalComponent', MyComponent）语句将 MyComponent 组件全局注册，并且注册名称为 GlobalComponent，这意味着在当前项目所有组件中，开发者可以直接使用<GlobalComponent>标签调用组件。例如修改 App. vue 中的 template 模板调用组件，代码如下。

```
01    <template>
02      <GlobalComponent></ GlobalComponent>
03    </template>
```

这样就完成了全局组件注册和组件的调用。可以在浏览器里看组件的渲染效果，并且组件功能正常，如图 8. 2 所示。

图 8. 2　自定义组件渲染效果

全局注册组件有时并不理想，会导致程序臃肿，因为某些注册组件只供几个父组件使用，并不需要全局注册，这个时候就要使用局部注册了。局部注册组件则是在组件内部注册组件，例如在内容展示组件里可以注册内容组件。注册方法也很简单，如果是选项式 API 的话，只需要将注册的组件导入，然后配置 components 属性直接调用即可，代码如下。

```
01    <script lang="ts">
02    import {defineComponent } from 'vue';
03    import MyComponent from './components/MyComponent.vue';
04
05    export default defineComponent({
06      components: {
07        LocalComponent: MyComponent,
08      },
09    });
10    </script>
11
12    <template>
13      <LocalComponent></LocalComponent>
14    </template>
```

如果使用的组合式API局部注册，直接引入组件然后直接调用，代码更加简单，如下。

```
01    <script setup lang="ts">
02    import MyComponent from './components/MyComponent.vue';
03    </script>
04
05    <template>
06      <MyComponent></MyComponent>
07    </template>
```

可以看到组合式API的代码量会比选项式API的代码量少很多，而且这里引入的名字叫MyComponent，那么就在template中直接通过<MyComponent>标签使用组件。当然如果开发者想使用组件的别名引入注册组件，例如想让MyComponent的名字叫LocalComponent，就将上述代码修改成下面的代码即可。

```
01    <script setup lang="ts">
02    import LocalComponent from './components/MyComponent.vue';
03    </script>
04
05    <template>
06      <LocalComponent></ LocalComponent >
07    </template>
```

这里要注意一点：局部注册的组件在其子组件中不可用，如果想要在子组件中继续使用，则需在子组件中重新注册。

不管是全局注册组件还是局部注册组件，都要根据项目的具体需求来进行选择。

8.1.2 组件的复用

组件是对一段数据和方法的封装，最主要的作用就是为了能够在项目中复用。在Vue中，只要是注册过的组件，都可以通过在模板中重复调用来实现复用，例如将局部注册的MyComponent组件复用4次，代码如下。

```
01    <script setup lang="ts">
02    import LocalComponent from './components/MyComponent.vue';
```

```
03    </script>
04
05    <template>
06      <LocalComponent></LocalComponent>
07      <LocalComponent></LocalComponent>
08      <LocalComponent></LocalComponent>
09      <LocalComponent></LocalComponent>
10    </template>
```

上述代码就实现了组件的复用，而且复用的组件和组件之间数据互不影响，在浏览器中单击不同的组件按钮，会看到按钮上显示的数字并不相同，效果如图 8.3 所示。

● 图 8.3　组件复用效果

可以看到上述四个组件的数字都不相同，因为每次使用组件时 Vue 会创建一个新的组件实例，它们之间的数据相互独立，所以数字可以不相同。

8.1.3　setup 组件的生命周期

在 4.3 节中已经为大家讲解了 Vue 的组件的生命周期，在选项式 API 中，生命周期钩子函数有 beforeCreate、created、beforeMount、mounted、beforeUpdate、updated、beforeUnmount、unmounted、errorCaptured、renderTracked、renderTriggered、activated 和 deactivated 共 13 个函数。若想要在组合式 API 的 setup( )方法内或者被 setup 属性标记的 script 模板内使用生命周期钩子函数，需要在生命周期钩子函数前加上 on 来访问，具体的区别如表 8.1 所示。

表 8.1　选项式 API 和组合式 API 生命周期钩子函数对比

选项式 API	组合式 API
beforeCreate	不可用
Created	不可用
beforeMount	onBeforeMount
Mounted	onMounted
beforeUpdate	onBeforeUpdate
updated	onUpdated
beforeUnmont	onBeforeUnmount
unmounted	onUnmounted
errorCaptured	onErrorCaptured

（续）

选项式 API	组合式 API
renderTracked	onRenderTracked
renderTriggered	onActivated
activated	onActivated
deactivated	onDeactivated

从表8.1中可以看到，在组合式API的setup内，是没有beforeCreate和created这两个生命周期对应的钩子函数。因为setup就是围绕breforeCreate和created生命周期钩子函数运行的，所以没有显式的定义。换句话说，在这些钩子中编写的代码都应该在setup函数或者setup属性的script中直接进行编写。最简单的使用方式见下面的代码。

```
01    <script setup lang="ts">
02    import {onBeforeMount, onMounted, onBeforeUpdate, onUpdated, ref } from 'vue';
03
04    const count = ref<number>(0);
05    const message = ref<string>('Peekpa Vue.js 3.0');
06
07    onBeforeMount((): void => {
08      console.log('onBeforeMount()');
09    });
10
11    onMounted((): void => {
12      console.log('onBeforeMount()');
13    });
14
15    onBeforeUpdate((): void => {
16      console.log('onBeforeMount()');
17    });
18
19    onUpdated((): void => {
20      console.log('onUpdated()');
21    });
22    </script>
23
24    <template>
25      <h1>{{ message }}</h1>
26      <button type="button" @click="count++">count is: {{ count }}</button>
27    </template>
```

因为setup内没有onBeforeCreate和onCreated生命周期钩子函数，所以当初始化渲染组件，并且单击按钮触发数据更新，页面刷新时，能够从浏览器的开发者工具的终端看到日志，如图8.4所示。

在.vue文件内，带有setup属性的script标签是可以和script标签共存的，因为有些属性是无法在setup属性的script标签内赋值的，例如inheritAttrs等。这个时候，就需要在.vue文件内单独再写一个script标签，代码如下。

● 图 8.4　setup 内生命周期钩子函数调用

```
01	<script setup lang="ts">
02	import { ref } from 'vue';
03
04	const count = ref<number>(0);
05	</script>
06
07	<script lang="ts">
08	export default {
09	  inheritAttrs: false,
10	};
11	</script>
```

8.2 组件的通信

上一节介绍了 Vue 的应用和页面中的组件是按照嵌套的组件树的结构组织在一起的。所有的组件以实例的方式单独存在，而组件和组件之间因业务需要，会有数据传递发生。接下来就为大家详细讲解组件之间的通信问题。

组件与组件之间的通信，大致可以分为以下四种，如图 8.5 所示。

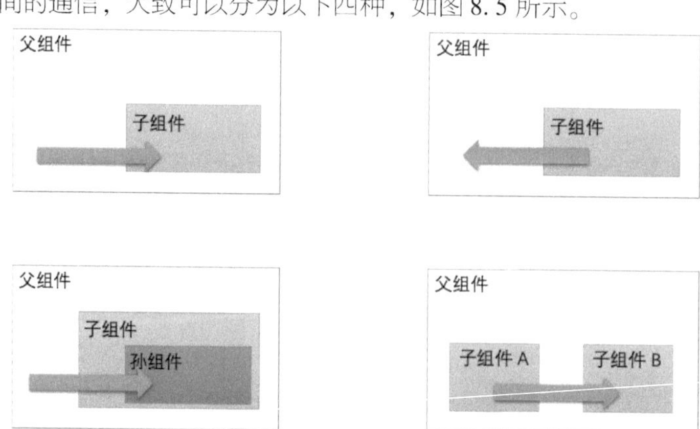

● 图 8.5　组件和组件之间通信分类

图8.5从左到右、从上到下依次表示：父组件向子组件通信、子组件向父组件通信、父组件向隔代子组件通信和非父子组件之间的通信。这四种通信模式涵盖了Vue中组件和组件通信的所有情况。其中，父组件向子组件通信使用组件的props属性实现，子组件向父组件通信使用组件的自定义事件实现，父组件向隔代子组件通信使用订阅发布实现和非父子组件通信使用第三方状态管理实现。

8.2.1 使用Props通信

Props关键字在之前的代码中已经出现过，相信大家对它并不陌生。Props关键字代表开发者在组件上注册的一些自定义属性，然后父组件通过子组件的Props属性将数据直接传递到子组件内部，供子组件调用处理。这里需要注意一点，Props传递的数据全部为单向流数据，即只能从父组件向子组件传递，不能子组件向父组件传递。所以，在使用Props进行组件之间通信时，需要首先在子组件内定义Props，然后在父组件内调用，代码如下。

```
// PropsChild.vue 代码(子组件)
01    <script setup lang="ts">
02    defineProps<{ msg: string; count: number }>();
03    </script>
04
05    <template>
06      <p>{{ msg }}</p>
07      <p>按钮已经被单击了 {{ count }} 次</p>
08    </template>
```

```
// PropsComponent.vue 代码(父组件)
01    <script setup lang="ts">
02    import { ref } from 'vue';
03    import PropsChild from './components/PropsChild.vue';
04
05    const message = ref<string>('Peekpa Vue.js');
06    const count = ref<number>(0);
07    </script>
08
09    <template>
10      <PropsChild :msg="message" :count="count"></PropsChild>
11      <button @click="count++">count++</button>
12    </template>
```

可以看到这里在子组件PropsChild里通过defineProps()方法定义了两个属性msg和count。这种定义方法属于纯类型定义。在父组件里，创建message和count两个变量，然后通过v-bind指令，将这两个变量绑定到组件上。并且通过单击父组件的按钮，在子组件中渲染的count值也会发生变化。效果如图8.6所示。

这里需要注意一点，defineProps()方法是只能在组合式API中使用的，换句话说它只有在setup()方法内或者有setup属性的<script>内使用。选项式API中的props写法不是这样。如果想给Props定义的属性一个初始值，可以使用withDefaults()方法，代码如下。

图 8.6　父子组件通信渲染效果

```
// PropsChild.vue 代码
01    <script setup lang="ts">
02    withDefaults(defineProps<{ msg?: string; count?: number }>(), {
03      msg: '这是 default 信息',
04      count: 111,
05    });
06    </script>
07
08    <template>
09      <p>{{ msg }}</p>
10      <p>按钮已经被单击了 {{ count }} 次</p>
11    </template>
```

可以看到 withDefaults( )方法接收的第一个参数是 Props 定义，第二个参数则是这些 Props 定义的属性的默认值。并且这里在定义 Props 的时候，采用 TypeScript 的可选属性定义组件属性，即在属性名称后面添加问号。如果一个属性名称末尾添加了问号，则代表当前 Props 属性为非必传属性，如果没有添加问号，则代表这个组件属性为必传属性。所以上面这段代码，当父组件传递任何 msg 和 count 数据时，子组件都能够通过默认值来正常渲染，效果如图 8.7 所示。

Vite App
localhost:3000

这是 default 信息

按钮已经被点击了 111 次

count++

图 8.7　Props 默认值渲染效果

8.2.2　使用自定义事件通信

父组件给子组件传递数据通过 Props，那么子组件给父组件传递数据则需要通过自定义事件。在 Vue 中，组合式 API 的组件的自定义事件是通过 defineEmits( )方法定义。然后在需要被调用的地方，发射自定义事件给父组件，同时，父组件通过 v-on 指令将本身的处理函数与子组件发射的自定义事件相绑定，从而实现子组件向父组件通信的过程。例如单击子组件的按钮，将子组件的数据发送给父组件，然后更新父组件的数据，代码如下。

```
// EditChile.vue 组件(子组件)
01    <script setup lang="ts">
02    import { ref } from 'vue';
03
04    const firstName = ref<string>('Michael');
05    const lastName = ref<string>('Jordan');
06    const emit =defineEmits<{
07      (eventName:'btnClick', fName: string, lName: string): void;
08    }>();
09    </script>
10
11    <template>
12      <button @click="emit('btnClick', firstName, lastName)">替换</button>
13    </template>

// EditComponent.vue 组件代码(父组件)
01    <script setup lang="ts">
02    import { computed, ref } from 'vue';
03    importEmitChild from './EmitChild.vue';
04
05    const firstName = ref<string>('Mike');
06    const lastName = ref<string>('Tyson');
07    const handle = (fistValue: string, lastValue: string): void => {
08      firstName.value =fistValue;
09      lastName.value =lastValue;
10    };
11
12    const fullName = computed(() => {
13      return '${firstName.value} ${lastName.value}';
14    });
15    </script>
16
17    <template>
18      <p>{{ fullName }}</p>
19      <EmitChild @btn-click="handle"></EmitChild>
20    </template>
```

可以看到在子组件中，通过 defineEmits( )函数创建了一个名为 emit 的方法。在 defineEmits( )函数内定义了名为 btnClick 的自定义事件，并且接收 fName 和 lName 两个参数。子组件通过 button 的单击事件调用 emit 方法，发射 btnClick 自定义事件。在父组件中，则是通过 v-on 指令，将 handle 函数与子组件的 btnClick 绑定。这里注意子组件的自定义事件名字需要从驼峰形式转变成连接号形式。最终，通过单击子组件的按钮，触发子组件的自定义事件，将子组件内的 Michael 和 Jordan 字符串传递给父组件，然后替换父组件的 firstName 和 lastName 变量的值。

8.2.3 使用订阅发布通信

props 属性负责父组件向子组件传递数据，子组件可以通过自定义事件向父组件传递数据。但是如果两个组件不是父子组件关系，而是深度嵌套的组件，并且深层子组件只需要父组件的部分内容，这个时候如果使用 Props 属性逐级传下去，将会显得非常麻烦而且容易出错。针对这种情况，Vue 推出了发布订阅进行通信，即 Provider/Inject 通信。

Provider/Inject 通信，需要有一个 Provider 和一个或者多个 Inject。在父组件中，Provider 负责提供数据，深层子组件里的 Inject 负责读取数据。这种通信方式，不管父子组件中间相隔多久，都是可以实现的，关系如图 8.8 所示。

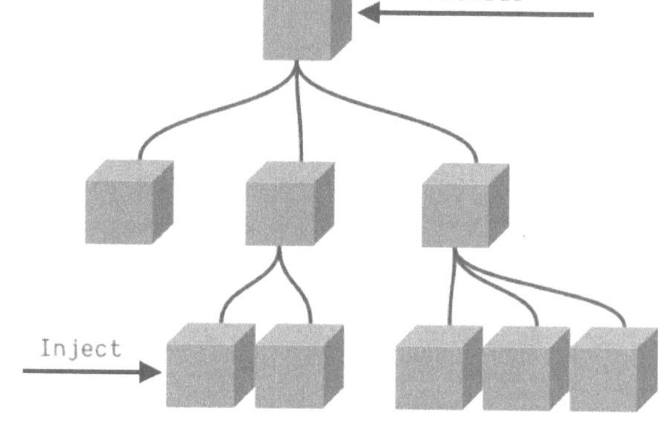

图 8.8 Provider/Inject 关系图

例如这里的组件层级关系如下。

```
01  ProjectInjectComponent
02     └── ProjectInjectChild
03       └── ProjectInjectGrandson
```

在 ProjectInjectComponent 中使用 Provide 先发布一条数据，然后在孙组件 ProjectInjectGrandson 中通过 Inject 订阅这条数据并显示。代码如下。

```
// ProjectInjectComponent.vue 组件代码(父组件)
01  <script setup lang="ts">
02  import { provide, reactive } from 'vue';
03  import Post from '../types/Post';
04  import ProvideInjectChild from './ProvideInjectChild.vue';
05
06  const postItem = reactive<Post>({
07    title: 'Vue.js 太强大了',
08    thumb: 0,
09  });
10  provide('PostContent', postItem);
11  </script>
12
13  <template>
14    <ProvideInjectChild></ProvideInjectChild>
15    <button @click="postItem.thumb++">增加</button>
16  </template>
```

```
// ProjectInjectChild.vue 组件代码(子组件)
01  <script setup lang="ts">
02  import ProvideInjectGrandson from './ProvideInjectGrandson.vue';
03  </script>
```

```
04
05    <template>
06      <ProvideInjectGrandson></ProvideInjectGrandson>
07    </template>
```

```
// ProjectInjectGrandson.vue 组件代码(孙组件)
01    <script setup lang="ts">
02    import { inject } from 'vue';
03    import Post from '../types/Post';
04
05    const post = inject<Post>('PostContent', {
06      title: 'default',
07      thumb: -1,
08    });
09    </script>
10
11    <template>
12      <h6>
13《{{ post.title }}》<span>赞{{ post.thumb }}</span>
14      </h6>
15    </template>
```

```
// Post.ts 代码
01    interface Post {
02      title: string;
03      thumb: number;
04    }
05
06    export default Post;
```

这里总共涉及四个文件，在 Post. ts 文件里定义了 Post 接口；在 ProjectInjectComponent 组件中通过 Provide 发布了一个名为 PostContent 数据；在嵌套最底层的 ProvideInjectGrandson 组件中通过 Inject 读取父组件发布的 PostContent 数据，并渲染在页面上。因为父组件中的 PostItem 是响应式数据，所以通过单击父组件中的按钮，能够动态更新 PostItem 中的 thumb 数据，并且数据会同步更新到嵌套的子组件中，最终将更新后的数据重新渲染到页面，运行效果如图 8. 9 所示。

图 8. 9　Provider/Inject 运行效果图

上面已经介绍了三种类型的组件之间的通信方法。分别是 Props、自定义事件和 Provide/Inject。如果两个通信的组件是非父子的关系，这个时候就推荐使用第三方的状态管理插件，例如和 Vue 3. x 与

TypeScript 非常兼容的 Pinia，这些内容会在第 10 章节有详细讲解。

8.3 组件的插槽

在 Vue 中，组件以一棵嵌套的树形结构来进行组织。组件的数据可以通过 Props 和自定义事件在父子组件之间传递。Vue 不但支持父组件向子组件传递数据，同时还支持父组件向子组件传递 HTML 内容。这个可以通过 Vue 提供的插槽（slot）来实现。插槽的作用就是在子组件中先通过<slot>标签预留出来位置，然后父组件在调用子组件时，可以在子组件的开闭标签之间存放 HTML 内容，从而这些内容会被 Vue 自动填充到子组件之前预留的位置中。但如果子组件中没有使用<slot>标签，而父组件在子组件的开闭标签之间存放了 HTML 内容，那么这些内容将会被自动丢弃掉。

插槽的出现，让组件具备了更高的可扩展性。可以将插槽和计算机的 USB 端口做类比，父组件传递不同的数据被插槽就好比不同的计算机外设通过 USB 连接计算机一样，二者使得系统具备了更高的可扩展性。

8.3.1 渲染作用域

在介绍插槽的用法之前，首先要了解 Vue 的一个渲染作用域规则：即父组件模板中的内容都在父级作用域内编译，子组件模板中的内容都在子作用域内编译。

比如下面这段代码，属于父组件。

```
01    <script setup lang="ts">
02    import { ref } from 'vue';
03    import ChildComponent from './RenderScopeChildComponent.vue';
04
05    const message = ref<string>('我是父组件');
06    </script>
07
08    <template>
09      <ChildComponent>父组件的 Message: {{ message }}</ChildComponent>
10    </template>
```

父组件中声明了 message 响应式变量，并且在子组件的开闭标签内调用了 message 变量。这个时候，如果子组件中有<slot>标签，那么这些 HTML 内容将会被设置到<slot>标签内部，具体的渲染内容应该为“父组件的 Message：我是父组件”。因为这里{{message}}是在父组件内部完成的解析过程。子组件内部是无法访问到父组件中的 message 变量的。即使子组件内也定义了一个 message 响应式变量，在子组件内调用 message 得到的值永远是子组件内部的那个 message，而非父组件通过 slot 传入的值。这就是渲染作用域的规则。

8.3.2 默认内容

当子组件中使用<slot>标签时，父组件如果在子组件开闭标签中间添加内容，这些内容会被 Vue 渲染到子组件的<slot>标签中，但是如果父组件没有在子组件的开闭标签中添加内容，那么最后在子组件<slot>中渲染的内容就是子组件模板里的默认内容，即<slot>开闭标签内的内容，代码如下。

```
// 父组件
01    <template>
02      <ChildComponent>父组件内容</ChildComponent>
03      <ChildComponent></ChildComponent>
04    </template>
```

```
// 子组件
01    <template>
02      <p>
03        <button><slot>子组件默认内容</slot></button>
04      </p>
05    </template>
```

在这段代码中，子组件的 slot 开闭标签内部有一段默认内容，父组件分别调用了子组件两次，其中一次传值，另一次则不传值。最后在页面渲染效果是，第一行的按钮会显示父组件传入的内容，第二行的按钮则显示子组件默认内容，效果如图 8.10 所示。

● 图 8.10　slot 默认内容渲染效果

8.3.3　具名插槽

有些情况，子组件需要一次性设置多个插槽，例如下面这段代码。

```
01    <div class="container">
02      <header>
03        <! --我们希望把页头放这里 -->
04      </header>
05      <main>
06        <! --我们希望把主要内容放这里 -->
07      </main>
08      <footer>
09        <! --我们希望把页脚放这里 -->
10      </footer>
11    </div>
```

如果上述代码属于一个子组件的话，那么一次性要设置三个<slot>，而且它们还要有所区分。针对这种情况，可以通过设置slot标签的name属性来解决该问题。将上面的代码修改为slot形式，代码如下。

```
01  <div class="container">
02    <header>
03      <slot name="header"></slot>
04    </header>
05    <main>
06      <slot></slot>
07    </main>
08    <footer>
09      <slot name="footer"></slot>
10    </footer>
11  </div>
```

看到这里两个slot的name为header和footer。中间的slot的name虽然没有设置，其实隐含的值是default。即使这里没有添加name属性，但是如果子组件里面其他的slot使用了具名插槽，那么在父组件中也需要明确地将default名字指定出来。在父组件中调用上面子组件代码，需要使用v-slot指令来绑定子组件的slot的name。父组件的代码如下。

```
01  <template>
02    <ChildComponent>
03      <template v-slot:header>
04        <h1>这里是 Header 内容</h1>
05      </template>
06
07      <template v-slot:default>
08        <p>中部默认内容一</p>
09        <p>中部默认内容二</p>
10      </template>
11
12      <template #footer>
13        <p>这里是 Footer 内容</p>
14      </template>
15    </ChildComponent>
16  </template>
```

可以看到这里的具名插槽在使用的时候，将default插槽也指定出来了。同时，v-slot指令的缩写可以是“#”，即v-slot：footer可以缩写成#footer。一般推荐使用缩写格式。需要注意一点，只要出现多个插槽，每个插槽内容就必须使用完整的<template>标签包裹。最终父组件渲染效果如图8.11所示。

8.3.4 作用域插槽

前面介绍过Vue的渲染作用域，在父级作用域下，插槽中的内容是无法访问子组件的数据属性的。可是有些情况父组件需要访问子组件的数据属性。为此，开发者可以在子组件的<slot>标签上通过v-bind指令绑定prop即可。例如下面这段子组件的代码。

● 图 8.11　具名插槽渲染效果

```
01    <script setup lang="ts">
02    import { reactive } from 'vue';
03
04    interface Student {
05      name: string;
06      score: number;
07    }
08
09    const studentList = reactive<Student[]>([
10      {
11        name: '张三',
12        score: 100,
13      },
14      {
15        name: '李四',
16        score: 60,
17      },
18      {
19        name: '王五',
20        score: 91,
21      },
22    ]);
23    </script>
24
25    <template>
26      <p v-for="student instudentList" :key="student.name">
27        <slot :values="student"></slot>
28      </p>
29    </template>
```

可以看到子组件内部定义了一个 studentList 的响应式变量。同时，使用 v-for 指令将 studentList 列表遍历并渲染。这里在 slot 标签上使用了 v-bind 指令，将 student 对象进行绑定，只有这样，父组件才能够访问并渲染子组件的 studentList。具体父组件代码如下。

```
01    <script setup lang="ts">
02    import ChildComponent from './ScaledSlotChildComponent.vue';
03    </script>
04
05    <template>
06      <ChildComponent>
07        <template #default="student">
08          姓名:{{ student.values.name }} 分数: {{ student.values.score }}
09        </template>
10      </ChildComponent>
11    </template>
```

可以看到父组件内部首先需要使用具名插槽，指定当前 template 标签适合子组件中的 default 插槽对应。同时具名插槽的值 student 代表的就是子组件中 v-bind 绑定的 student 对象。这里在父组件内可以随意命名。可以看到在父组件的 template 标签内部，分别调用了子组件中的 student 的 name 属性和 score 属性，最后浏览器内渲染效果如图 8.12 所示。

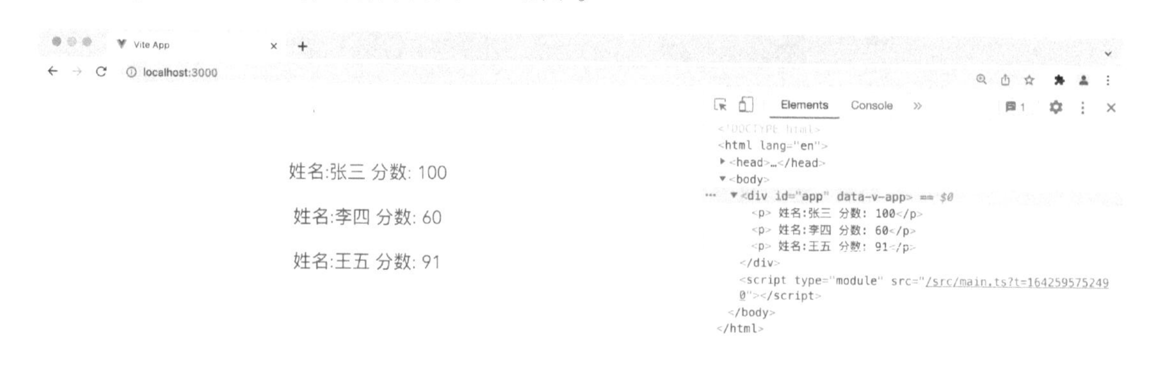

● 图 8.12　作用域插槽渲染效果

这样，通过作用域插槽就能实现在父组件中调用子组件的数据内容了。

8.3.5　动态插槽名

Vue 的具名插槽还支持开发者将动态绑定插槽名。具体做法是在 template 标签内，通过 v-slot 指令，将组件内的字符串变量，通过中括号的方式包裹并连接在一起，格式如下。

```
01    <template v-slot:[dynamicSlotName]>
02      ...
03    </template>
```

如果拿之前的具名插槽的示例代码进行修改，父组件采用动态插槽名的代码如下。

```
01    <script setup lang="ts">
02    import { ref } from 'vue';
03    import ChildComponent from './DynamicChildComponent.vue';
```

```
04
05  const headerSlot = ref<string>('header');
06  const footerSlot = ref<string>('footer');
07  </script>
08
09  <template>
10    <ChildComponent :footer-name="footerSlot">
11      <template #[headerSlot]>
12        <h1>这里是Header内容,动态插槽名</h1>
13      </template>
14
15      <template #default>
16        <p>中部内容,采用默认具名插槽</p>
17      </template>
18
19      <template #[footerSlot]>
20        <p>这里是Footer内容,完全动态插槽名</p>
21      </template>
22    </ChildComponent>
23  </template>
```

可以看到这里在父组件内声明了两个headerSlot和footerSlot的字符串响应式变量，在模板中，通过v-slot的缩写#将这两个字符串动态绑定到插槽名中。同时还需注意一点，在调用子组件的时候，这里还将footerSlot通过v-bind指令传递给了子组件的footerName属性。子组件的代码如下。

```
01  <script setup lang="ts">
02  defineProps<{
03    footerName: string;
04  }>();
05  </script>
06
07  <template>
08    <div class="container">
09      <header>
10        <slot name="header"></slot>
11      </header>
12      <main>
13        <slot></slot>
14      </main>
15      <footer>
16        <slot :name="footerName"></slot>
17      </footer>
18    </div>
19  </template>
```

子组件首先声明了一个footerName的Props，用来接收footer插槽的插槽名。然后通过v-bind指令将footerName与具名插槽的name绑定。最后通观全局在这个例子中，header插槽使用的是标准的动态插槽名，default则是默认的具名插槽，而footer插槽不仅使用动态插槽名，同时在子组件内部的插槽name属性也是动态绑定的。页面渲染效果如图8.13所示。

● 图 8.13　动态插槽名渲染效果

8.4　Teleport 的使用

Teleport 是和 Vue 3 一起推出的，中文翻译成传送门。它是 Vue. js 的内部集成组件，功能是将包裹的 DOM 节点渲染到指定位置。前面的内容中已经介绍了在 Vue 的页面中，所有的组件均按照树形结构来组织，组件与组件之间存在层级关系。但是在实际的业务开发中，会遇到这样的情况，例如某一个功能在逻辑上属于一个组件，但是它要展示的页面内容则属于其他 DOM 节点，这个时候，就要使用<teleport>标签了。例如下面这段代码。

```
01    <script setup lang="ts">
02    import { ref } from 'vue';
03
04    const isShow = ref<boolean>(false);
05    const btnClick = (): void => {
06      isShow.value = ! isShow.value;
07    };
08    </script>
09
10    <template>
11      <div>
12        <button @click="btnClick">打开蒙层</button>
13        <teleport to="#blankDiv">
14          <div v-show="isShow" class="mask">蒙层展开</div>
15        </teleport>
16      </div>
17    </template>
```

可以看到这里通过一个按钮控制蒙层的展示与否。而且蒙层的 DOM 元素通过<teleport>标签进行包裹。当使用<teleport>标签时，需要设置标签的 to 属性。这里的 to 属性的值是一个 CSS 选择器，选择将蒙层<div>元素“传送”到一个 id 为 blankDiv 的元素中，blankComponent. vue 的源码如下。

```
01    <template>
02      <div id="blankDiv">这里是空白区域</div>
03    </template>
```

以上两个组件在 App. vue 组件中的调用情况如下。

```
01    <script setup lang="ts">
02    import TeleportComponent from'./components/TeleportComponent.vue';
03    import BlankComponent from'./components/BlankComponent.vue';
04    </script>
05
06    <template>
07      <! -- Teleport 用例 -->
08      <BlankComponent></BlankComponent>
09      <TeleportComponent></TeleportComponent>
10    </template>
```

注意这两个组件的调用顺序，含有 teleport 的组件必须要在 teleport 渲染组件之后。否则 teleport 标签就无法通过自身的 to 属性找到目标元素了。最终页面渲染效果如图 8. 14 所示。

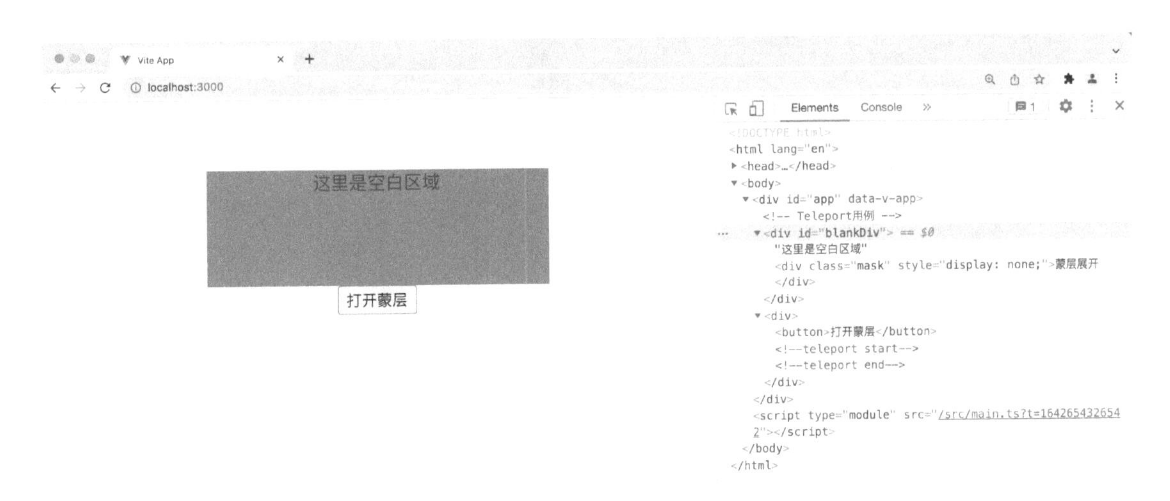

● 图 8. 14　teleport 示例代码渲染效果

当单击页面“打开蒙层”的按钮时，蒙层就会渲染到红色区域，效果如图 8. 15 所示。

可以看到通过使用<teleport>标签，将本属于 TeleportComponent 组件内的蒙层元素渲染到和 TeleportComponent 毫无关系的 BlankComponent 内。并且从右边的开发者工具栏中可以看到，“蒙层展开”元素确实是挂载到 blankDiv 元素之下的。这样就满足了“跨域”展示的需求。

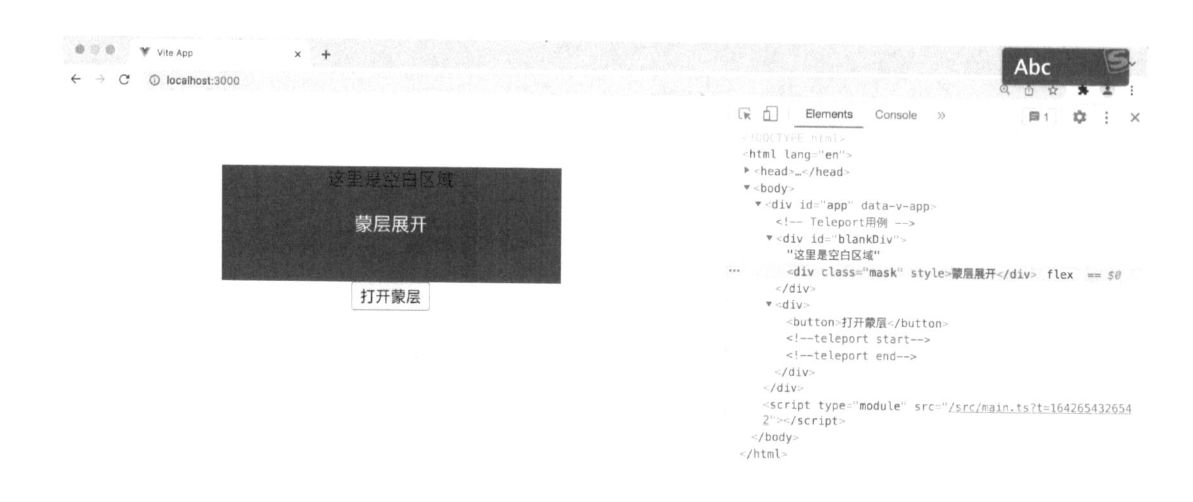

● 图 8.15 teleport 渲染效果

8.5 异步组件

在大型应用中，有些时候需要将应用分割成一些小的代码块，并且只有在需要使用这些代码块的时候，才从服务器加载这些模块。这个功能可以提高网站的响应速度和用户体验，是一种常用的开发技术。在 Vue 中可以通过 defineAsyncComponent 来实现异步加载组件。假设有如下组件代码。

```
01    <script setup lang="ts">
02    // 声明组件 props
03    withDefaults(
04      defineProps<{
05        message?: string;
06      }>(),
07      {
08        message: '默认内容',
09      }
10    );
11    </script>
12
13    <template>
14      <div class="lazy">{{ message }}</div>
15    </template>
16
17    <style>
18    .lazy {
19      border: #ff0000 2px solid;
20      height: 100px;
21      display: flex;
22      margin: 10px;
23      flex-direction: column;
```

```
24        justify-content: center;
25      }
26      </style>
```

可以看到在组件内声明了一个带有默认值的 Props。然后在父组件内，通过一个按钮控制异步加载子组件，并且传入 Props 值，代码如下。

```
01      <script setup lang="ts">
02      import { defineAsyncComponent, ref } from 'vue';
03
04      // 不带选项的异步组件
05      const LazyChildComponent = defineAsyncComponent(
06        () => import('./ChildComponent.vue')
07      );
08
09      const msg = ref<string>('这个是懒加载的组件');
10      const isShow = ref<boolean>(false);
11      </script>
12
13      <template>
14        <LazyChildComponent v-if="isShow" :message="msg"></LazyChildComponent>
15        <button @click="isShow = true">加载</button>
16      </template>
```

在浏览器内渲染页面，在没有单击“加载”按钮之前，可以从开发者工具的 Network 栏内看到列表中没有 ChildComponent. vue 文件加载信息，如图 8. 16 所示。

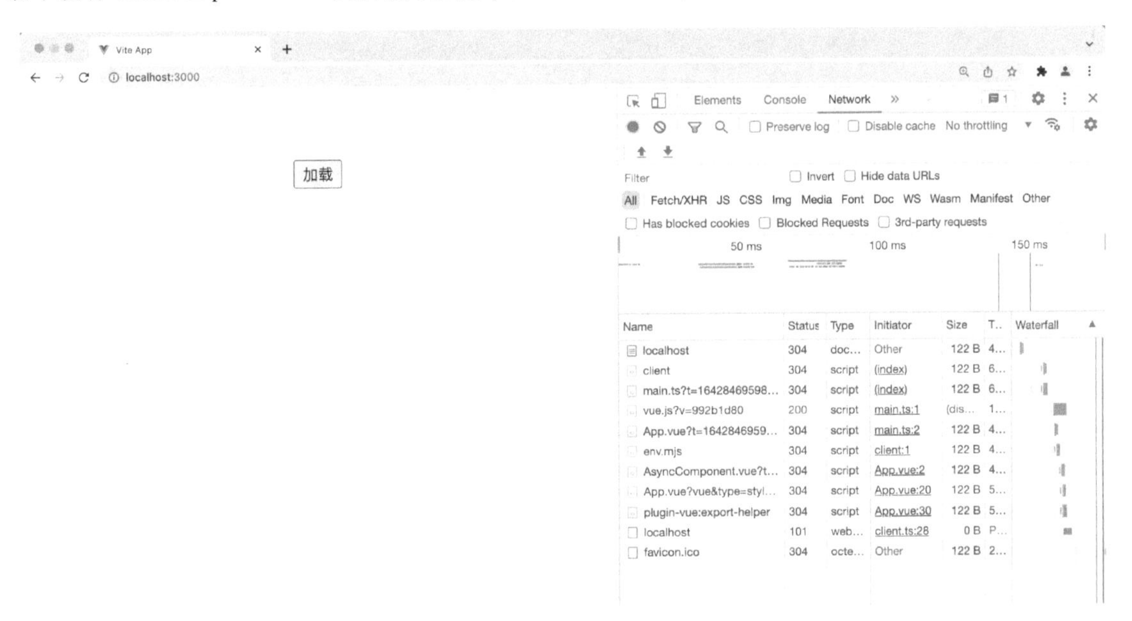

● 图 8. 16　异步加载 ChildComponent. vue 组件之前的网络请求

当单击按钮后会触发加载子组件的逻辑，页面自动向服务器发送请求，并返回 ChildComponent. vue

的数据，加载并渲染到页面。此时在观察开发者工具的 Network 栏，就能看到请求 ChildComponent. vue 的信息，如图 8. 17 所示。

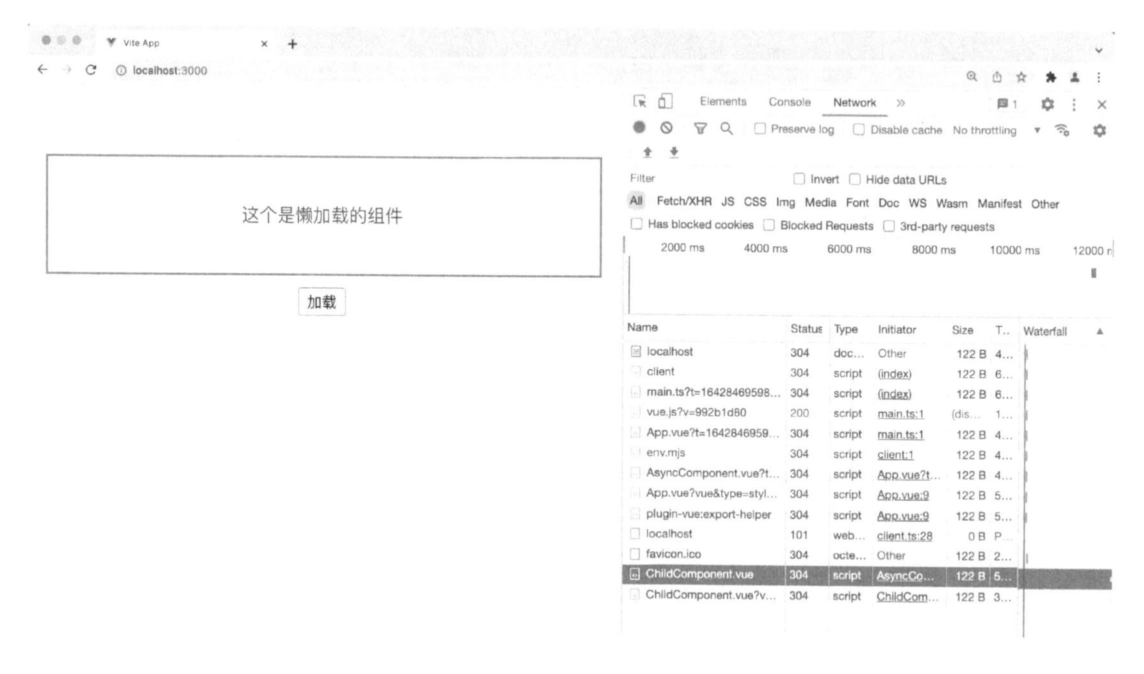

图 8. 17　异步加载 ChildComponent. vue 组件的网络请求

可以看到这里页面成功异步加载了子组件。当然，通过 defineAsyncComponent( ) 方法异步加载组件，既可以在组件内部加载然后局部注册，就如同上面的代码，也可以在 main. ts 文件中加载然后全局注册组件，代码如下。

```
01    import {createApp, defineAsyncComponent } from 'vue';
02    import App from './App.vue';
03
04    const GlobalChileComponent = defineAsyncComponent(
05      () => import('./components/ChildComponent.vue')
06    );
07
08    const app =createApp(App);
09    app.component('GlobalChileComponent', GlobalChileComponent);
10    app.mount('#app');
```

这里的全局注册与局部注册和组件的注册逻辑一样。同时，在使用 defineAsyncComponent( ) 方法时，还可以传入详细的选项配置。代码如下所示。

```
01    import { defineAsyncComponent } from 'vue'
02
03    const AsyncComp = defineAsyncComponent({
04      // 工厂函数
05      loader: () => import('./Foo.vue'),
```

```
06        // 加载异步组件时要使用的组件
07        loadingComponent: LoadingComponent,
08        // 加载失败时要使用的组件
09        errorComponent: ErrorComponent,
10        // 在显示 loadingComponent 之前的延迟 |默认值:200(单位 ms)
11        delay: 200,
12        // 如果提供了 timeout ,并且加载组件的时间超过了设定值,将显示错误组件
13        // 默认值:Infinity(即永不超时,单位 ms)
14        timeout: 3000,
15        // 定义组件是否可挂起 |默认值:true
16        suspensible: false,
17        /* *
18        *
19        * @param {* } error 错误信息对象
20        * @param {* } retry 一个函数,用于指示当 promise 加载器 reject 时,加载器是否应该重试
21        * @param {* } fail  一个函数,指示加载程序结束退出
22        * @param {* } attempts 允许的最大重试次数
23        * /
24        onError(error, retry, fail, attempts) {
25          if (error.message.match(/fetch/) && attempts <= 3) {
26            // 请求发生错误时重试,最多可尝试 3 次
27            retry()
28          } else {
29            // 注意,retry/fail 就像 promise 的 resolve/reject 一样
30            // 必须调用其中一个才能继续错误处理。
31            fail()
32          }
33        }
34      })
```

8.6 实战：制作带有验证功能的输入框

实操微视频

HTML 自带的<input>标签所提供的输入框组件，虽然能通过传递不同的 type 值来验证输入内容，但是要做到有输入内容验证、错误提示文本等功能还是需要自己手动封装的。那么接下来就带大家开发一个带有验证功能的输入框组件。

首先通过以下命令创建 validate-input 项目。

```
npm init vite@latest validate-input
```

这次实战需要使用 Bootstrap 这款 CSS 框架，开发者通过填写 DOM 元素的 class 内容就能迅速实现页面样式改变。需要通过 npm 命令安装 Bootstrap 包，命令如下。

vite. 3 配置说明

```
npm init - save bootstrap
```

安装好之后，还需要在项目的 App. vue 文件中引入 Bootstrap. css 文件，只要将下面这行代码添加到<script>文件即可。

```
import 'bootstrap/dist/css/bootstrap.min.css';
```

世间有千万种验证方法，例如验证输入内容是否是必填的，验证输入字符串是否是合法的邮箱等。如果想要实现带有验证功能的输入框，最好的设计思路就是将这些验证逻辑从输入框组件中剥离出来单独存在。输入框预留接口，开发人员只需要将验证逻辑通过接口传递给输入框组件即可。那么第一步就是要先设计这个验证信息接口。首先在 src 目录下创建 types 目录，然后创建 RulesProp. ts 文件，并将以下代码填入。

```
01    interface Rule {
02      type: 'required' |'email' |'custom';
03      message: string;
04      validator?: () => boolean;
05    }
06    typeRulesProp = Rule[];
07    export {RulesProp, Rule };
```

这里设计了 Rule 接口，里面的 type 是一个枚举类，定义当前规则是检查是否必填，或者检查是否是合法 email 地址和自定义检查。同时 message 表示错误提示文本，最后的 validator 可选变量则代表自定义验证方法接口。同时一个输入框支持多条验证规则，因此还定义了 RulesProp 类型，最后将这两个变量导出。

接下来就是在 components 目录下创建一个 ValidateInput. vue 文件，要在这个文件内实现验证输入框的逻辑，首先来实现输入框的页面布局。一个带有验证功能的输入框，应该包含两个部分：输入框和错题信息提示。这里的页面布局如下。

```
01    <template>
02      <div class="validate-input-container pb-3">
03        <input class="form-control" />
04        <span class="invalid-feedback">Error Message</span>
05      </div>
06    </template>
```

注意这里的 validate-input-container、form-control 和 invalid-feedback 都是 Bootstrap 内置的 class 类。开发者可以直接修改元素 class 属性的值就能达到修改样式的目的。接下来，还需要让组件能够接收父元素传来的验证规则 Rules，所以需要使用 defineProps( ) 方法定义组件的 Props，同时还需要在 ValidInput 组件内定义一个 reactive 响应式变量，用来绑定输入框的值，错误提示内容以及是否显示错误内容。代码如下。

```
01    <script setup lang="ts">
02    import { reactive } from 'vue';
03    import {RulesProp } from '../types/RulesProp';
04
05    interface InputRef {
06      val: string;
07      error: boolean;
08      message: string;
09    }
10
11    // 定义 Props
```

```
12    const props =defineProps<{
13      rules:RulesProp;
14    }>();
15
16    // 定义 reactive 变量
17    const inputRef = reactive<InputRef>({
18      val: '',
19      error: false,
20      message: '',
21    });
22    </script>
23
24    <template>
25      <div class="validate-input-container pb-3">
26        <input class="form-control" :value="inputRef.val" />
27        <span class="invalid-feedback">{{inputRef.message }}</span>
28      </div>
29    </template>
```

接下来就要实现验证方法了。验证方法的调用时机应该为当前输入框失去焦点的时候。恰巧可以通过 input 标签的 blur 方法。验证方法和 input 的代码如下。

```
01    <script setup lang="ts">
02    import { reactive } from 'vue';
03    import { Rule,RulesProp } from '../types/RulesProp';
04
05    // reactive,props 代码略
06
07    // Email 输入正则表达式
08    const emailReg =
09      /^[a-zA-Z0-9.!#$%&'*+/=?^_`{|}~-]+@[a-zA-Z0-9-]+(?:\.[a-zA-Z0-9-]+)*$/;
10
11    // 验证方法
12    const validateInput = () => {
13      if (props.rules) {
14        const allPassed = props.rules.every((rule: Rule): boolean => {
15          let passed = true;
16          inputRef.message = rule.message;
17          switch (rule.type) {
18            // 验证是否必填
19            case 'required':
20              passed =inputRef.val.trim() !== '';
21              break;
22            // 验证是否合法 email 输入
23            case 'email':
24              passed =emailReg.test(inputRef.val);
25              break;
26            // 自定义验证
27            case 'custom':
28              passed = rule.validator ? rule.validator() : true;
```

```
29              break;
30            default:
31              break;
32          }
33          return passed;
34        });
35        inputRef.error = ! allPassed;
36        return allPassed;
37      }
38      return true;
39    };
40    </script>
41
42    <template>
43      <div class="validate-input-container pb-3">
44        <input
45          :class="{ 'is-invalid':inputRef.error }"
46          class="form-control"
47          :value="inputRef.val"
48          @blur="validateInput"
49        />
50        <span v-if="inputRef.error" class="invalid-feedback">{{
51          inputRef.message
52        }}</span>
53      </div>
54    </template>
```

可以看到这里通过 props. rules. every( )方法遍历父组件传入的验证规则，只有当所有的规则全部验证通过才会返回 true，否则返回 false，并且通过 v-if 来控制是否显示错误提示文本。接下来需要通过 input 标签的 input 方法来动态获取输入框的值，并且要将输入值动态返回给父组件，这时可以在父组件内使用 v-model 指令将父组件内的响应式变量与 ValidInput 组件双向绑定，同时子组件需要通过 emit( )方法将 update：modelValue 发射给父组件，代码如下。

```
01    <script setup lang="ts">
02    import { reactive } from 'vue';
03    import { Rule,RulesProp } from '../types/RulesProp';
04
05    // validateInput 代码省略
06
07    // 定义 Props
08    const props =defineProps<{
09      modelValue: string;
10      rules:RulesProp;
11    }>();
12
13    // 定义 reactive 变量
14    const inputRef = reactive<InputRef>({
15      val: props.modelValue ||'',
16      error: false,
```

```
17      message: '',
18    });
19
20    // 定义 Emit 事件
21    const emit =defineEmits<{
22      (eventName: 'update:modelValue', targetValue: string): void;
23    }>();
24
25    // input 更新事件
26    const updateValue = (e: Event) => {
27      const targetValue = (e.target as HTMLInputElement).value;
28      inputRef.val = targetValue;
29      emit('update:modelValue', targetValue);
30    };
31    </script>
32
33    <template>
34      <div class="validate-input-container pb-3">
35        <input
36          :class="{ 'is-invalid':inputRef.error }"
37          class="form-control"
38          :value="inputRef.val"
39          @blur="validateInput"
40          @input="updateValue"
41        />
42        <span v-if="inputRef.error" class="invalid-feedback">{{
43          inputRef.message
44        }}</span>
45      </div>
46    </template>
```

看到这里在Props里新增了modelValue属性，同时定义了emit事件，并且在updateValue()方法内将input内的值通过emit发送给父组件。接下来需要实现父组件在调用子组件时，将传入的class等属性直接绑定到子组件的input标签上，而非子组件的div标签。具体做法为首先在子组件内单独的<script>标签中，设置inheritAttrs的值为false。然后需要在setup标记的<script>标签内获取组件的attrs，然后绑定到input标签上，代码如下。

```
01    <script setup lang="ts">
02    import { reactive,useAttrs } from 'vue';
03    import { Rule,RulesProp } from '../types/RulesProp';
04
05    // 获取组件的 Attrs
06    const attrs = useAttrs();
07
08    // 其余代码省略
09
10    </script>
11
12    <script lang="ts">
```

```
13    export default {
14      inheritAttrs: false,
15    };
16    </script>
17
18    <template>
19      <div class="validate-input-container pb-3">
20        <input
21          :class="{ 'is-invalid':inputRef.error }"
22          class="form-control"
23          :value="inputRef.val"
24          v-bind="attrs"
25          @blur="validateInput"
26          @input="updateValue"
27        />
28        <span v-if="inputRef.error" class="invalid-feedback">{{
29          inputRef.message
30        }}</span>
31      </div>
32    </template>
```

至此，一个带有验证功能的输入框组件就做好了。接下来可以在 App. vue 组件中通过以下方法直接调用该组件，代码如下。

```
01    <script setup lang="ts">
02    import 'bootstrap/dist/css/bootstrap.min.css';
03    import { ref } from 'vue';
04    import {RulesProp } from './types/RulesProp';
05    import ValidateInput from './components/ValidateInput.vue';
06
07    const username = ref<string>('');
08    const password = ref<string>('');
09
10    // 用户名验证规则
11    const usernameRules: RulesProp = [
12      { type: 'required', message: '电子邮箱地址不能为空' },
13      { type: 'email', message: '请输入正确的电子邮箱格式' },
14    ];
15    // 密码验证规则
16    const passwordRules: RulesProp = [
17      { type: 'required', message: '密码不能为空' },
18      {
19        type: 'custom',
20        validator: () => {
21          return password.value.length > 8;
22        },
23        message: '密码长度必须大于 8 位',
24      },
25    ];
26    </script>
```

```
27
28   <template>
29     <div class="inputDiv">
30       <ValidateInput
31         v-model="username"
32         :rules="usernameRules"
33         placeholder="请输入用户名"
34         type="text"
35       ></ValidateInput>
36       <ValidateInput
37         v-model="password"
38         :rules="passwordRules"
39         placeholder="请输入密码"
40         type="password"
41       ></ValidateInput>
42     </div>
43   </template>
```

可以看到这里定义了 username 和 password 两个变量，同时定义了输入用户名的验证规则和输入密码的验证规则。如果用户名为空，密码长度小于 8 位，页面效果如图 8.18 所示。

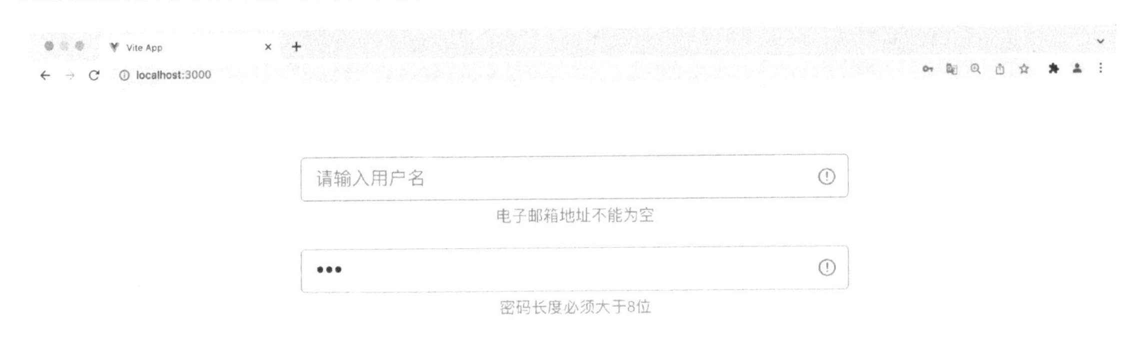

● 图 8.18　用户名为空，密码小于 8 位效果

如果用户名为非法 email 地址，密码为合法输入，页面效果如图 8.19 所示。

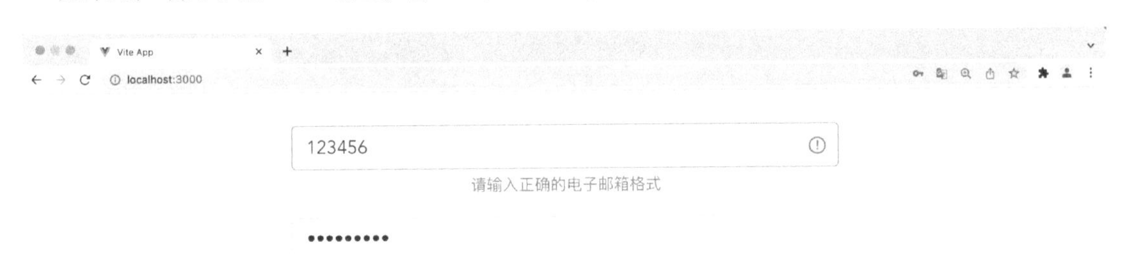

● 图 8.19　用户名为非法 email 输入，密码为合法输入效果

可以看到本节开发的输入框功能十分强大，而且可扩展性极强。在实际项目开发中，会有很多这样的通用组件。组件是 Vue 的灵魂，也是 Vue 的一个非常重要的知识点，希望大家熟练掌握。

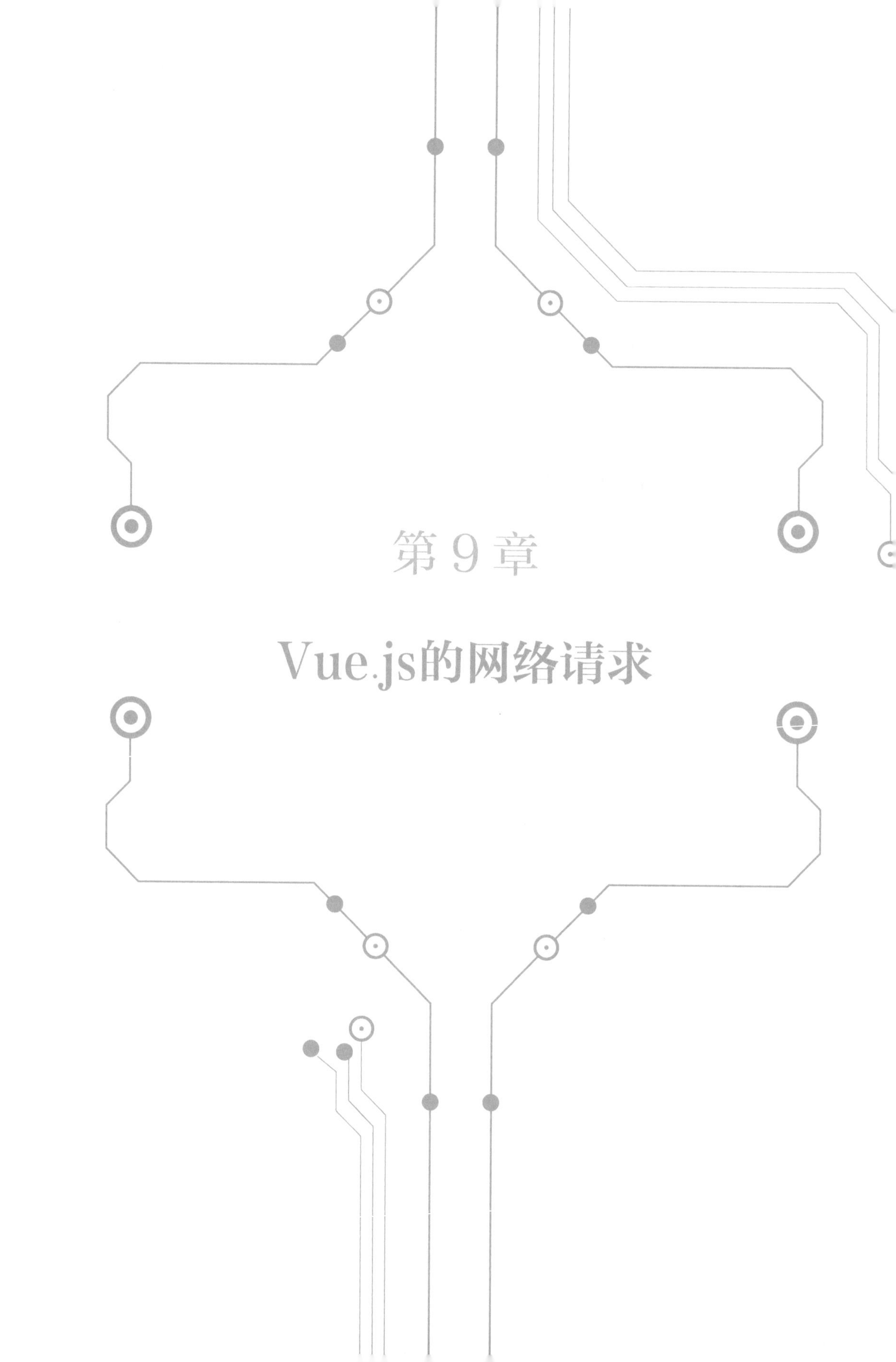

第 9 章

Vue.js的网络请求

在当今数字化信息时代，任何应用都离不开网络请求。前端项目中的数据几乎全部来自服务器。网络请求就负责前端和服务端之间的通信。Vue官方推荐使用Axios来完成项目中的Ajax请求。在这一章会为大家介绍如何安装Axios、如何使用Axios发送请求以及Axios的一些高级用法。

9.1 Axios的介绍和安装

前端项目最开始使用的是传统Ajax技术向服务端请求数据。传统Ajax的核心是通过XMLHttpRequest（XHR）对象实现发送网络请求。后来就有了jQuery Ajax的出现。jQuery Ajax也是对XHR的封装，同时添加了对JSONP的支持。但是到了Vue 2.0时代，Vue作者尤雨溪就极力推荐大家在Vue项目中使用Axios替换jQuery Ajax。Axios是基于Promise网络请求库，可以作用于浏览器和node.js的HTTP客户端。在服务端它使用原生node.js的HTTP模块，在浏览器上是原生XHR的封装，只不过它是Promise的实现版本，并且符合最新的ES规范，可以说是目前最流行的JS网络请求库。Axios具有以下这些特性。

1）从浏览器创建XMLHttpRequest对象。

2）从node.js创建HTTP请求。

3）支持Promise API。

4）拦截请求和响应。

5）转换请求和响应数据。

6）取消请求。

7）自动转换JSON数据。

8）客户端支持防御XSRF。

正是因为有了这些优点，再加上Axios上手容易、使用简单，能够满足大部分的网络开发需求，所以Axios越来越流行，大部分的Vue项目都使用Axios来处理网络请求。

在项目中引入Axios可以通过以下几种方法。

第一种，在网页中，可以直接通过CDN的方式引入，代码如下。

```
01    <! --引入最新版本 Axios -->
02    <script src="https:// unpkg.com/axios/dist/axios.min.js"></script>
```

第二种，如果是模块化开发，例如通过Vite创建的Vue项目，可以通过npm命令或者yarn命令安装Axios，只需要在项目文件终端中执行以下命令即可。

```
# npm 安装命令
npm install axios
#yarn 安装命令
yarn addaxios
```

完成Axios的安装之后，就可以在项目中对其进行使用了。

9.2 Axios 发送网络请求

在 Vue 项目中安装好 Axios 之后，可以在任何的 .vue 文件或 .ts 文件的 script 代码块内，通过以下代码引入 Axios，然后直接使用。

```
01    // 引入 axios
02    import axios from 'axios';
```

接下来就为大家详细介绍使用 Axios 如何发送常见的 HTTP 请求。

9.2.1 HTTP GET 请求

HTTP GET 请求是最常见的请求，一般用于从服务端获取网页或文件内容。Axios 可以通过内置的 get( )方法发送 HTTP GET 请求，代码如下。

```
01    axios
02      .get('/list/user')
03      .then((response) => {
04        console.log(response);
05      })
06      .catch((error) => {
07        console.error(error);
08      });
```

因为 Axios 是基于 Promise 的网络库，所以这里需要有 then( )方法和 catch( )方法，它们分别对应 Promise 中的 resove( )方法和 reject( )方法的返回值。当服务端返回成功响应（一般状态码为 200），这时就会调用 then( )方法来处理数据，如果返回错误，则会调用 catch( )方法来处理错误内容。Axios 的请求通用响应结构如下。

```
01    {
02      // 'data'由服务器提供的响应
03      data: {},
04
05      // 'status'来自服务器响应的 HTTP 状态码
06      status: 200,
07
08      // 'statusText'来自服务器响应的 HTTP 状态信息
09      statusText: 'OK',
10
11      // 'headers'是服务器响应头
12      // header 名称都是小写,而且可以使用方括号语法访问
13      // 例如: 'response.headers['content-type']'
14      headers: {},
15
16      // 'config'是 'axios' 请求的配置信息
17      config: {},
18
```

```
19        //'request'是生成此响应的请求
20        // 在 node.js 中它是最后一个 ClientRequest 实例 (in redirects)
21        // 在浏览器中则是 XMLHttpRequest 实例
22        request: {}
23      }
```

所以，在 Axios 的 then( )函数内是可以打印出以下这些信息的，代码如下。

```
01    axios
02      .get('/list/user')
03      .then((response) => {
04        console.log(response.data);
05        console.log(response.status);
06        console.log(response.statusText);
07        console.log(response.headers);
08        console.log(response.config);
09      })
```

当然，开发者也可以使用 ES2017 的 async/await 写法来执行异步请求。例如上面的代码可以改写成下面的格式。

```
01    const getUserList = async () => {
02      try {
03        const response = await axios.get('/list/user');
04        console.log(response.data);
05        console.log(response.status);
06        console.log(response.statusText);
07        console.log(response.headers);
08        console.log(response.config);
09      } catch (error) {
10        console.error(error);
11      }
12    };
```

Get( )方法也可以带参数，例如下面这段代码。

```
01    const getUserByID = async (ID: number) => {
02      try {
03        const response = await axios.get('/user', { params: { id: ID } });
04        console.log(response.data);
05      } catch (error) {
06        console.error(error);
07      }
08    };
```

这里的 getUserByID( )方法如果接收一个 number 类型的 ID 变量，例如要获取 ID 为 66 的 User 内容，只需要在代码中直接调用 getUserByID（66）方法，Vue 框架就会向后端发送 URL 为 http：//localhost：3000/user？ id=66 的 HTTP GET 请求来获取数据。

9.2.2 HTTP POST 请求

HTTP POST 请求是向服务端发送数据，并创建新的请求资源。一般结合表单使用，用来创建数据，在新建数据时使用。Axios 使用 post( )方法发送 POST 请求，代码如下。

```
01    // Axios POST 请求
02    const createUser = async () => {
03      try {
04        const response = await axios.post('/user', {
05          firstName: '三丰',
06          lastName: '张',
07        });
08        console.log(response);
09      } catch (error) {
10        console.error(error);
11      }
12    };
```

POST 请求一般返回的成功状态码为 201。这里采用的是 async/await 的写法，读者可以自行改成 then( )和 catch( )的格式。Axios. post( )方法的返回响应结构是之前介绍的标准的通用结构。

9.2.3 HTTP PUT 请求

HTTP PUT 请求用于向服务器发送数据更新数据，具有等幂性，即重复操作不会产生新的变化。这一点和 POST 不同，如果重复操作 POST 请求，服务端会重复创建新数据。Axios 中使用 put( )方法来发送 HTTP PUT 请求，代码如下。

```
01    const updateUser = async () => {
02      try {
03        const response = await axios.put('/user/66', {
04          firstName: '无忌',
05          lastName: '张',
06        });
07        console.log(response);
08      } catch (error) {
09        console.error(error);
10      }
11    };
```

可以看到这里的 URL 里是带了 User ID 的，并且修改所需要上传的数据必须是 User 类的全部属性。一般 HTTP PUT 的成功返回状态码是 200 或者 204。

9.2.4 HTTP DELETE 请求

HTTP DELETE 请求则比较简单，主要作用是删除对应 URL 的资源。Axios 使用 delete( )方法来发送 DELETE 请求，代码如下。

```
01    // Axios DELETE 请求
02    const deleteUser = async () => {
03      try {
04        const response = await axios.delete('/user/66');
05        console.log(response);
```

```
06      } catch (error) {
07        console.error(error);
08      }
09    };
```

一般成功的 HTTP DELETE 返回状态码是 202 或者 204。

9.2.5 HTTP HEAD 请求

HTTP HEAD 请求主要作用是负责获取 HTTP GET 请求的头文件数据。例如下载文件，如果发送 HTTP GET 请求到服务器，服务器会直接返回文件数据和文件大小等信息，如果只想获取非文件内容的文件元信息，例如文件大小等，这个时候需要使用 HTTP HEAD 请求。因为 HTTP HEAD 请求只会返回请求的头文件内容，而没有 body 内容，这样能加快服务端的响应速度，降低服务端的压力。在 Axios 中，使用 head( ) 方法来发送 HTTP HEAD 请求，代码如下。

```
01    // Axios HEAD 请求
02    const getFileMetaInfo = async () => {
03      try {
04        const response = await axios.head('/user/66/image');
05        console.log(response);
06      } catch (error) {
07        console.error(error);
08      }
09    };
```

HTTP HEAD 请求的成功状态码和 HTTP GET 请求一样，都是 200。

9.2.6 HTTP PATCH 请求

HTTP PATCH 请求主要作用是用来更新 URL 对应的资源内容。听起来似乎和 HTTP PUT 请求一样，它们的区别在于：HTTP PUT 请求更新资源时需要上传资源文件的全部内容，而 HTTP PATCH 请求更新只需要上传需要更新的属性内容即可。在传输效率上，HTTP PATCH 请求要比 HTTP PUT 请求高很多。在 Axios 中，使用 patch( ) 方法来发送 HTTP PATCH 请求，代码如下。

```
01    // Axios PATCH 请求
02    const updateUserName = async () => {
03      try {
04        const response = await axios.patch('/user/66', {
05          lastName: '王',
06        });
07        console.log(response);
08      } catch (error) {
09        console.error(error);
10      }
11    };
```

可以看到这里在更新数据时，只传了 lastName 的值，就可以更新 ID 为 66 的 User 信息。HTTP PATCH 的成功状态码为 200 或者 204。当状态码为 200 时，响应会有返回数据；当状态码为 204 时则不需要返回数据。

9.3 Axios 的高级用法

上一节介绍了 Axios 的基本使用方法，这一节将着重介绍在实际开发中一些使用比较多的高级用法。

9.3.1 Axios API

之前介绍了 Axios 可以通过内置的方法来发送 HTTP 请求，例如 get( )方法可以发送 HTTP GET 请求，post( )方法可以发送 HTTP POST 请求。其实这些 HTTP 请求方法的底层实现，都是通过 Axios. request( )方法。所以开发者也可以使用 Axios. request( )方法来发送 HTTP 请求。例如下面的代码。

```
01    // Axios.request 发送 Get 请求
02    const getUserByID = async (ID: number) => {
03      try {
04        const response = await axios.request({
05          url: '/user',
06          method: 'GET',
07          params: { id: ID },
08        });
09        console.log(response.data);
10      } catch (error) {
11        console.error(error);
12      }
13    };
14
15    // Axios.request 发送 POST 请求
16    const createUser = async () => {
17      try {
18        const response = await axios.request({
19          url: '/user',
20          method: 'POST',
21          data: {
22            firstName: '三丰',
23            lastName: '张',
24          },
25        });
26        console.log(response);
27      } catch (error) {
28        console.error(error);
29      }
30    };
```

可以看到这里给 Axios. request( )方法传入不同的对象参数，通过对象参数的 method 属性来指定当前 HTTP 请求类型，并且不同的请求类型传递的参数类型也有所不同。这样就能通过一个 Axios. request( )方法实现发送所有类型的 HTTP 请求。

同样，单独的一个Axios()方法也是可以发送所有类型的HTTP请求。它的使用方法和Axios.request()类似，可以只接收一个配置对象作为参数，或者接收一个字符串作为URL参数和一个请求类型参数对象。例如下面代码。

```
01  // Axios() 发送 PUT 请求
02  const updateUser = async () => {
03    try {
04      const response = await axios('/user/66', {
05        method: 'PUT',
06        data: {
07          firstName: '无忌',
08          lastName: '张',
09        },
10      });
11      console.log(response);
12    } catch (error) {
13      console.error(error);
14    }
15  };
16
17  // Axios() 发送 DELETE 请求
18  const deleteUser = async () => {
19    try {
20      const response = await axios({
21        url: '/user/66',
22        method: 'DELETE',
23      });
24      console.log(response);
25    } catch (error) {
26      console.error(error);
27    }
28  };
```

可以看到这里的Axios()方法也是通过设置不同的method来发送不同类型的HTTP请求。

9.3.2 Axios的拦截器

Axios还支持请求和响应的拦截器。拦截器会在发送响应请求之前和收到响应数据之后第一时间被调用。例如每个请求都需要带后端返回的token，获取响应之前要有loading动画展示等，这些操作都可以使用拦截器轻松实现，接下来就给大家介绍Axios的拦截器是如何使用的。

在实现拦截器之前，首先需要创建一个全局的Axios实例，可以使用Axios.create()方法创建实例。一般会在src目录下创建一个utils目录，然后在这个目录下创建Axios.ts文件用来存放Axios实例。Axios.ts文件代码如下。

```
01  import axios from 'axios';
02
03  // 创建 Axios 实例
04  const axiosInatance = axios.create({
```

```
05        baseURL:'http://localhost:3000', // api 的 base URL
06        timeout: 5000, // 设置请求超时时间
07        responseType:'json',
08        withCredentials: true, // 是否允许带 cookie 这些
09        headers: {
10          'Content-Type':'application/json;charset=utf-8',
11        },
12      });
13
14      export default axiosInatance;
```

axios. create( )方法接收一个 AxiosRequestConfig 类型的对象，可以通过配置不同的属性值生成不同类型的 Axios 实例。这里就设置了 API 的根 URL、请求超时时间、响应类型等参数。使用 Axios 实例的方法也很简单，在有发送请求的文件中直接引入 Axios 实例，然后直接调用上一节所讲的内部方法发送 HTTP 请求即可。例如下面这段获取 User 信息的代码。

```
01      // 通过 Axios 实例发送 HTTP GET 请求获取 User 信息
02      const getUser = async (ID: number) => {
03        try {
04          const response = await axiosInstande.get('/user', {
05            params: { id: ID },
06          });
07          console.log(response);
08        } catch (error) {
09          console.error(error);
10        }
11      };
```

拦截器的创建则需要在 Axios 实例声明的文件，即在/src/utils/Axios. tx 文件中创建。Axios 的拦截器可以分为请求拦截器和响应拦截器，分别是 axios. interceptors. request. user( )和 axios. interceptors. response. user( )方法。这两个方法接收两个回调函数作为参数，第一个是成功回调函数参数，第二个是失败回调函数参数。例如下面这段代码。

```
01      import axios, { AxiosError, AxiosRequestConfig, AxiosResponse } from'axios';
02      // 创建 Axios 实例代码此处省略
03
04      // 请求拦截器
05      axiosInatance.interceptors.request.use(
06        // 在发送请求之前调用
07        (config:AxiosRequestConfig): AxiosRequestConfig => {
08          const newConfig = config;
09          // 添加 token
10          Object.assign(newConfig.headers, {'x-token':'some-token'});
11          return newConfig;
12        },
13        (error:AxiosError): Promise<never> => {
14          // 对请求错误时调用,可自己定义
15          return Promise.reject(error);
16        }
```

```
17    );
18
19    // 响应拦截器
20    axiosInatance.interceptors.response.use(
21      (response:AxiosResponse): AxiosResponse => {
22        // 2××范围内的状态码都会触发该函数。对响数据成功时调用。
23        return response;
24      },
25      (error:AxiosError): Promise<never> => {
26        // 超出 2×× 范围的状态码都会触发该函数。对响应错误时调用。
27        console.error('请求错误: ', error);
28        return Promise.reject(error);
29      }
30    );
```

这段代码会在每一个 Axios 发送的请求的 Header 中，通过请求拦截器会添加 x-token 属性。如果成功接收到 2××的响应，则会调用响应拦截器中成功回调函数，如果接收到错误响应，则会调用失败回调。例如当本地没有后台服务时，程序中调用 getUser( ) 函数获取用户信息会得到失败结果，在浏览器的开发者工具中就能看到具体的 HTTP 请求详情，如图 9. 1 所示。

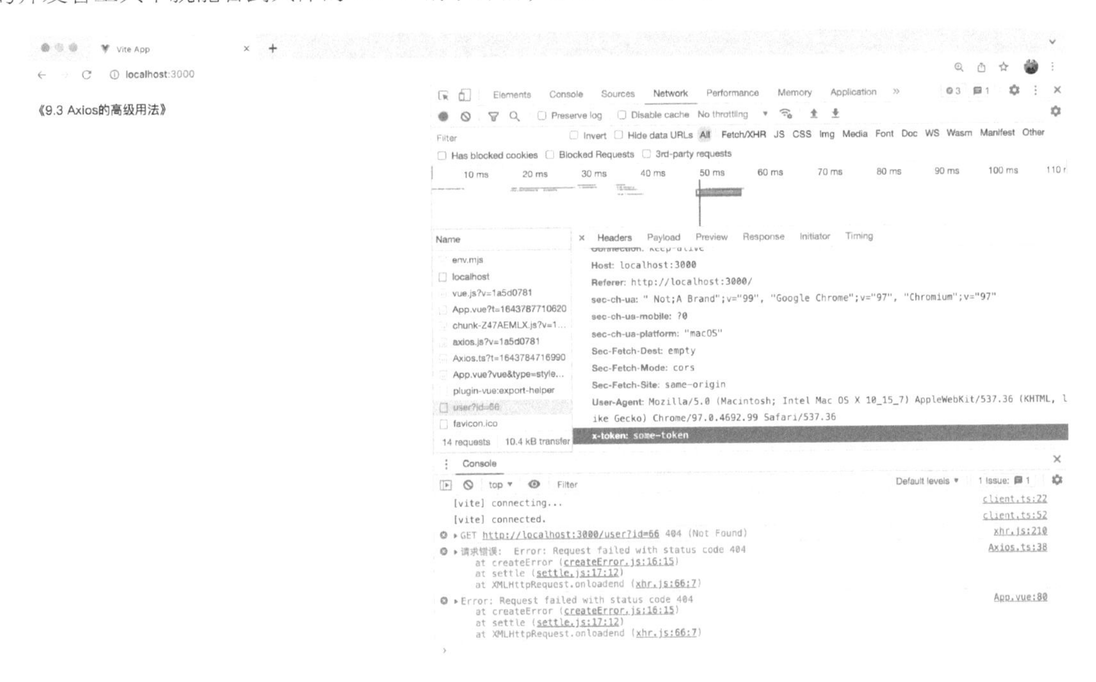

图 9. 1　拦截器运行效果

可以看到这里在 http://localhost:3000/user? id=66 请求头里有 x-token 属性，并且值与请求拦截器中设置的值一样。因为本地没有后端服务，所以该请求会报错 404 错误。但是在开发者工具的终端可以看到响应拦截器错误回调函数中打印的日志信息。

如果有移除拦截器的需要，可以直接调用 axios. interceptors. request. eject( ) 或者 axios. interceptors.

response.eject()方法来移除拦截器，代码如下。

```
01    // 创建请求拦截器
02    const requestInterceptor = axiosInatance.interceptors.request.use();
03
04    // 创建响应拦截器
05    const responseInterceptor = axiosInatance.interceptors.response.use();
06
07    // 移除请求拦截器
08    axiosInatance.interceptors.request.eject(requestInterceptor);
09
10    // 移除响应拦截器
11    axiosInatance.interceptors.response.eject(responseInterceptor);
```

9.3.3 Axios 并发请求

虽然 Axios 可以通过调用不同的内置方法来发送不同的 HTTP 请求，但是有些时候需要一次性发送好几个请求到服务端，这个时候就需要使用 Axios 的并发请求功能了。

Axios 是一个基于 Promise 的 HTTP 请求库，所以并发请求自然要用到 Promise.all()方法。例如下面这段代码。

```
01    // Axios 请求一
02    const getUserAccount = () => {
03      return axios.get('/user/888');
04    };
05
06    // Axios 请求二
07    const getUserPermissions = () => {
08      return axios.get('/user/888/permissions');
09    };
10
11    // Axios 并发请求
12    const requestAll = async () => {
13      try {
14        const results = await Promise.all([getUserAccount(), getUserPermissions()]);
15        const acct = results[0];
16        const perm = results[1];
17      } catch (error) {
18        console.error(error);
19      }
20    };
```

可以看到这里的 Promise.all()方法接收了一个函数数组，如果成功，所有请求的返回结果会放在一个数组里，如果有一个失败，则会没有任何返回结果。这就是 Promise.all()方法的特点。就这样，Axios 可以通过 Promise.all()方法一次性并发发送多个请求。

9.3.4 Axios 全局配置

Axios 不论是发送请求还是创建实例，都可以通过传入 AxiosRequestConfig 来配置选项。如果是发

送请求的配置，则url属性是必填的，method如果不填，则默认为GET方法。具体的可配置内容如下。

```
{
    // url 是用于请求的服务器 URL
    url: '/user',

    // method 是创建请求时使用的方法
    method: 'get', // 默认值

    // baseURL 将自动加在 url 前面,除非 url 是一个绝对 URL
    // 可以通过设置一个 baseURL 便于为 axios 实例的方法传递相对 URL
    baseURL: 'https:// some-domain.com/api/',

    // transformRequest 允许在向服务器发送前,修改请求数据
    // 它只能用于' PUT '' POST '和' PATCH '这几个请求方法
    // 数组中最后一个函数必须返回一个字符串、一个 Buffer 实例、ArrayBuffer、FormData,或 Stream
    transformRequest: [function (data, headers) {
      // 对发送的 data 进行任意转换处理
      return data;
    }],

    // transformResponse 在传递给 then/catch 前,允许修改响应数据
    transformResponse: [function (data) {
      // 对接收的 data 进行任意转换处理
      return data;
    }],

    // 自定义请求头
    headers: {'X-Requested-With': 'XMLHttpRequest'},

    // params 是与请求一起发送的 URL 参数
    // 必须是一个简单对象或 URLSearchParams 对象
    params: {
      ID: 12345
    },

    // paramsSerializer 是可选方法,主要用于序列化 params
    paramsSerializer: function (params) {
      return Qs.stringify(params, {arrayFormat: 'brackets'})
    },

    // data 是作为请求体被发送的数据
    // 仅适用' PUT '' POST '' DELETE '和' PATCH '请求方法
    // 在没有设置 transformRequest 时,则必须是以下类型之一
    // - string, plain object,ArrayBuffer, ArrayBufferView, URLSearchParams
    // -浏览器专属: FormData, File, Blob
    // - Node 专属: Stream, Buffer
    data: {
      firstName: 'Fred'
    },
```

```
// 发送请求体数据的可选语法
// 请求方式 post
// 只有 value 会被发送,key 则不会
data:'Country=Brasil&City=Belo Horizonte',

// timeout 指定请求超时的毫秒数。
// 如果请求时间超过 timeout 的值,则请求会被中断
timeout: 1000, // 默认值是 0(永不超时)

// withCredentials 表示跨域请求时是否需要使用凭证
withCredentials: false, // default

// adapter 允许自定义处理请求,这使测试更加容易
// 返回一个 promise 并提供一个有效的响应
adapter: function (config) {
  /* ... * /
},

// auth HTTP 的基本验证信息
auth: {
  username:'janedoe',
  password:'s00pers3cret'
},

// responseType 表示浏览器将要响应的数据类型
// 选项包括:'arraybuffer''document''json''text''stream'
// 浏览器专属:'blob'
responseType:'json', // 默认值

// responseEncoding 表示用于解码响应的编码 (Node.js 专属)
// 注意:忽略 responseType 的值为 stream,或者是客户端请求
responseEncoding:'utf8', // 默认值

// xsrfCookieName 是 xsrf token 的值,被用作 cookie 的名称
xsrfCookieName:'XSRF-TOKEN', // 默认值

// xsrfHeaderName 是带有 xsrf token 值的 http 请求头名称
xsrfHeaderName:'X-XSRF-TOKEN', // 默认值

// onUploadProgress 允许为上传处理进度事件
// 浏览器专属
onUploadProgress: function (progressEvent) {
  // 处理原生进度事件
},

// onDownloadProgress 允许为下载处理进度事件
// 浏览器专属
onDownloadProgress: function (progressEvent) {
  // 处理原生进度事件
},
```

```
// maxContentLength 定义了 node.js 中允许的 HTTP 响应内容的最大字节数
maxContentLength: 2000,

// maxBodyLength(仅 Node)定义允许的 http 请求内容的最大字节数
maxBodyLength: 2000,

// validateStatus 定义了对于给定的 HTTP 状态码是 resolve 还是 reject promise。
// 如果 validateStatus 返回 true(或者设置为 null 或 undefined),
// 则 promise 将会 resolved,否则是 rejected。
validateStatus: function (status) {
  return status >= 200 && status < 300; // 默认值
},

// maxRedirects 定义了在 node.js 中要遵循的最大重定向数
// 如果设置为 0,则不会进行重定向
maxRedirects: 5, // 默认值

// socketPath 定义了在 node.js 中使用的 UNIX 套接字
// e.g. '/var/run/docker.sock'发送请求到 docker 守护进程
// 只能指定 socketPath 或 proxy
// 若都指定,则使用 socketPath
socketPath: null, // default

// 自定义 HTTP Agent
httpAgent: new http.Agent({ keepAlive: true }),
httpsAgent: new https.Agent({ keepAlive: true }),

// proxy 定义了代理服务器的主机名、端口和协议
// 可以使用常规的 http_proxy 和 https_proxy 环境变量
// 使用 false 可以禁用代理功能,同时环境变量也会被忽略
// auth 表示应使用 HTTP Basic auth 连接到代理,并且提供凭据
// 这将设置一个 Proxy-Authorization 请求头,它会覆盖 headers 中已存在的自定义 Proxy-Authori-
zation 请求头
// 如果代理服务器使用 HTTPS,则必须设置 protocol 为 https
proxy: {
  protocol: 'https',
  host: '127.0.0.1',
  port: 9000,
  auth: {
    username: 'mikeymike',
    password: 'rapunz3l'
  }
},

// Axios 取消请求
cancelToken: new CancelToken(function (cancel) {
}),

// 响应是否是解压
decompress: true // 默认值
}
```

大家可以根据项目的实际需求来自定义相关的配置参数。

9.4 实战：实现在线备忘录

实操微视频

备忘录大家都很熟悉，会有一个输入框提供笔记的输入，还会有一个列表能够罗列出已经写好的笔记内容。今天就利用 Axios 来实现一个在线备忘录。

在线备忘录的最大特点就是数据都存储在远程的服务端。在这个项目里，Vue 作为客户端，每次打开页面都会向服务端发送请求，获取所有笔记内容。同时客户端还可以将笔记内容通过 HTTP POST 请求发送到服务端用于在服务端新建数据。可以说在线备忘录就是一个最简单的前后端分离项目。

后端项目很简单，首先定义模型，笔记的数据模型应该含有标题、内容和时间，这里分别使用 title、content 和 time 来表示。后端的接口 API 需要一个创建笔记的接口和一个获取全部数据的接口，所以接口的设计如下。

1）路径/note，方法为 POST，主要负责创建笔记，响应成功返回 201 状态码和新建的笔记内容。

2）路径/list/notes，方法为 GET，主要负责获取全部笔记内容，响应成功返回 200 状态码和笔记列表。

vite. 3 配置说明

在这个实战项目的后端代码笔者已经替大家写好，读者可以在本地启动后端项目，通过访问 http：//127. 0. 0. 1：8000/docs 查看接口具体使用方法。读者可以从本书配套的代码仓库中获取源码。学有余力的读者也可以使用自己开发的后端程序。

接下来分析前端项目。前端的页面布局应该如图 9. 2 所示。

图 9. 2　在线备忘录页面结构

整体页面结构可以分为两个大的部分，即笔记列表和笔记输入框。依照之前组件章节的内容，这里可以分解成三个组件，即笔记输入组件、笔记列表组件和笔记内容组件。

每当前端的网页被访问，就会调用/list/notes 接口获取全部笔记。当新建笔记的 POST 请求发送成功之后，这里有两个选择：第一种是页面会再次调用/list/notes 接口获取数据，达到刷新数据的目的；第二种是 POST 请求成功会直接返回新创建的数据，然后可以在本地动态更新笔记列表。这次的在线备忘录项目采用第一种方式，因为本章主要讲述 Axios 的使用，这种回调请求成功里面再发送请求在实际的开发项目中也是非常常见的。

分析好项目需要和结构之后，在项目寻访的目录下，通过以下 Vite 命令创建项目。

```
npm init vite@latest note-frontend
```

然后分别通过以下命令安装项目中需要使用到的Axios和bootstrap库。

```
// 安装 axiox
npm install - save axios
// 安装 Bootstrap
Npm install - save bootstrap
```

然后在项目的App.vue文件中引入Bootstrap.css文件，添加以下代码。

```
import 'bootstrap/dist/css/bootstrap.min.css';
```

接下来，可以首先完成项目的Axios实例创建，只需要在src目录下创建utils目录，并在此目录下新建一个Axios.ts文件，添加以下代码即可。

```
01    import axios, { AxiosRequestConfig } from 'axios';
02
03    const axiosConfig: AxiosRequestConfig = {
04      baseURL: 'http://localhost:8000', // api 的 base URL
05      timeout: 5000, // 设置请求超时时间
06      responseType: 'json',
07      withCredentials: true, // 是否允许带 cookie 这些
08      headers: {
09        'Content-Type': 'application/json;charset=utf-8',
10        'Access-Control-Allow-Origin': '* ',
11      },
12    };
13
14    // 创建 Axios 实例
15    const axiosInatance = axios.create(axiosConfig);
16
17    export {axiosInatance, axiosConfig };
```

这里在创建Axios实例时，将后端API的根URL设置为http：//localhost：8000，设置请求时长为5秒。这里需要注意一点，Vue前端项目使用http：//localhost：3000接口，而后端API使用的是http：//localhost：8000接口，如果使用Axios直接向后端发送请求会报跨域请求的错误。所以为了解决跨域问题，需要在配置中的header里添加Access-Control-Allow-Origin属性，并赋值*。同时后端也要做跨越处理，因为本书主要讲解Vue框架，所以后端处理不做详解，感兴趣的读者可以查看源码学习。

接下来定义笔记的类型，在src目录下创建types目录，然后在该目录下创建Note.ts文件，并将添加以下代码。

```
01    // 定义笔记类型
02    export type Note = {
03      title: string;
04      content: string;
05      time: string;
06    };
```

这里定义的笔记类型名为 Note，它是从服务器获取数据的类型。如果是创建笔记，则只需要传递 title 和 content 即可。

创建好笔记类型之后，接下来编写接口服务，可以在 src 目录下创建一个 services 目录，然后在该目录下创建一个 NoteService.ts 文件，将之前设计的两个接口服务的代码添加到文件中，代码如下。

```
01    import {AxiosResponse } from 'axios';
02    import {axiosInatance } from '../utils/Axios';
03    import { Note } from '../types/Note';
04
05    // 获取全部笔记
06    export const getAllNotes = (): Promise<AxiosResponse<Note[]>>
07      axiosInatance.get('/list/notes');
08
09    // 创建笔记
10    export constcreateNote = (
11      noteTitle: string,
12      noteContent: string
13    ): Promise<AxiosResponse<Note>>
14      axiosInatance.post('/note', { title: noteTitle, content: noteContent });
```

可以看到这里通过 getAllNote( )方法获取全部数据，返回值是一个 Note 列表。createNote( )方法则是发送 HTTP POST 请求，以 title 和 content 作为请求 body 来创建新笔记内容。

至此，与网络请求和接口相关的部分都已经完成。按照之前的分析，页面可以抽象出三个组件，即 NoteInput 组件、NoteList 组件和 NoteItem 组件。所以在 components 目录下分别创建这三个组件的 .vue 文件。根据之前的页面设计，可以在 App.vue 文件中的 template 模板里写出页面的布局，代码如下。

```
01    // App.vue 文件
02    <template>
03      <div class="container mt-4">
04        <NoteList :note-list="noteList"></NoteList>
05        <NoteInput @submit-note="create"></NoteInput>
06      </div>
07    </template>
```

这里在 NoteList 组件上使用 noteList props，并将父组件内的 noteList 响应式数据与之绑定，而 NoteInput 组件上则用父组件的 create 方法来处理子组件内名为 submitNote 的 emit 事件。所以，在 App.vue 文件中，需要实现的业务逻辑有两个：第一是通过 NoteService 获取全部笔记内容，第二是通过 NoteServices 创建笔记。所以在 App.vue 文件的 script 模板中添加以下代码。

```
01    <script setup lang="ts">
02    import {onMounted, ref } from 'vue';
03    import { Note } from './types/Note';
04    import {getAllNotes, createNote } from './services/NoteService';
05    import 'bootstrap/dist/css/bootstrap.min.css';
06    import NoteList from './components/NoteList.vue';
07    import NoteInput from './components/NoteInput.vue';
```

```
08
09    const noteList = ref<Note[]>([]);
10
11    // 获取全部笔记内容
12    const getAll = async () => {
13      try {
14        const response = await getAllNotes();
15        noteList.value = response.data;
16      } catch (error) {
17        console.error(error);
18      }
19    };
20
21    // 新建笔记内容
22    const create =async (noteTitle: string, noteContent: string) => {
23      try {
24        const response = await createNote(noteTitle, noteContent);
25        // 新建成功,重新获取全部笔记内容
26        if (response.status === 201) {
27          getAll();
28        }
29      } catch (error) {
30        console.error(error);
31      }
32    };
33
34    // 初始化获取全部笔记内容
35    onMounted(() => {
36      getAll();
37    });
38    </script>
```

这里需要注意一点，在创建笔记的时候，如果服务器返回创建成功状态码201，App.vue会重新请求全部笔记，然后重置noteList数据，达到“刷新页面”的效果。当然这里也可以在返回成功之后将数据添加到noteList的最后，同样也能达到“刷新页面”的效果。

接下来实现NoteList.vue组件，在App.vue组件中看到NoteList组件定义了一个名为noteList的props，所以整个组件代码如下。

```
01    <script setup lang="ts">
02    import { Note } from '../types/Note';
03    import NoteItem from './NoteItem.vue';
04
05    // 定义组件的 note-list props
06    defineProps<{
07      noteList: Note[];
08    }>();
09    </script>
10
11    <template>
```

```
12      <NoteItem v-for="note in noteList" :key="note.time" :data="note"></NoteItem>
13    </template>
```

这里使用 v-for 指令，将 noteList 内的数据遍历到 NoteItem 组件中，所以 NoteItem. vue 的代码如下。

```
01    <script setup lang="ts">
02    import { computed, reactive } from'vue';
03    import { Note } from'../types/Note';
04
05    // 定义组件的 data props
06    const props =defineProps<{
07      data: Note;
08    }>();
09
10    // 将 data props 深度拷贝后,转换成响应式数据
11    const note = reactive<Note>({ ...props.data });
12
13    // 格式化笔记时间字符串
14    const noteTime = computed(() => {
15      const year = note.time.substring(0, 4);
16      const month = note.time.substring(4, 6);
17      const day = note.time.substring(6, 8);
18      const hour = note.time.substring(8, 10);
19      const minute = note.time.substring(10, 12);
20      const second = note.time.substring(12, 14);
21      return '${year}-${month}-${day} ${hour}:${minute}:${second}';
22    });
23    </script>
24
25    <template>
26      <div class="card card-body mb-3">
27        <h5 class="card-title">{{ note.title }}</h5>
28        <p class="card-text">{{ note.content }}</p>
29        <p class="card-text">
30          <small class="text-muted">{{noteTime }}</small>
31        </p>
32      </div>
33    </template>
```

在 NoteItem 组件中，很关键的一步就是深度拷贝 props 对象然后转换成响应式对象。通过这种方式可以在子组件 NoteItem 中修改 note 数据，而且不会影响到父组件 App. vue 中的 noteList 的数据，从而保证了组件的 props 属性是单向传递，即从父组件传递到子组件。

最后实现 NoteInput. vue 组件，在这个组件中需要定义一个 emit 事件，用来将子组件内的 title 和 content 值传递给父组件，所以代码如下。

```
01    <script setup lang="ts">
02    import { ref } from'vue';
03    // 定义标题和内容响应式变量
04    const title = ref<string>('');
05    const content = ref<string>('');
```

```
06
07  // 定义 emit 事件用来向父组件发送标题和内容
08  const emit =defineEmits<{
09    (eventName: 'submitNote', noteTitle: string, noteContent: string): void;
10  }>();
11
12  // 表单单击事件处理
13  const handleClick = () => {
14    if (title.value && content.value) {
15      emit('submitNote', title.value, content.value);
16      // 清空标题和内容输入框
17      title.value = '';
18      content.value = '';
19    }
20  };
21  </script>
22
23  <template>
24    <form>
25      <div class="form-floating mb-3">
26        <input
27          id="title"
28          v-model="title"
29          class="form-control border border-primary"
30          placeholder="请输入标题"
31        />
32        <label for="title">请输入标题</label>
33      </div>
34      <div class="form-floating mb-3">
35        <textarea
36          id="content"
37          v-model="content"
38          class="form-control border border-primary text-"
39          placeholder="请输入内容"
40          style="height: 100px"
41        ></textarea>
42        <label for="content">请输入内容</label>
43      </div>
44
45      <button
46        class="btn btn-primary float-end"
47        type="submit"
48        @click.prevent="handleClick"
49      >
50        提交
51      </button>
52    </form>
53  </template>
```

这里看到在“提交”按钮的单击事件中有.prevent 修饰符用来屏蔽 form 标签的原始事件，在 handleClick 方法内，通过 emit 事件将组件的数据发送到父组件中，用来创建笔记。同时启动前端项目和后端项目，前端项目的运行效果如图 9.3 所示。

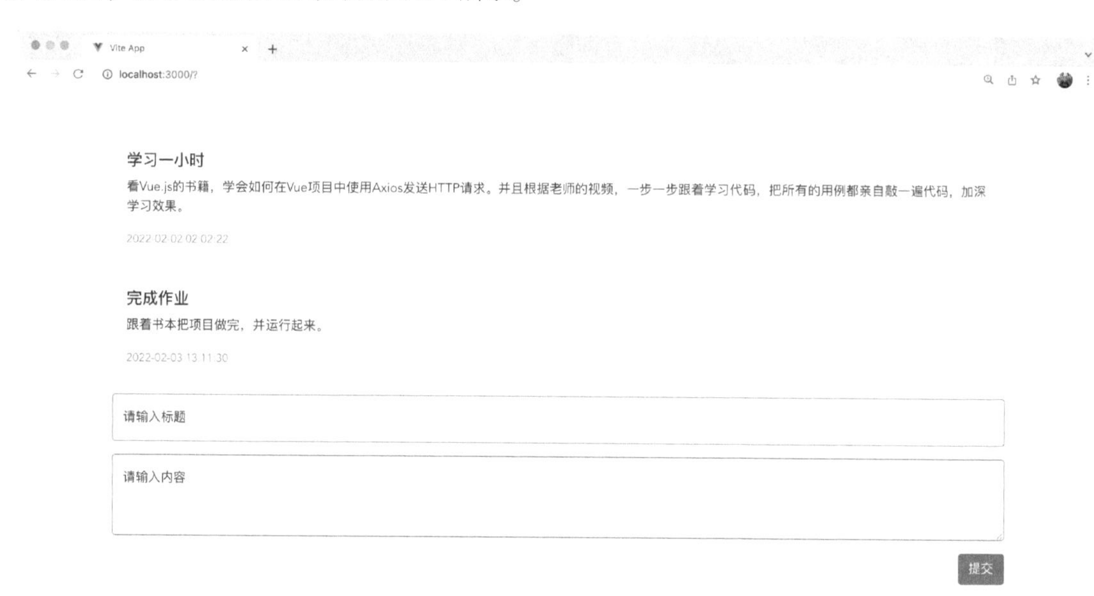

● 图 9.3 在线备忘录运行效果

如果在下方的输入框输入内容，然后单击“提交”按钮，页面的变化如图 9.4 所示。

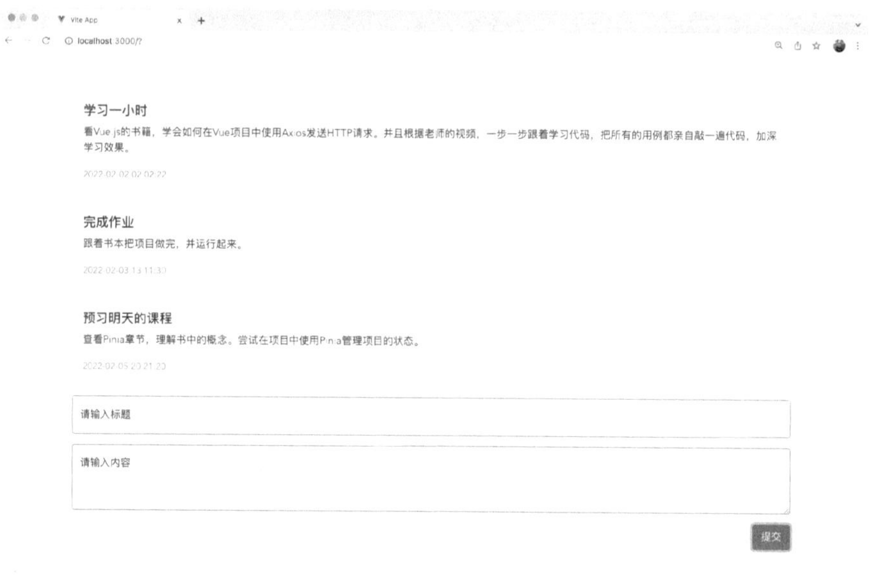

● 图 9.4 在线备忘录提交数据效果演示

这样，一个简单的在线备忘录应用就完成了。

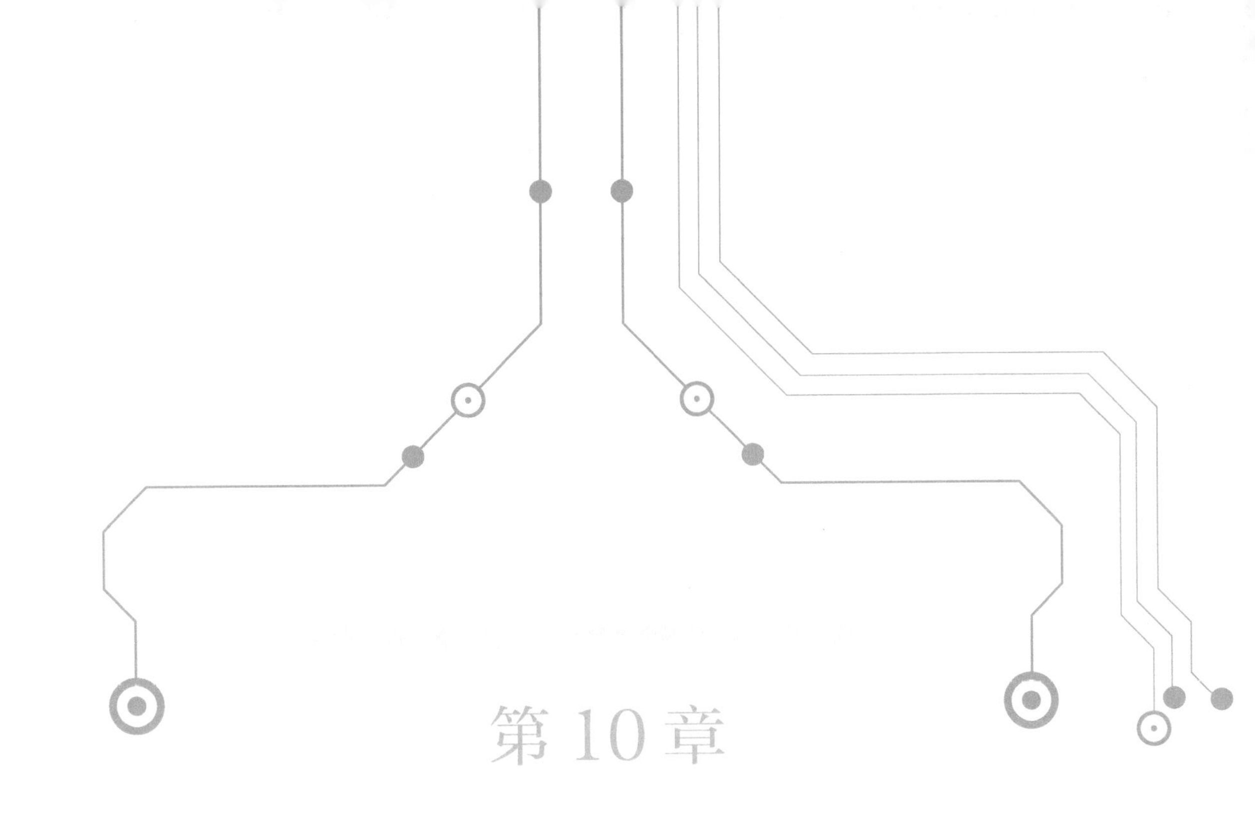

第 10 章

Vue.js的状态管理

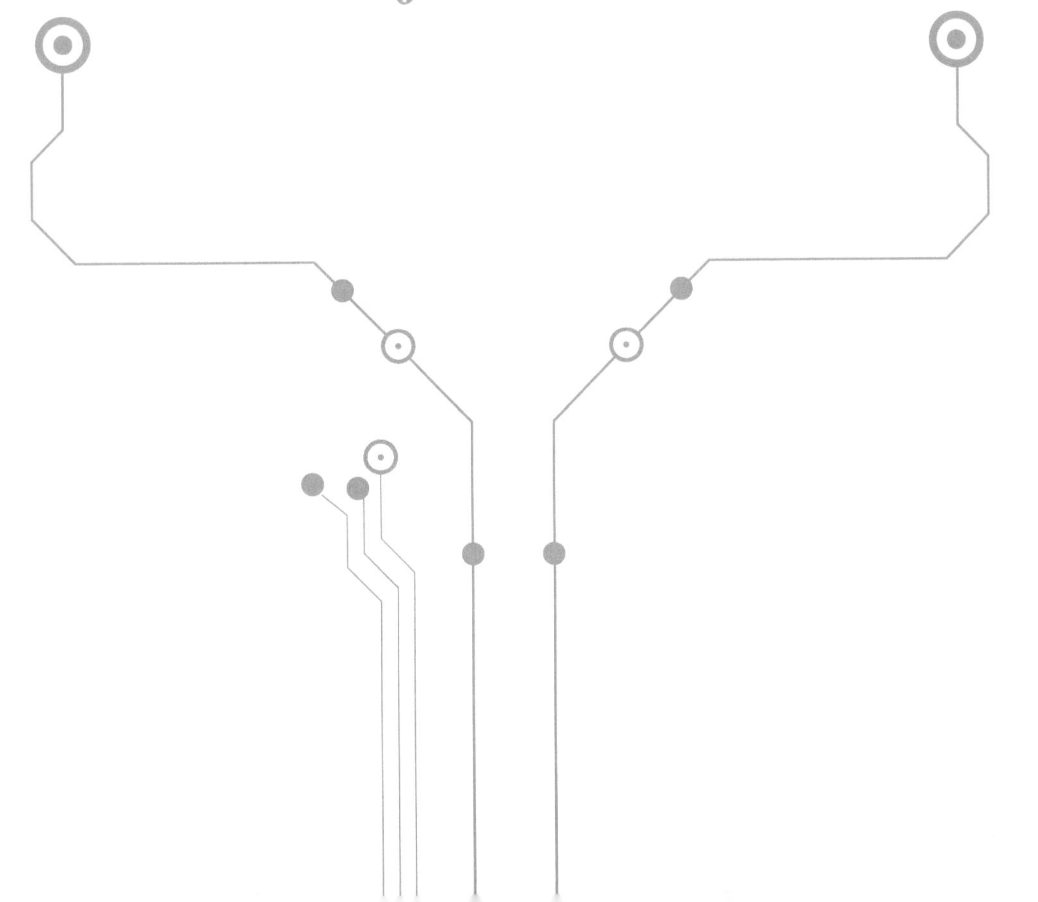

在之前组件开发的章节中已经介绍过组件和组件之间的通行方式可以分为四种：子组件通过自身的 props 属性来接收父组件的数据；子组件通过 emit 事件可以将数据发送给父组件；隔代父子组件之间可以通过 provide/injtect 方式传递数据和非父子组件之间通过 Pinia 传递数据。Pinia 是一个专门为 Vue 3 的组合式 API 而设计的全局状态管理库。它采用集中式存储管理 Vue 应用程序中所有组件的状态，并以相应的规则保证状态以一种可预测的方式发生变化。Pinia 已经集成到 Vuejs 官方的 Github 库中，并且也在 vue-devtools 中集成。这就保证了开发者可以通过 vue-devtool 轻松查看和调试 Pinia 的数据。本章将为大家着重介绍如何在 Vue 3 中安装 Pinia、Pinia 中的各个概念以及如何使用 Pinia 管理应用程序中的数据。

10.1 Pinia 介绍和安装

在讲 Pinia 之前，肯定有读者听说过 Vuex。没错，Vuex 和 Pinia 都是专门针对 Vue 而设计的状态管理库，但是 Pinia 是一个专门为 Vue 3 的组合式 API 设计，并且它还完美支持 TypeScript。虽然 Vuex 4 同样也是为 Vue 3 设计，但是在支持 TypeScript 的数据类型方面，Vuex 4 并不理想。想要完美支持 TypeScript 的数据类型，只能等到 Vuex 5 了。Pinia 在开发之初为了能让 Vue 开发者轻松使用，所以就在 API 的设计上延续了 Vuex 的设计思路。同时 Pinia 的作者作也作为主力参与了 Vuex 5 的开发，并且从目前的 Github 上的 RFC 讨论来看，Vuex 5 的很多设计思路和 Pinia 相似。所以，如果你的项目是使用 TypeScript 编写的 Vue 3. x 项目中，推荐使用 Pinia 来做状态管理。

Pinia 作为状态管理工具，还具有以下这些特点。

1）支持 TypeScript 语言，同时也支持 JavaScript 语言。

2）支持 Vue 3 的选项是 API 语法。

3）体积非常小，压缩之后文件体积才 1KB 左右。

4）能够让 Vue 应用程序更加安全，会用专门的代码块来存储数据，并且不会将这些数据公开暴露。

5）支持在 vue-devtool 调试工具里支持调试组件状态数据。

6）支持插件功能，能够让 store 的管理变得更加强大。

7）支持热更新，可以在不刷新页面的情况下修改存储数据。

8）支持服务端的渲染。

正是有了以上优点，再加上 Pinia 简单上手，使得 Pinia 是 TypeScript 开发的 Vue 3. x 项目中状态管理工具的不二之选。

想要在 Vite 创建的项目中集成 Pinia，可以在项目目录下的终端程序中，通过以下命令安装 Pinia。

```
npm install pinia
```

在使用 Pinia 的项目中，一般会把状态管理的代码单独抽取出来，放到专门的目录下统一管理。所以在项目的 src 目录下创建 store 目录，并在该目录下创建一个 index. ts 文件，在这里创建并导出 Pinia 实例，代码如下。

```
01    import {createPinia } from'pinia';
02    // 创建 Pinia 实例
03    const piniaInstance = createPinia();
04
05    export default piniaInstance;
```

导出完成之后，还需要在 main. ts 文件中引入 Pinia 实例并注册到 App 中，代码如下。

```
01    import {createApp } from'vue';
02    import App from'./App.vue';
03    import store from'./store';
04
05    const app =createApp(App);
06    // 在 app 中注册 Pinia 实例
07    app.use(store);
08    app.mount('#app');
```

至此，Pinia 的安装就完成了，接下来就可以在项目中使用 Pinia 来管理组件的状态了。

10.2 Pinia 的使用介绍

Pinia 的状态管理非常简单，能够让使用者回到模块导入导出的原始状态，使状态的来源更加清晰可见。在介绍 Pinia 具体使用方法之前，首先要了解 Pinia 的 Store。

10.2.1 Store

Pinia 中的每一个 Store 都是一个保存状态和业务逻辑的实体，可以自由读取和写入。一般会针对每一个 model 创建一个 Store，并且代码文件会放在/src/store/modules 目录下。例如创建一个 Student 模型相关的状态，就需要在/src/store/modules 目录下创建 Student. ts 文件，并添加以下代码。

```
01    import {defineStore } from'pinia';
02
03    // 定义 Student Store
04    const studentStore = defineStore('student', {
05      // store 的内容
06    });
07
08    export default studentStore;
```

可以看到当使用 defineStore( )方法定义 Store 时，第一个参数传入的字符串应该作为当前 Store 的 ID，并且在一个 Vue 应用程序内，这个 ID 需要唯一。在 Vue 应用程序中，开发者可以定义无限多个 Store，但是每一个 Store 都需要单独存放在一个 . ts 文件中。这里先省略 store 内部的内容，之后会为大家详细讲解。此时，Store 已经定义好，如果需要使用，只需要在使用的 . vue 文件内的 script 模板中，通过 useStore( )方法导入即可，例如在 App. vue 文件中使用 Student 的 Store，代码如下。

```
01    <script setup lang="ts">
02    import useStore from'./store/modules/Student';
```

```
03    // 引入 Student 的 Store
04    const studentStore = useStore();
05    </script>
```

这样，就可以在 App.vue 文件中使用 studentStore 了。

10.2.2 State

State 在绝大多数情况中都是每一个 Store 的核心部分。State 函数定义了 Store 的初始返回内容。为了体现 Pinia 能够完美地支持 TypeScript，在刚才的 Student 例子中，需要创建一个 Student 的接口，在/src/types 目录下创建 Student.ts 文件，并添加以下代码。

```
01    interface Student {
02      name: string;
03      score: number;
04    }
05
06    export default Student;
```

继续在/src/store/modules/Student.ts 文件中的 Student Store 里使用 State 定义初始 Store 的返回值，代码如下。

```
01    import {defineStore } from 'pinia';
02    import Student from '../../types/Student';
03
04    // 定义 Student Store
05    const studentStore = defineStore('student', {
06      // state 定义初始返回内容
07      state: (): Student => {
08        return {
09          name: '张三',
10          score: 100,
11        };
12      },
13    });
14
15    export defaultstudentStore;
```

这个时候就可以在 App.vue 中直接使用 studentStore，并且能够看到初始值，代码如下。

```
01    <template>
02      <! --显示初始的 studentStore 值 -->
03      <p>姓名: {{ studentStore.name }},分数: {{ studentStore.score }}</p>
04    </template>
```

可以看到在 template 模板中直接通过 Mustache 语法调用 studentStore 的数据，运行效果如图 10.1 所示。

这里可以看到页面正确显示了 State 中定义的初始值，同时在 vue-devtools 中可以对 StudentStore 进行调试和修改。这就是 State 最简单的用法。

● 图 10.1 studentStore 运行效果

因为 useStore( )方法返回的是一个 reactive 的响应式数据，所以在组件内可以直接访问 store 内部的数据，例如下面这段代码。

```
01    <script setup lang="ts">
02    import useStore from './store/modules/Student';
03    // 引入 Student 的 store
04    const studentStore = useStore();
05    </script>
06
07    <template>
08      <!--显示初始的 studentStore 值 -->
09      <p>姓名: {{ studentStore.name }},分数: {{ studentStore.score }}</p>
10      <!--直接修改 studentStore 的 score -->
11      <button @click="studentStore.score++">加分</button>
12    </template>
```

可以通过单击按钮来直接修改 studentStore 中的 score 值，这里的效果和其他组件内的 reactive 响应式变量一样。如果想要将 Store 的值重置成初始值，只需要调用 $reset( )方法即可，例如下面的代码。

```
01    <script setup lang="ts">
02    import useStore from './store/modules/Student';
03    // 引入 Student 的 store
04    const studentStore = useStore();
05
06    // 重置 Student store 的值
07    const reset = (): void => {
08      studentStore.$reset();
09    };
10    </script>
11
12    <template>
```

```
13      <!--显示初始的 studentStore 值 -->
14      <p>姓名: {{ studentStore.name }},分数: {{ studentStore.score }}</p>
15      <!--直接修改 studentStore 的 score -->
16      <button @click="studentStore.score++">加分</button>
17      <!--重置 studentStore 的所有属性值 -->
18      <button @click="reset">重置</button>
19    </template>
```

这段代码中，每单击一次“加分”按钮，studentStore 的 score 数值都会加一，页面中的分数显示也会刷新加一，当单击“重置”按钮之后，分数会重置 studentStore 的初始值，即 state 中的返回值。

如果想一次性修改多个 State 的属性值，可以直接使用 $patch( )方法。例如下面这段代码。

```
01    studentStore.$patch({
02      score:studentStore.score + 1,
03      name: '李四',
04    });
```

如果 store 内的属性为 collection 类型（例如列表等），此时 $patch( )方法的传参就要发生一些变化，例如 Student 里有一个名为 crouse 的数组遍历，使用 $patch( )的代码如下。

```
01    studentStore.$patch((state: Student) => {
02      state.course.push({ name: '语文', score: 99 });
03      state.name = "王五";
04    });
```

如果想要监听 Store 的 state 内属性值的变化，可以使用 Store. $subscribte( )方法，例如监听 studentStore 的值变化，代码如下。

```
01    // 监听 studentStore 的值变化
02    studentStore.$subscribe(
03      (mutation: SubscriptionCallbackMutation<Student>, state: Student) => {
04        console.log(mutation);
05        console.log(state);
06      },
07      { detached: true }
08    );
```

Store. $subscribte( )方法第一个参数为回调函数，当 state 发生变化时，此回调函数会被调用，第二个参数则是监听配置，这里的 detached 的值为 true 表明当前组件销毁之后，storeStore 的监听函数依然有效。此处的默认值为 false。此时如果运行程序，通过单击页面的按钮触发 studentStore 数据修改，在浏览器的开发者工具终端中就能看到 $subscribe( )方法内打印的日志信息，如图 10. 2 所示。

这里清晰地显示分数的变化情况。所以如果想要在状态数据发生变化时做一些额外的操作，可以将这些操作放到 $subscribe( )方法中。

● 图 10.2 Store. $subscribe( ) 日志

10.2.3 Getters

Store 中的 Getters 其实和 Vue 组件内的 computed 属性非常相似。开发者可以在 Getters 属性内直接定义方法，然后在 .vue 文件中像访问 computed 属性一样的方式访问这些数据，例如下面的代码。

```
01    import {defineStore } from'pinia';
02    import Student from'../../types/Student';
03
04    // 定义 Student Store
05    const studentStore = defineStore('student', {
06      // state 定义初始返回内容
07      state: (): Student => {
08        return {
09          name: '张三',
10          score: 100,
11        };
12      },
13      getters: {
14        // 常规方法
15        doubleScore: (state: Student): number => {
16          return state.score *  2;
17        },
18        // 使用 this 关键字
19        toText(): string {
20          return'${this.name},${this.score}分';
21        },
22      },
23    });
```

在同一个 Store 文件内，Getters 内的方法可以通过 this 关键字访问当前 Store 内的 state 变量的值，也可以调用其他 Getters 的方法，例如下面代码。

```
01    // StudentStore
02    getters: {
03      // 常规方法
04      doubleScore: (state: Student): number => {
05        return state.score * 2;
06      },
07      // 方法内直接调用其他 Getter 方法
08      toDoubleScoreString(): string {
09        return '${this.name}, ${this.doubleScore}分';
10      },
11    },
```

同时，Getters 的方法还能接收参数，例如下面的代码。

```
01    // StudentStore
02    getters: {
03      // 接收参数
04      plusScore: (state: Student) => {
05        return (num: number) => {
06          return state.score + num;
07        };
08      },
09    },
```

Getters 内的方法不但能访问当前 Store 内的其他 Getters 方法，还可以访问其他 Store 内的 Getters 方法。只需要将其他的 Store 引入方法内创建实例即可，例如下面这段代码。

```
01    import {defineStore } from 'pinia';
02    import Student from '../../types/Student';
03    import externalStore from './External';
04
05    // 定义 Student Store
06    const studentStore = defineStore('student', {
07      // state 定义初始返回内容
08      state: (): Student => {
09        return {
10          name: '张三',
11          score: 100,
12        };
13      },
14      getters: {
15        // 调用别的 Store 的 Getter
16        useExternalGetter(): string {
17          const externalStudent = externalStore();
18          return '${this.name}, ${externalStudent.getNameByGetter}';
19        },
20      },
21    });
```

所有的非接收参数的 Getters 内的方法都和 computed 属性一样会有缓存。所以不论在页面中访问多少次 Getters 方法，只要 Store 内的值没有发生变化，Getters 的方法就不会重新计算。最后，开发者可以在页面直接使用 Mustache 语法调用 Getters 内的方法，也可以直接在 script 模板中像调用方法一样调用 Getters 内的方法，代码如下。

```
01    <script setup lang="ts">
02    import useStore from './store/modules/Student';
03    // 引入 Student 的 store
04    const studentStore = useStore();
05    </script>
06
07    <template>
08      <! --StodentStore 的 Getter 常规方法-->
09      <p>双倍分数:{{ studentStore.doubleScore }}</p>
10      <! --StodentStore 的 Getter 方法内调用 this 关键字-->
11      <p>学生信息:{{ studentStore.toText }}</p>
12      <! --StodentStore 的 Getter 内使用其他 Getter 方法-->
13      <p>学生双倍分数:{{ studentStore.toDoubleScoreString }}</p>
14      <! --StodentStore 的 Getter 方法接收参数-->
15      <p>分数添加 666 分:{{ studentStore.plusScore(666) }}</p>
16      <! --StodentStore 的 Getter 方法调用其他 Store 方法-->
17      <p>学生列表:{{ studentStore.useExternalGetter }}</p>
18    </template>
```

页面中的渲染效果如图 10.3 所示。

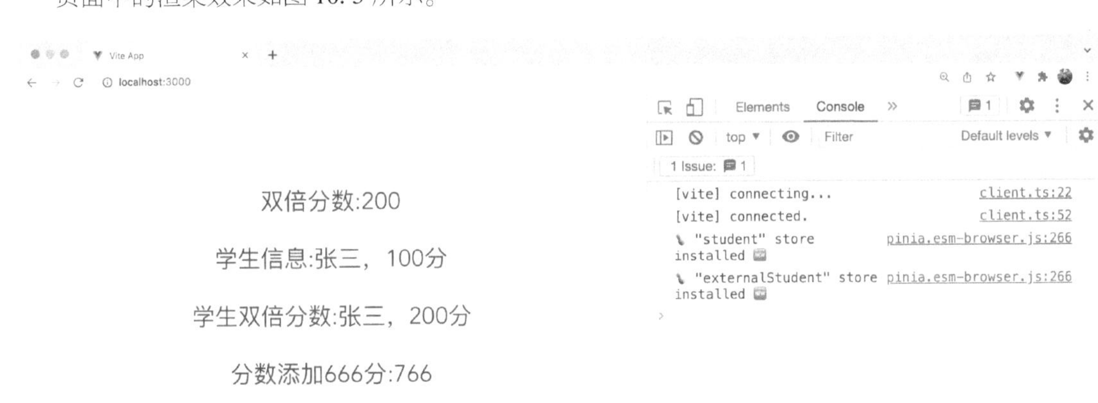

● 图 10.3　Getter 方法调用渲染效果

10.2.4　Actions

Store 里的 Actions 相当于 Vue 组件中的 methods 属性，开发者可以在 Actions 内创建方法。在方法内可以通过 this 关键字访问当前 Store 内的全部属性，例如下面这段代码。

```
01    import {defineStore } from'pinia';
02    import Student from'../../types/Student';
```

```
03
04    // 定义 Student Store
05    const studentStore = defineStore('student', {
06      // state 定义初始返回内容
07      state: (): Student => {
08        return {
09          name: '张三',
10          score: 100,
11        };
12      },
13
14      actions: {
15        // 普通方法
16        scorePlusTen(): void {
17          this.score += 10;
18        },
19        // 普通方法接收参数
20        scorePlus(num: number): void {
21          this.score += num;
22        },
23      },
24    });
```

这里定义了一个普通的方法 scorePlusTen( ) 和一个可以传参的 scorePlus（num）方法，若想在组件中使用 Actions，可以直接调用方法，代码如下。

```
01    <script setup lang="ts">
02    import useStore from './store/modules/Student';
03    // 引入 Student 的 store
04    const studentStore = useStore();
05    </script>
06
07    <template>
08      <button @click="studentStore.scorePlusTen">Action scorePlusTen()方法</button>
09      <button @click="studentStore.scorePlus(10)">Actions scorePlus(10)方法</button>
10    </template>
```

当然，和 methods 属性一样，Actions 里的方法也可以是异步方法，例如下面这段代码。

```
01    import {defineStore } from'pinia';
02    import Student from'../../types/Student';
03
04    // 定义 Student Store
05    const studentStore = defineStore('student', {
06      // state 定义初始返回内容
07      state: (): Student => {
08        return {
09          name: '张三',
10          score: 100,
11        };
12      },
```

```
13
14      actions: {
15        // 异步方法
16        async registerStudent(name: string, score: number) {
17          try {
18            const studentResponse = await api.post({ name, score });
19            this.name =studentResponse.name;
20            this.score =studentResponse.score;
21          } catch (error) {
22            console.error(error);
23          }
24        },
25      },
26    });
```

同样，Actions内的方法也可以访问别的Store内的Actions、Getter和State内容，例如下面这段代码。

```
01    import {defineStore } from'pinia';
02    import Student from'../../types/Student';
03    import externalStore from'./External';
04
05    // 定义 Student Store
06    const studentStore = defineStore('student', {
07      // state 定义初始返回内容
08      state: (): Student => {
09        return {
10          name: '张三',
11          score: 100,
12        };
13      },
14      getters: {
15        // 常规方法
16        doubleScore: (state: Student): number => {
17          return state.score * 2;
18        },
19      },
20
21      actions: {
22        // 访问别的 Store 的方法
23        scoreTotal() {
24          const externalStudent = externalStore();
25          const eName = externalStudent.getNameByGetter;
26          const eScore = externalStudent.getScoreByAction();
27          return '${this.name}, ${this.doubleScore}, ${eName}, ${eScore}';
28        },
29      },
30    });
```

可以看到这里在scoreTotal()方法内，eName和eScore分别来自externalStudent Store里的Getters和Actions，最后将数据进行组装，作为返回值返回给调用组件。

Store 的实例可以通过 $onAction( )方法来监听 Actions 方法被调用的回调。该方法会在 Actions 里的函数执行完成之后被调用，开发者可以在 $onAction( )的第一个回调函数参数内，通过 StoreOnActionListenerContext 获取 Actions 中被调用方法的 name、实例、参数，反馈为成功回调或者失败回调。例如下面的代码。

```
01    <script setup lang="ts">
02    import useStore from './store/modules/Student';
03    // 引入 Student 的 store
04    const studentStore = useStore();
05
06    // 监听 studentStore 内 Actions 方法调用情况
07    studentStore.$onAction(
08      ({
09        name, // action 的 name
10        store, // store 实例,这里是 studentStore
11        args, // action 方法的参数
12        after, // actions 方法成功回调
13        onError, // actions 方法失败回调
14      }) => {
15        console.log('Action name:', name);
16        console.log('Store 实例:', store);
17        console.log('Action 方法参数列表:', args);
18        console.log('成功回调:', after);
19        console.log('失败回调:', onError);
20        after((result) => {
21          console.log('成功回调内的结果:', result);
22        });
23        onError((error) => {
24          console.error('失败回调错误信息:', error);
25        });
26      }
27    );
28    </script>
29
30    <template>
31      <p>$onActoin()回调:{{ studentStore.toTextByAction() }}</p>
32    </template>
```

可以看到组件的模板中直接调用 studentStore 的 toTextByAction( )方法，当方法运行完成，会触发 $onAction( )中的回调函数，并在浏览器的终端中打印日志信息，运行效果如图 10.4 所示。

至此，再回过头来看 Pinia 设计的 API，完全是和 Vue 一一对应的，Pinia 的 State 对应 Vue 的 data；Pinia 的 Getters 对应 Vue 的 computed 属性；Pinia 的 Actions 对应 Vue 的 methods 属性。这也就是为什么 Pinia 的学习和使用对于 Vue 开发者非常友好的证明。

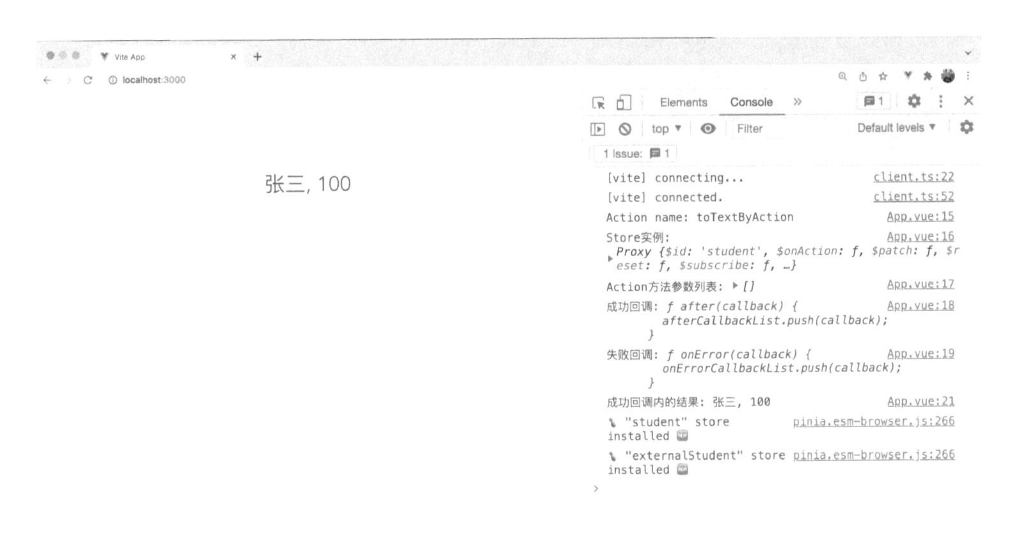

● 图 10.4 $onAction( ) 日志信息

10.3 Pinia 的插件

Pinia 可以通过插件来扩充 Store 的管理功能。这些插件本质都是函数，需要通过应用程序中的 Pinia 实例的 pinia. use( ) 方法注册之后才能使用。

插件可以扩充 Store 实例的 state 属性，同时还可以在插件内部调用 $subscribe( ) 方法和 $onAction( ) 方法。因为 Pinia 支持 TypeScript 的语法类型，所以在插件内无须使用 any 类型或者@ts-ignore。

在插件中扩充 Store 属性，有点像 Store 基类，即当前应用程序中的 Store 实例都会有插件中添加的 Store 属性。当在 TypeScript 项目中扩充 Store 属性时，首先需要扩充 Store 属性的接口。推荐在 src 目录下的 store 目录中创建一个 plugins 目录，并在该目录中创建 index. ts，在这里添加需要扩充的属性类型声明。这里添加扩展属性必须使用 Pinia 的 PiniaCustomProperties 接口。例如在上一节的 Student 例子基础上，添加 app、version、grade 和 class 四个 Store 属性，代码如下。

```
01    import 'pinia';
02    import { Ref } from 'vue';
03
04    declare module 'pinia' {
05      export interface PiniaCustomProperties {
06        app: string;
07        version: string;
08        grade: Ref<string>;
09        class: number;
10      }
11    }
```

这里 app 和 version 接收 string 类型数据，grade 属性则接收 Ref<string>类型的数据。接下来，就可以在/src/store/index.ts 文件中通过 piniaInstance.use( )方法来使用插件了。插件函数，可以是有参函数，也可以是无参函数，例如下面这段代码。

```
01    import {createPinia } from 'pinia';
02    import { ref } from 'vue';
03
04    const gradeData = ref<string>('六年级');
05
06    // 创建 Pinia 实例
07    const piniaInstance = createPinia();
08
09    // 无参方法
10    piniaInstance.use(() => ({
11      app: 'Vue.js-pinia-plugin',
12      grade:gradeData,
13      class: 1,
14    }));
15
16    // 有参方法
17    piniaInstance.use(({ store }) => {
18      const newStore = store;
19      newStore.version = '1.0.0';
20    });
21
22    export default piniaInstance;
```

这里分别给 app、grade、class 和 version 赋初始值，在组件中可以直接调用这些属性值。插件的无参方法直接使用箭头函数返回一个对象；而有参方法则接收 store 并直接给 store 属性赋值。二者唯一的区别在于：有参方法内直接修改 store 属性的做法会使得 store 内的属性无法被 vue-devtools 监控。如果需要被 vue-devtools 监测，则应该在方法内手动使用 store._customProperties.add( )方法注册属性名称，代码如下。

```
01    // 有参方法
02    piniaInstance.use(({ store }) => {
03      const newStore = store;
04      newStore.version = '1.0.0';
05      // 添加了以下这行代码才会在 dev-devtool 中出现 version 属性
06      newStore._customProperties.add('version');
07    });
```

此时，可以在浏览器的 vue-devtools 中看到自定义的属性，如图 10.5 所示。

当然，在插件内也可以通过有参方法，直接调用 store 的 $subscribe( )方法和 $onAction( )方法。例如下面的代码。

图 10.5　vue-devtools 内的自定义属性

```
01    // Plugin 内部的 subscribe 回调
02    piniaInstance.use(({ store }) => {
03      const newStore = store;
04      // Store 变化时被调用,并且优于 Store 的 subscribe 回调
05      newStore.$subscribe(() => {
06        console.log('Plugin: subscribe 方法调用');
07      });
08      // 当 Store 内的 actions 调用时调用,且由于 Store 的 Action 回调
09      newStore.$onAction(() => {
10        console.log('plugin:onAction 方法调用');
11      });
12    });
```

这里的 $subscribe( ) 方法和 $onaction( ) 方法调动顺序会优先于 Store 实例内的 $subscribe( ) 方法和 $onaction( ) 方法。运行项目，在浏览器的开发者工具的终端中可以看到打印的日志信息，如图 10.6 所示。

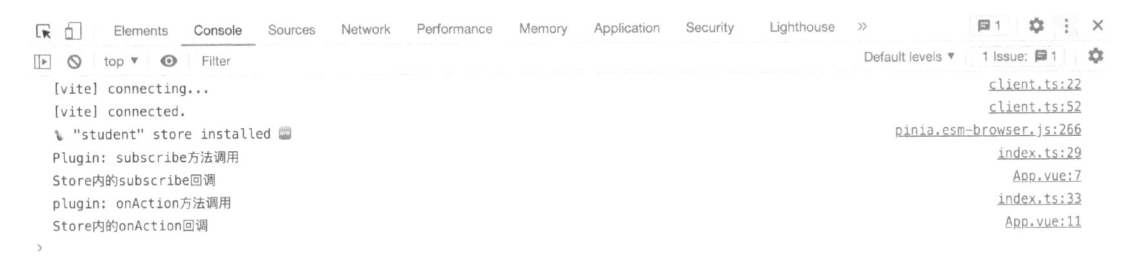

图 10.6　$subscribe( ) 方法和 $onaction( ) 方法调用顺序

这一点再次验证了插件内的属性和方法，在一定程度上和编程语言中的 Base Class 非常类似。因此，开发者可以根据具体的项目需求来决定是否通过 Pinia 的插件来扩展整个应用程序的状态管理功能。

10.4 实战：制作购物车结算页面

购物车大家应该都很熟悉，用户从商品列表中选择商品，添加到购物车，在购物车中可以修改商品数量并且自动计算商品总价。其实购物车是一个很好的组件间状态管理的例子：一方面结算物品列表的数据应该来自商品列表组件；另一方面结算物品列表的计算和管理又会出现在购物车组件内。所以结算商品列表数据需要在不同组件之间进行处理，这满足使用 Pinia 状态管理的特征。

简单分析一下购物车应用，它可以分成两个大的组件：商品列表组件和购物车组件。在商品列表组件中主要负责展示商品信息以及添加商品到结算商品列表；而购物车组件的功能主要负责展示和修改结算商品列表数据，同时自动计算总价。在这其中，可以把结算商品的数据和方法交给 Pinia 来管理。在结算商品的 Store 中，state 应该是一个结算商品的数组，同时还应该有两个 Action 方法，即向商品列表添加商品数据和向商品列表中删除数据。大致内容就是这么多，接下来开始具体开发项目。

首先来到存放项目的目录下，通过以下 Vite 命令创建项目。

```
npm init vite@latest shopping-cart
```

然后通过以下命令，分别安装本次项目的依赖库 Pinia 和 Bootstrap。

```
npm install pinia
npm install bootstrap
```

安装完成后，在 App. vue 文件中的 script 部分添加以下代码用于在项目中引入 Bootstrap。

```
01    import 'bootstrap/dist/css/bootstrap.min.css';
02    import 'bootstrap';
```

然后在 src 目录下创建 store 目录，并在该目录下创建一个 index. ts 文件，用于创建项目的 Pinia 实例，代码如下。

```
01    import {createPinia } from 'pinia';
02
03    // 创建 Pinia 实例
04    const piniaInstance = createPinia();
05
06    export default piniaInstance;
```

修改项目的 main. ts 文件中，引入 Pinia 实例，并在应用程序中注册，代码如下。

```
01    import {createApp } from 'vue';
02    import App from './App.vue';
03    import store from './store';
04
05    const app =createApp(App);
06    // 在 app 中注册 Pinia 实例
07    app.use(store);
08    app.mount('#app');
```

接下来需要创建项目的类型接口，购物车项目中需要设计两种接口类型，即商品类型接口和结算商品类型接口，所以需要在 src 目录下创建 types 目录，并在该目录下分别创建 Goods. ts 文件和 Checkout. ts 文件用于编写这两个类型接口，它们的代码分别如下。

```
01    // Goods.ts 文件,商品类型接口
02    interface Goods {
03      name: string; // 商品名称
04      price: number; // 商品价格
05      paidNum: number; // 已付款人数
06      comment: number; // 评论数
07      image: string; // 商品图片
08    }
09
10    export default Goods;
11
12
13    // Checkout.ts 文件,结算商品类型接口
14    interface Checkout {
15      name: string; // 商品名称
16      price: number; // 商品单价
17      count: number; // 商品数量
18    }
19
20    export default Checkout;
```

当定义好 Type 之后，接下来就可以定义结算商品的 Store 了。根据之前所讲的内容，在 store 目录下创建 modules 目录，并在该目录下创建 Checkout. ts 文件。在这个文件中定义 CheckoutListStore 实例。之前分析所得，CheckoutListStore 内应该有一个结算商品数组的 State 属性，同时内部的 Action 还应该有添加商品方法和删除商品的方法，所以 Checkout. ts 的代码应该如下。

vite. 3 配置说明

```
01    import {defineStore } from'pinia';
02    import Checkout from'../../types/Checkout';
03
04    // 定义 CheckoutList Store
05    const checkoutListStore = defineStore('CheckoutList', {
06      // state 定义
07      state: (): { dataList: Checkout[] } => ({
08        dataList: [], // 结算商品数组
09      }),
10      actions: {
11        /* *
12        * 向结算商品数组中添加商品方法
13        *  @param gName 字符串类型,添加商品的名称
14        *  @param gPrice 数字类型,商品的价格
15        * /
16        addGoods(gName: string, gPrice: number): void {
17          // 查找当前数组中是否有被添加的商品
18          const index = this.dataList.findIndex(
19            (item: Checkout) => item.name ===gName
20          );
21          // 如果当前数组已经有被添加的商品,只需要将商品的 count 属性+1 即可
```

```
22          // 否则创建一个新的商品对象然后添加到数组中
23          if (index ! == -1) {
24            this.dataList[index].count += 1;
25          } else {
26            this.dataList.push({
27              name:gName,
28              price:gPrice,
29              count: 1,
30            });
31          }
32        },
33        /* *
34        * 从结算商品数组中移除商品的方法
35        * @param gName 字符串类型,需要移除的商品的名称
36        * @param removeAll 布尔类型,是否全部删除商品
37        * /
38        removeGoods(gName: string, removeAll: boolean): void {
39          // 查找当前商品数组中是否已经含有被删除的商品
40          const index = this.dataList.findIndex(
41            (item: Checkout) => item.name ===gName
42          );
43          // 如果当前商品数组中已经有被删除商品,则根据 removeAll 的值来
44          // 判断是否要删除全部商品还是商品数量减 1,当减到 0 时,同样删除商品
45          if (index ! == -1) {
46            // 删除商品全部数量
47            if (removeAll) {
48              this.dataList.splice(index, 1);
49            } else {
50              this.dataList[index].count -= 1;
51              if (this.dataList[index].count <= 0) {
52                this.dataList.splice(index, 1);
53              }
54            }
55          }
56        },
57      },
58    });
59
60    export defaultcheckoutListStore;
```

接下来，就要开始实现购物车应用程序中的组件部分了。根据之前的分析，购物车应用可以分为两大部分，即商品展示列表和商品结算列表。所以可以在 components 目录下分别创建 GoodsList. vue 文件、GoodsItem. vue 文件、CheckoutList. vue 文件和 CheckoutItem. vue 文件，用来实现商品展示列表、商品展示列表中的单项内容、商品结算列表和商品结算列表中的单项内容。所以在 App. vue 中只需要初始化商品展示列表的数据同时作为 props 传递给 GoodsList 组件即可，代码如下。

```
01    <script setup lang="ts">
02    import { ref } from 'vue';
03    import 'bootstrap/dist/css/bootstrap.min.css';
```

```
04    import 'bootstrap';
05    import GoodsList from './components/GoodsList.vue';
06    import CheckoutList from './components/CheckoutList.vue';
07    import Goods from './types/Goods';
08
09    // 初始化商品列表数据
10    const goodsList = ref<Goods[]>([
11      {
12        name: '辣条儿是90后回忆素肉大礼包麻辣味小包装小零食小吃休闲食品',
13        price: 5.9,
14        paidNum: 300,
15        comment: 2039,
16        image: 'http://localhost:3000/src/assets/ddr.jpg',
17      },
18      {
19        name: '【随机口味慎拍】【加量不加价】乐事罐装薯片礼盒832g×1箱音箱',
20        price: 69.9,
21        paidNum: 30,
22        comment: 1508,
23        image: 'http://localhost:3000/src/assets/sp.jpg',
24      },
25      {
26        name: '西瓜泡泡糖迷你长条80后经典怀旧童年儿时回忆零食功夫小子口香糖',
27        price: 13.88,
28        paidNum: 168,
29        comment: 101,
30        image: 'http://localhost:3000/src/assets/ppt.jpg',
31      },
32    ]);
33    </script>
34
35    <template>
36      <div class="container">
37        <GoodsList :goods-list="goodsList"></GoodsList>
38        <CheckoutList></CheckoutList>
39      </div>
40    </template>
```

接下来是商品列表组件的实现。该组件内首先要定义一个名为goodsList的props属性用来接收App组件传入的商品列表信息，将列表信息通过v-for指令传递给GoodsItem组件，同时还需要引入CheckoutListStore，并且需要定义方法接收GoodsItem的emit事件和调用CheckoutListStore的addGoods方法，即向商品结算列表添加数据。所以GoodsList.vue的代码如下。

```
01    <script setup lang="ts">
02    import Goods from '../types/Goods';
03    import GoodsItem from './GoodsItem.vue';
04    import useStore from '../store/modules/CheckoutList';
05
06    // 定义组件的goodsList props
07    defineProps<{
```

```
08      goodsList: Goods[];
09    }>();
10
11    // 引入 CheckoutListStore 实例
12    const checkoutListStore = useStore();
13
14    // 添加商品到购物车按钮的方法
15    const handleAdd = (name: string, price: number) => {
16      checkoutListStore.addGoods(name, price);
17    };
18    </script>
19
20    <template>
21      <GoodsItem
22        v-for="goods ingoodsList"
23        :key="goods.name"
24        :data="goods"
25        @add-to-cart="handleAdd"
26      ></GoodsItem>
27    </template>
```

可以看到这里作为父组件的 GoodsList 给子组件 GoodItem 传递了 goods 值作为 data 的 props，同时还用 handleAdd 方法来绑定子组件的 addToCart 的 emit 事件，所以作为子组件 GoodsItem 的代码如下。

```
01    <script setup lang="ts">
02    import { computed } from 'vue';
03    import Goods from '../types/Goods';
04
05    // 定义组件的 data props
06    const props =defineProps<{
07      data: Goods;
08    }>();
09
10    // 商品价格显示的计算属性
11    const displayPrice = computed((): string => {
12      return '¥${props.data.price.toFixed(2)} 元';
13    });
14
15    // 已经付款人数显示的计算属性
16    const paidNumber = computed((): string => {
17      return props.data.paidNum > 200 ? '200+' : props.data.paidNum.toString();
18    });
19
20    // 定义 Emit 事件
21    const emit =defineEmits<{
22      (eventName: 'addToCart', name: string, price: number): void;
23    }>();
24
25    // 添加购物车的方法
26    const submit = () => {
27      emit('addToCart', props.data.name, props.data.price);
```

```
28    };
29    </script>
30
31    <template>
32      <div class="row border d-flex align-items-center mb-2 rounded bg-hover">
33        <div class="col-1">
34          <img class="image" :src="data.image" alt="" />
35        </div>
36        <div class="col-3">
37          {{ data.name }}
38        </div>
39        <div class="col-2 fw-bold text-danger fs-3">{{displayPrice }}</div>
40        <div class="col-1 offset-1 text-muted">
41          <div>{{paidNumber }}人付款</div>
42          <div>
43            <u>{{ data.comment }}条评论</u>
44          </div>
45        </div>
46        <div class="col-2 offset-2">
47          <button class="btn btn-outline-danger btn-sm" @click="submit">
48            添加到购物车
49          </button>
50        </div>
51      </div>
52    </template>
```

此时启动项目，可以在浏览器内看到商品列表的渲染效果如图 10.7 所示。

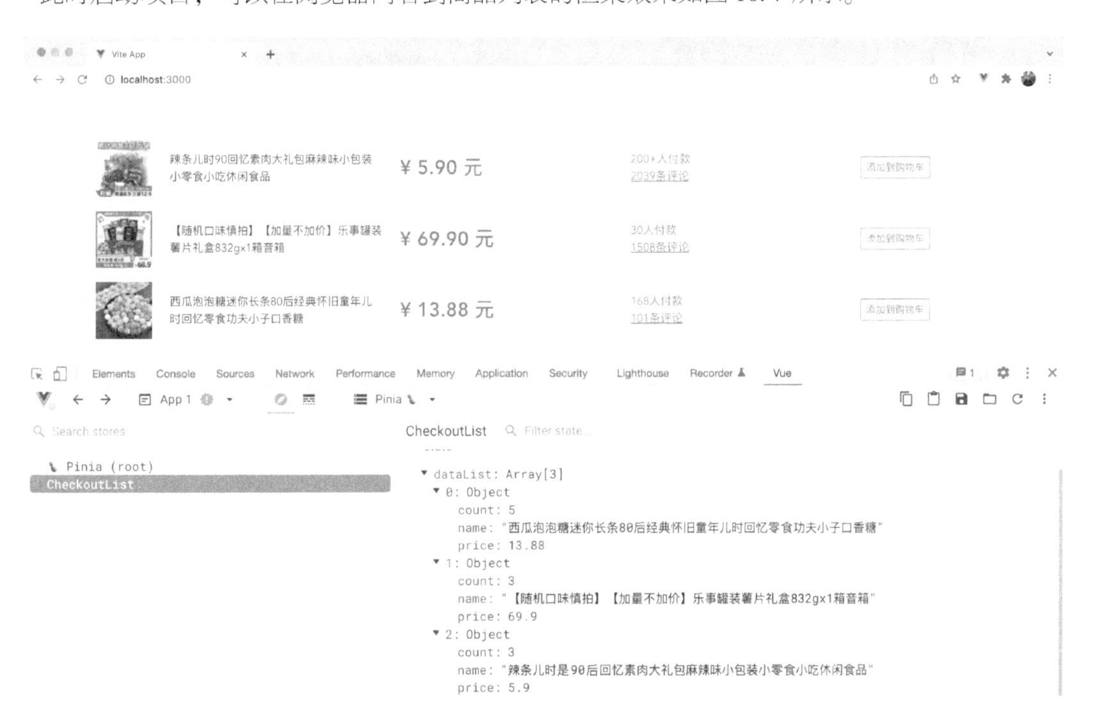

● 图 10.7 购物车商品列表渲染效果

可以看到这里通过单击不同商品的“添加到购物车”按钮，在 vue-devtools 内是能够追踪到 CheckoutListStore 内数据变化情况。

商品结算列表 CheckoutList 组件内需要引入 CheckoutListStore 实例，并创建三个方法分别用来处理来自子组件 CheckoutItem 的 emit 的修改商品事件和删除商品事件，代码如下。

```
01    <script setup lang="ts">
02    import { computed } from 'vue';
03    import Checkout from '../types/Checkout';
04    import CheckoutItem from './CheckoutItem.vue';
05    import useStore from '../store/modules/CheckoutList';
06
07    // 引入 CheckoutListStore 实例
08    const checkoutListStore = useStore();
09
10    // 商品总价显示的计算属性
11    const total = computed((): string => {
12      if (checkoutListStore.dataList) {
13        let sum = 0;
14        checkoutListStore.dataList.forEach((item: Checkout) => {
15          sum += item.price *  item.count;
16        });
17        return sum.toFixed(2).toString();
18      }
19      return '0.00';
20    });
21
22    // 商品数目+1 函数
23    const addOne = (name: string, price: number): void => {
24      checkoutListStore.addGoods(name, price);
25    };
26
27    // 商品数目-1 函数
28    const removeOne = (name: string): void => {
29      checkoutListStore.removeGoods(name, false);
30    };
31
32    // 删除商品的函数
33    const removeAll = (name: string): void => {
34      checkoutListStore.removeGoods(name, true);
35    };
36    </script>
37
38    <template>
39      <div v-show="checkoutListStore.dataList.length" class="mt-4">
40        <h3>购物车</h3>
41        <div class="row text-center mb-3">
42          <div class="col-4">商品信息</div>
43          <div class="col-2">单价</div>
44          <div class="col-2">数量</div>
```

```
45          <div class="col-2">金额</div>
46          <div class="col-2">操作</div>
47        </div>
48        <CheckoutItem
49          v-for="item incheckoutListStore.dataList"
50          :key="item.name"
51          :data="item"
52          @add-item="addOne"
53          @remove-item="removeOne"
54          @remove-all-item="removeAll"
55        ></CheckoutItem>
56        <div class="float-end h3 text-dark">
57          共计 <span class="text-danger">{{ total }}</span> 元
58        </div>
59      </div>
60    </template>
```

看到这里作为父组件的CheckoutList将item值作为data的props传递到子组件内，同时还使用addOne方法、removeOne方法和removeAll方法来处理子组件的addItem事件、removeItem事件和removeAllItem事件。所以在子组件内，需要定义一个data的props，同时还要定义一个含有addItem、removeItem和removeAllItem的emit，代码如下。

```
01    <script setup lang="ts">
02    import { computed } from 'vue';
03    import Checkout from '../types/Checkout';
04
05    // 定义组件内的 data props
06    const props =defineProps<{
07      data: Checkout;
08    }>();
09
10    // 商品单价显示的计算属性
11    const displayPrice = computed((): string => {
12      return '¥${props.data.price.toFixed(2)}';
13    });
14
15    // 商品总价显示的计算属性
16    const displayTotalPrice = computed((): string => {
17      const total = props.data.price * props.data.count;
18      return '¥${total.toFixed(2)}';
19    });
20
21    // 定义组件的 emit 事件
22    const emit =defineEmits<{
23      // 商品数目+1 事件
24      (eventName: 'addItem', name: string, price: number): void;
25      // 商品数目-1 事件
26      (eventName: 'removeItem', name: string): void;
27      // 移除全部商品事件
28      (eventName: 'removeAllItem', name: string): void;
```

```
29    }>();
30
31    // 商品数目+1 按钮方法
32    const addOne = (): void => {
33      emit('addItem', props.data.name, props.data.price);
34    };
35
36    // 商品数目-1 按钮方法
37    const removeOne = (): void => {
38      emit('removeItem', props.data.name);
39    };
40
41    // 删除商品按钮方法
42    const removeAll = (): void => {
43      emit('removeAllItem', props.data.name);
44    };
45    </script>
46
47    <template>
48      <div class="row text-center mb-4 d-flex align-items-center">
49        <div class="col-4">
50          {{ data.name }}
51        </div>
52        <div class="col-2 fw-bold">
53          {{displayPrice }}
54        </div>
55        <div class="col-2">
56          <button class="btn btn-sm btn-outline-primary me-1" @click="removeOne">
57            -
58          </button>
59          {{ data.count }}
60          <button class="btn btn-sm btn-outline-primary ms-1" @click="addOne">
61            +
62          </button>
63        </div>
64        <div class="col-2 text-danger fw-bold">
65          {{displayTotalPrice }}
66        </div>
67        <div class="col-2">
68          <button class="btn btn-sm btn-danger" @click="removeAll">删除商品</button>
69        </div>
70      </div>
71    </template>
```

这样，整个购物车应用就完成了，此时启动项目，在页面中运行效果如图 10.8 所示。

添加不同的商品到购物车内，在购物车中也可以修改商品数量，最后显示总价。并且当某一项数据发生变化时，页面的相关数据也会一起发生变化。正是因为分别在商品列表组件和商品结算组件这两个非父子组件内对 CheckoutListStore 进行操作，才能实现这样的需求。同时在编写项目的过程中，大家也再次体会到了 Pinia 简单易上手的特性。项目的 CSS 代码这里没有展示，在书籍配套的代码中会有详细的源码，感兴趣的读者可以自行阅读学习。

● 图 10.8 购物车应用效果展示

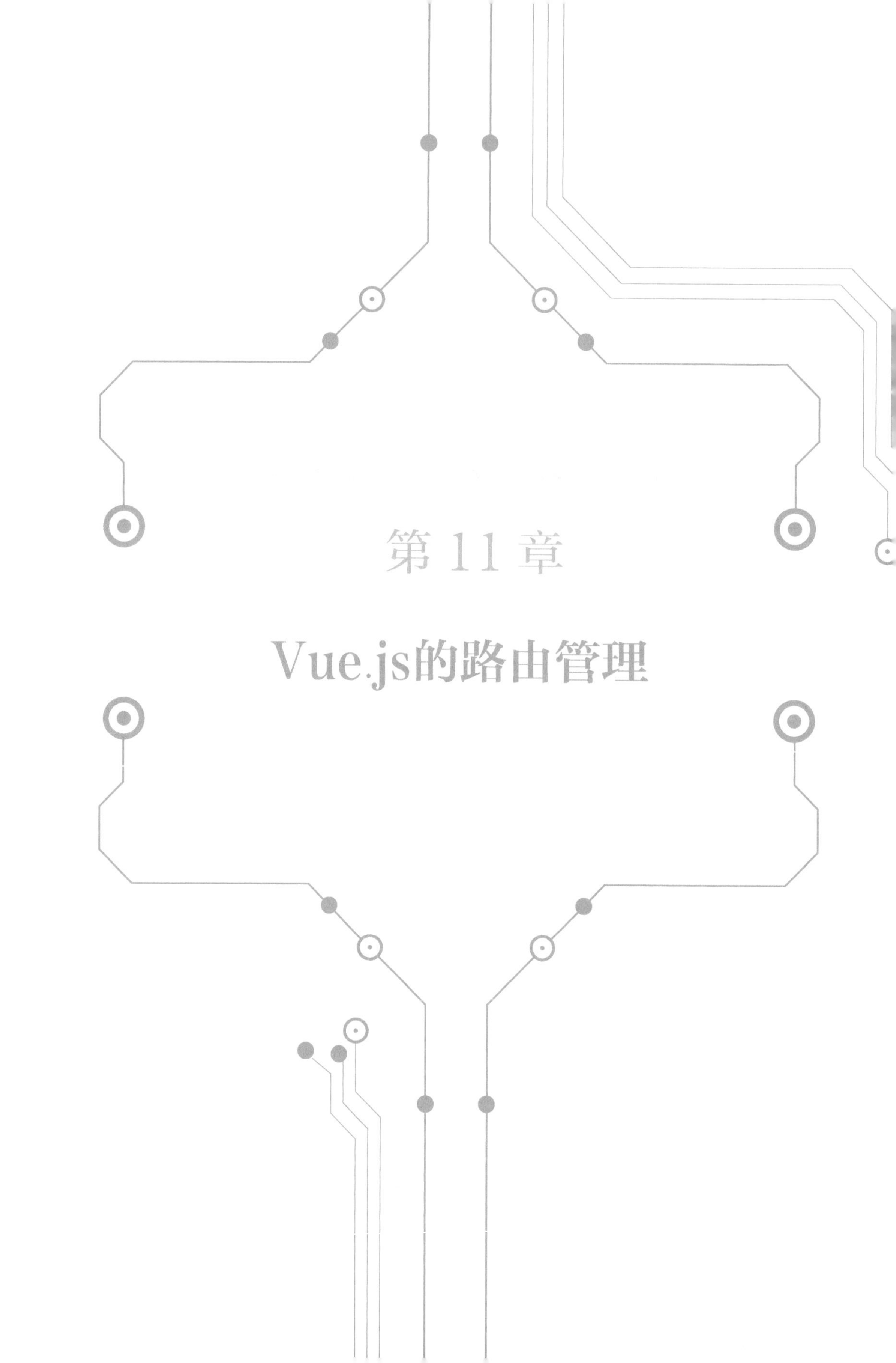

第 11 章

Vue.js的路由管理

在传统的 Web 应用中，网站中所有的页面数据均来自于服务器的加载和渲染，服务器会负责整个网站的路由管理，浏览器在传统 Web 应用中的作用就是给用户展示服务器传回的数据。这样的应用程序框架结构不仅会给服务器带来巨大的压力，同时网络的传输效率也会很低。为了克服这些问题，单页面 Web 应用程序被设计了出来。单页面 Web 应用使得整个项目实现完全的前后端分离，将原来由服务器管理的路由系统转移到 Web 前端应用中，这样页面渲染的压力就能转移到 Web 前端，从而大大降低服务器的压力，同时提升传输效率。所有的 Vue 项目均是 Web 单页面应用，而在 Vue 内，官方推荐使用 Vue Router 框架来管理 Vue 项目的路由。这一章就为大家详细介绍如何在 Vue 项目中使用 Vue Router 来创建管理路由，以及 Vue Router 在实际项目开发中的一些高级使用技巧。

11.1 Vue Router 介绍

路由的作用就是通过查找路由表，把请求分配到正确的资源上。在 Vue. js 构建的单页面应用中，路由的作用则是通过请求不同的 URL，实现在不同组件或者页面之间切换。Vue Router 是 Vue. js 的官方路由。它与 Vue. js 核心深度集成，让用 Vue. js 构建单页应用变得轻而易举。开发者可以使用 Vue Router 来处理大型 Vue 项目中的路由系统。Vue Router 具有以下特征。

1）嵌套路由映射。

2）动态路由选择。

3）模块化、基于组件的路由配置。

4）路由参数、查询、通配符。

5）展示由 Vue. js 的过渡系统提供的过渡效果。

6）细致的导航控制。

7）自动激活 CSS 类的链接。

8）HTML 5 History 模式或 Hash 模式。

9）可定制的滚动行为。

10）URL 的正确编码。

正是由于这些特点，使得 Vue Router 是所有 Vue 开发者在路由管理上的首选。在 Vite 创建的 Vue 3 项目中，可以通过执行以下命令安装 Vue Router。

```
npm install vue-router@4
```

这里需要注意，只有 Vue Router 4 以上的版本才支持 Vue 3. x 的项目。所以这里在安装依赖的时候，请务必添加版本号。

安装完成之后，假设项目中有两个页面，分别是 Home 主页和 About（关于）页面，那么在项目中使用 Vue Router 可以按照以下步骤进行操作。

第一步，需要在项目中创建路由对象。一般的做法会在 src 目录下创建一个 router 目录，用来专门管理项目路由。在 router 目录下创建 index. ts 文件，并在该文件内引入 Vue Router 以及页面组件来创建路由对象，代码如下。

```
01    // 引入 Vue Router 和资源
02    import {createRouter, createWebHistory, RouteRecordRaw } from 'vue-router';
03    import Home from '../components/Home.vue';
04    import About from '../components/About.vue';
05
06    // 创建路由关系映射表
07    const routes:RouteRecordRaw[] = [
08      { path: '/', component: Home },
09      { path: '/about', component: About },
10    ];
11
12    // 创建路由对象
13    const router =createRouter({
14      history:createWebHistory(),
15      routes,
16    });
17
18    // 导出路由对象
19    export default router;
```

这里可以看到在 index.ts 文件中分配/路径给 Home 组件，分配/about 路径给 About 组件，然后使用 createRouter( )方法创建了 Vue Router 的 router 对象，并最终将其导出。

第二步，在项目的 main.ts 文件中，需要引入上一步导出的 router 对象，并在 Vue 的 app 中通过 app.use( )方法注册，修改 main.ts 的代码如下。

```
01    import {createApp } from 'vue';
02    import App from './App.vue';
03    import router from './router';
04
05    const app =createApp(App);
06    // 引入并注册路由对象
07    app.use(router);
08    app.mount('#app');
```

当完成 app.use（router）方法注册之后，接下来就能在项目中使用 router 了。

第三步，在需要使用 router 的组件内，直接使用 router-link 标签包裹导航超链接，同时还需要使用 router-view 来显示路由出口内容，例如在 App.vue 文件中，使用 router 之后，代码变化如下。

```
01    <script setup lang="ts"></script>
02
03    <template>
04      <div>
05        <! --导航 -->
06        <div id="nav">
07          <router-link to="/">首页</router-link>
08          <router-link to="/about">关于</router-link>
09        </div>
10        <! --路由出口 -->
11        <router-view></router-view>
```

```
12      </div>
13    </template>
```

这里可以看到两个 Vue Router 的内置组件 RouterLink 和 RouterView。在 router-link 标签内有一个 to 属性，这个属性的值就是之前在创建 routes 路由映射表内配置的路径值。而 router-view 则是路由的出口，即路由配置的 component 会加载在此标签下。至此，Vue Router 基础的应用就完成了。启动项目，可以在浏览器里通过单击“首页”和“关于”链接，URL 会自动添加路径，页面会显示对应的组件内容，运行效果如图 11.1 所示。

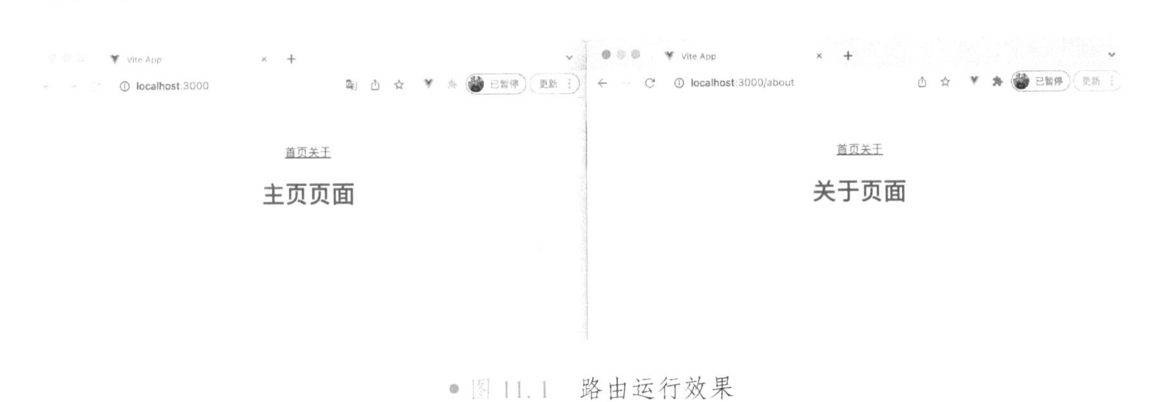

● 图 11.1　路由运行效果

11.2 Vue Router 的路由配置

Vue Router 的核心就是路由。开发者可以通过配置路由，来满足 Vue 项目的所有需求。

11.2.1　URL 的两种模式

浏览器的 URL 模式可以分为两种，即 Hash 模式和 History 模式。

Hash 模式的 URL 即在 URL 中有一个#标志和一个 fragment 标识符，例如 http：//localhost：3000/#/about，其中/#/about 就是 Hash URL，其中#标志 URL 的模式，后面的/about 即 fragment 标识符，代表当前 URL 应该获取 about 资源。在浏览器中，Hash 模式是通过监听浏览器的 onhashchange( ) 事件变化，查找对应的路由规则，基本可以兼容大部分浏览器版本。如果想在浏览器中查看 Hash 模式的 URL，可以在浏览器的开发者工具中的终端里，通过访问 location. hash 来查看，如图 11.2 所示。

History 模式的 URL 则是一般大家常见的 URL，全部由字符串构成，URL 里没有#，例如 http：//localhost：3000/about。History 模式的 URL 其实是利用了 HTML 5 的 History Interface 中新加的 pushState( ) 方法和 replaceState( ) 方法来管理的 URL 变化。本质是在浏览器内维护一个 URL 栈，通过进栈、出栈和替换操作来管理页面的 URL 变化。因为是属于 HTML 5 中的新内容，所以最低支持 IE 10 版本。

● 图 11.2 Hash URL 查看

开发者在项目中创建 Router 时，可以通过传入 createRouter( ) 方法的参数对象中的 history 属性值来选择不同的 URL 模式。例如下面代码。

```
01    // 创建 Hash 模式路由对象
02    const router =createRouter({
03      history: createWebHashHistory(),
04      routes,
05    });
06
07    // 创建 History 模式路由对象
08    const router =createRouter({
09      history:createWebHistory(),
10      routes,
11    });
```

11.2.2 动态路由匹配

很多时候，需要将给定匹配模式的路由映射到同一个组件。例如，可能有一个 User 组件，它应该对所有用户进行渲染，但用户 ID 不同。例如/user/gao 和/user/liang 就应该对应同一个组件。在 Vue Router 中，可以在路径中使用一个动态字段来实现，这个参数被称作路径参数。在 URL 的配置路径中，路径参数使用：表示，例如/user/：username，这里会将/user/gao 和/user/liang 中的 gao 和 liang 匹配到 username 参数中，并且在 Vue 组件的模板中，可以通过｛｛ $route.params.username｝｝访问。开发者也可以在同一个路由内设置多个路径参数，这些路径参数同样会全部映射到 $route.params 中，例如表 11.1 所示。

表 11.1 路径参数对应表

匹配模式	匹配路径	$route.params
/user/：username	/user/gao	｛"username"："gao"｝
/user/：username/posts/：postId	/user/gao/posts/11	｛"username"："gao"，"postId"："11"｝

11.2.3 路由的匹配语法

在配置路径的时候，仅仅单纯使用路径参数是不够的。例如使用简单的路径参数匹配模式/user/：

userame，当遇到匹配路径/user/11 和/user/gao 时，这两个路径会一起被匹配分到/user/：username 下，这样显然是不对的。这里的/user/11 路径明显需要匹配到/user/：userId 中。这个时候，可以通过在路径参数后添加正则表达式来解决问题，正则表达式（[^/]+）可以限制路径参数的类型。例如在创建路由关系映射表时，下面的两个匹配模式的代码就能分别匹配/user/11 和/user/gao。

```
01    // 创建路由关系映射表
02    const routes:RouteRecordRaw[] = [
03      ///user/:userId ->仅匹配数字
04      // 匹配 /user/11
05      { path:'/user/:userId(\\d+)', component:UserIdComponent },
06
07      ///user/:username ->匹配除数字之外的其他内容
08      // 匹配 /user/gao
09      { path:'/user/:username', component:UserNameComponent },
10    ];
```

路径参数之后不仅可以添加正则表达式用来限制匹配字符类型，还可以添加“?”“*”和“+”符号用来表示路径匹配多个部分。这三个符号具体规则如下。

1）? 可以匹配 0 个或 1 个。

2）*可以匹配 0 个或多个。

3）+可以匹配 1 个或多个。

例如在创建路由关系映射表时，下面的这些匹配模式代码。

```
01    // 创建路由关系映射表
02    const routes:RouteRecordRaw[] = [
03      ///user/:userId ->仅匹 0 个或 1 个
04      // 例如匹配 /user(0 个) 和 /user/gao(1 个)
05      { path:'/user/:username? ', component: UserQuestionComponent },
06
07      ///user/:userId ->仅匹 0 个或者多个
08      // 例如匹配 /user(0 个), /user/gao(1 个), /user/gao/1123(2 个), 等
09      { path:'/user/:username* ', component:UserStarComponent },
10
11      ///user/:userId ->仅匹 1 个或者多个
12      // 例如匹配 /user/gao(1 个), /user/gao/1123(2 个), /user/gao/post/123(3 个),等
13      { path:'/user/:username+', component:UserPlusComponent },
14    ];
```

当匹配出多个参数时，Vue Router 会将这些参数解析出来，并存放到数组中。例如/user/gao/post/123，此时解析出来的 $route.param 值就为{"username"：["gao"，"post"，"123"]}。

11.2.4 路由的嵌套

在很多应用程序中都会有这样的场景：多个 UI 组件嵌套使用。在这种情况下，URL 的片段通常对应于特定的嵌套组件结构，如图 11.3 所示。

这里/user/gao/setting 对应的是 User 的 Setting 页面，当访问时需要加载应用程序中的 UserSetting

● 图 11.3　UI 嵌套场景

组件，而/user/gao/posts 则对应的是 User 的 Posts 页面，访问时需要加载 UserPosts 组件。如果仅仅通过之前所讲的路径参数匹配是不能满足这样的需求，所以 Vue Router 提供了路由的嵌套功能。

路由的嵌套，只需要配置路由的 children 属性即可，例如要匹配图 11.3 中的两个路径加载不同的子组件，在创建路由关系映射表时，代码如下。

```
01    //创建路由关系映射表
02    const routes:RouteRecordRaw[] = [
03      {
04        path:'/user/:username',
05        component:UserComponent,
06        children:[
07          //嵌套路由,匹配 /user/gao/setting
08          { path:'setting', component: UserSettingComponent },
09          //嵌套路由,匹配 /user/gao/posts
10          { path:'posts', component:UserPostsComponent },
11        ],
12      },
13    ];
```

上述代码中/user/：username 匹配模式对应的是 UserComponent 组件，也就是图 11.3 中的 User 组件，在这条路由数据内新增 children 变量，它的值就是当前组件的嵌套路由。可以看到这里的 children 属性的值和最外层的 routes 值的类型是一样的，都是 RouteRecordRaw 数组。也就是说，如果项目有需求，是可以在子路由内再嵌套子路由的。因为在 User 组件内又使用了子路由，所以想要加载子路由的组件，User 组件内还是需要再添加 router-view 标签。通过这样配置的路由，就能让/user/gao/setting 加载 UserSettingComponent 组件到 User 组件内，能够让/user/gao/posts 加载 UserPostsComponent 组件到 User 组件中。

11.2.5　命名路由

在页面中配置路由访问路径的时候，如果不想使用硬编码的 URL，可以在配置路由时通过使用 name 属性来实现功能，即给路由命名。例如下面这段代码。

```
01    // 创建路由关系映射表
02    const routes:RouteRecordRaw[] = [
03      {
04        path:'/index',
05        name:'index',
06        component:HomeComponent,
07      },
08      {
09        path:'/about/:name?',
10        name:'about',
11        component:AboutComponent,
12      },
13    ];
```

这里给/index匹配模式设置name属性，值为user，给/about/：name？匹配模式设置的值为about，在App.vue文件中的router-link内的to属性，可以通过以下格式来配置跳转链接。

```
01    <template>
02      <div>
03        <!--导航 -->
04        <div id="nav">
05          <router-link :to="{ name:'index' }">首页</router-link>
06          <router-link :to="{ name:'about',params: { name:'gao' } }"
07            >关于</router-link
08          >
09        </div>
10        <!--路由出口 -->
11        <router-view></router-view>
12      </div>
13    </template>
```

可以看到这里使用v-bind指令将router-link的to属性与一个object变量动态绑定。Object中的name属性就是路由中指定的name的值。可以看到第二个页面，还传递了params属性。这样给路由命名的好处是开发人员不需要硬编码URL，也可以避免在URL中输入错误，同时还可以自己控制传入params参数的编码和解码工作。

11.2.6 路由的重定向

一般应用程序中都有重定向的用例，开发者可以在生成路由关系映射表的时候配置路由重定向的信息，例如下面的代码。

```
01    // 创建路由关系映射表
02    const routes:RouteRecordRaw[] = [
03      {
04        path:'/index',
05        name:'index',
06        component:HomeComponent,
07      },
08      // 路由重定向
```

```
09      {
10        path: '/',
11        redirect: '/index',
12      },
13      {
14        path: '/home',
15        redirect: { name: 'index' },
16      },
17    ];
```

可以看到这里在路由中新增了 redirect 变量，它可以接收路径字符串，也可以接收一个含有 name 属性的对象。通过这样的方式，当访问/和/home 路径时，Vue Router 会自动重定向到/index 路径。

11.2.7 路由的别名

路由的重定向是指当用户访问/index 时，URL 会被/替换，然后匹配成/。但如果是别名，例如将/别名为/index，意味着当用户访问/index 时，URL 仍然是/index，但会被匹配为用户正在访问/。例如下面这段代码。

```
01    // 创建路由关系映射表
02    const routes:RouteRecordRaw[] = [
03      ///和 /index 都会呈现 HomeComponent
04      {
05        path: '/',
06        component:HomeComponent,
07        alias: '/index',
08      },
09      {
10        path: '/user',
11        component:UserComponent,
12        children: [
13          // 为这 3 个 URL 呈现 UserSettingComponent
14          // - /user
15          // - /user/setting
16          // - /set
17          {
18            path: '',
19            component: UserSettingComponent,
20            alias: ['/set', 'setting'],
21          },
22        ],
23      },
24    ];
```

可以看到这里新增了 alias 属性，它可以接收一个字符串，也可以接收一个数组。当接收数组时 Vue Router 会将数组内的路径全部映射到同一个 path 中。

11.3 Vue Router 的高阶用法

虽然目前介绍的这些知识能够基本满足 Vue 项目的路由管理需求，但是 Vue Router 还为开发者提供了更多功能强大而且非常便利的 API 方法。正是这些 API 才使得 Vue Router 成为 Vue 项目路由管理的第一选择。这些 Vue Router 的高阶用法完全能够满足 Vue 项目中所有的路由管理的开发需求。

11.3.1 导航守卫

Vue Router 提供的导航守卫主要用来通过跳转或取消的方式守卫导航。这里有很多方式植入路由导航中：全局的、单个路由独享的和组件级的。

全局导航守卫，创建位置一般在/src/router/index.ts 文件中，当使用 createRouter()方法创建完全局的 Vue Router 对象之后，可以在此设置导航守卫。此处的导航守卫可以分为 router.beforeEach()和 router.afterEach()两个，分别会在页面跳转前和页面跳转后触发。

router.beforeEach()方法一般需要使用两个参数，即 to 和 from。它们的意义如下。

1）to：代表即将要进入的目标。

2）from：代表当前导航正要离开的路由。

可以在 router.beforeEach()方法内通过返回 True 和 False 来判断是否需要继续当前导航。一般会在此方法内判断用户是否登录等情况。

router.afterEach()方法一般接收两个必传参数，即 to 和 from，还有一个可选参数 failure，代表导航失败标志位，只有当 router.beforeEach()方法返回 False 时，这里的 failure 变量的值才会是 True。不同于 router.beforeEach()方法返回值，router.afterEach()没有返回值，一旦它被调用，则表示当前页面的导航变化不管成功与失败都已完成。一般会在此方法内上报数据，或者修改标题之类的操作。例如下面的代码。

```
01    // 创建 Hash 模式路由对象
02    const router =createRouter({
03      history: createWebHashHistory(),
04      routes,
05    });
06
07    // 全局导航守卫
08    router.beforeEach(
09      (to: RouteLocationNormalized, from: RouteLocationNormalized) => {
10        // ...
11        // 返回 false 以取消导航
12        return false;
13      }
14    );
15
16    // 全局导航守卫
17    router.afterEach((to, from, failure) => {
```

```
18      // 如果导航成功,则上报数据
19      if (! failure) {
20        sendToAnalytics(to.fullPath);
21      }
22    });
```

单个路由也可以添加导航守卫，例如下面的代码专门为/about 路径添加导航守卫。

```
01    // 创建路由关系映射表
02    const routes:RouteRecordRaw[] = [
03      // 路径参数
04      { path:'/', component:HomeComponent },
05      { path:'/about', component:AboutComponent },
06      {
07        path:'/user/:name',
08        component:UserComponent,
09        beforeEnter: (to, from) => {
10          // 局部路由守卫
11          // 可以做一些条件判断,用来控制是否可以成功跳转
12          return true;
13        },
14      },
15    ];
```

这里的 beforeEach( )方法和全局路由的 router. beforeEach( )方法使用规则是一样的。局部路由只有 beforeEach( )方法，而没有 afterEach( )方法。并且，只有在其他路由跳转到当前路由时局部路由才会触发，例如从/about 跳转到/user/gao 时才会触发。当前路由内部子路由之间的跳转是不会触发局部导航守卫回调方法的，例如从/user/gao 跳转到/user/liang 是不会触发的。当使用导航触发页面跳转时，Vue Router 会首先调用全局守卫回调函数，然后才是局部守卫回调函数。

在组件内也可针对组件被调用的情况来添加导航守卫。组件内的导航守卫主要有两个：onBeforeRouteLeave( )和 onBeforeRouteUpdate( )。onBeforeRouteLeave( )会在当前位置的组件将要离开时触发，而 onBeforeRouteUpdate( )在当前位置即将更新时触发。例如从/user 页面跳转到/index 页面时，只有/user 页面的 onBeforeRouteLeave( )会被调用，而当页面从/user/gao 跳转到/user/liang 时，因为匹配模式/user/：name 中有路径参数：name，路由判定当前的跳转只是组件内部的跳转，所以只会触发组件的更新逻辑，从而只有 onBeforeRouteUpdate ( )方法被调用。例如下面这段在 Usercomponent 组件内的代码。

```
01    <script setup lang="ts">
02    import {onBeforeRouteLeave, onBeforeRouteUpdate } from 'vue-router';
03
04    onBeforeRouteLeave((to, from) => {
05      const answer = window.confirm('你确定要离开此页面吗? ');
06      // 取消导航并停留在同一页面上
07      if (! answer) {
08        return false;
09      }
10      return true;
```

```
11    });
12
13    onBeforeRouteUpdate((to, from) => {
14      if (to.params.name !== from.params.name) {
15        console.log('用户发生改变');
16      }
17    });
18    </script>
19
20    <template>
21      <p>这里是 User 组件</p>
22    </template>
```

当用户离开 User 页面，要跳转到其他页面时，onBeforeRouteLeave( )方法内的对话框会被调用，而访问 URL 从/user/gao 到/user/liang 时，浏览器的终端才能看到 onBeforeRouteUpdate( )中打印的日志信息。

11.3.2 路由元信息

Vue Router 在创建路由关系映射表的时候，开发者可以通过 meta 属性给当前路由设置任何元信息。这些元信息可以在路由地址和导航守卫上被访问到。如果是在 TypeScript 编写的项目，可以通过 RouteMeta 接口来输入 meta 对象，具体做法需要在/src/router/目录下创建一个名为 router.ts 的文件，并把需要添加到 meta 对象的字段在这里声明。例如下面的代码。

```
01    import 'vue-router';
02
03    declare module 'vue-router' {
04      interface RouteMeta {
05        // 是可选的
06        isAdmin?: boolean;
07        // 每个路由都必须声明
08        requiresAuth: boolean;
09      }
10    }
```

然后在/src/router/index.ts 文件中创建路由关系映射表时，就可以添加 meta 对象了，代码如下。

```
01    // 创建路由关系映射表
02    const routes:RouteRecordRaw[] = [
03      { path: '/', component:HomeComponent },
04      // 路由元数据
05      { path: '/about', component:AboutComponent, meta: { requiresAuth: false } },
06      // 路由元数据
07      {
08        path: '/user/:name',
09        component:UserComponent,
```

```
10        meta: {isAdmin: true, requiresAuth: true },
11      },
12    ];
```

这些元数据内容可以在路由地址和导航守卫中被访问，而且一般的做法是在全局导航守卫 router.beforeEach( )中通过对 to 的元数据读取来做判断，从而决定是否继续完成导航。例如判断目标页面是否需要用户登录之后才能访问，代码如下。

```
01    router.beforeEach(
02      (to: RouteLocationNormalized, from: RouteLocationNormalized) => {
03        // 不是去检查每条路由记录
04        // to.matched.some(record => record.meta.requiresAuth)
05        if (to.meta.requiresAuth && ! auth.isLoggedIn()) {
06          // 此路由需要授权,请检查是否已登录
07          // 如果没有,则重定向到登录页面
08          return {
09            path: '/login',
10            // 保存我们所在的位置,以便以后再来
11            query: { redirect: to.fullPath },
12          };
13        }
14        // 如果登录,则继续完成导航
15        return true;
16      }
17    );
```

11.3.3 在组合式 API 中访问

开发者可以在组合式 API 中访问到路由和当前路由，代码如下。

```
01    <script setup lang="ts">
02    import {useRouter, useRoute } from 'vue-router';
03    // 获取路由对象
04    const router =useRouter();
05    // 获取当前路由
06    const route =useRoute();
07
08    // 可以调用路由对象执行路由操作
09    router.push('/index'); // 跳转到 index 页面
10    router.push({ name: 'home' }); // 跳转到 home 页面
11
12    // 可以获取当前 URL 的参数
13    const {params } = route;
14    </script>
```

11.3.4 路由的懒加载

当一个项目被打包之后，如果把所有代码打包到一个 JavaScript 文件内，那么这个文件的容量将会很大。很明显有些组件或者页面并不需要第一时间被渲染到页面上，所以和组件的延迟加载一样，

Vue Router 也支持路由的懒加载。做法非常简单，只需要在项目创建路由的时候，将组件的导入方式修改一下即可，例如将/user/：name 路由实现懒加载的代码如下。

```
01    // 将
02    // import UserComponent from '../components/UserComponent.vue';
03    // 替换成
04    const UserComponent = () => import('../components/UserComponent.vue');
05
06    const routes:RouteRecordRaw[] = [
07      { path:'/', component:HomeComponent, name:'home' },
08      { path:'/about', component:AboutComponent, meta: { requiresAuth: false } },
09      // 路由懒加载 UserComponent
10      {
11        path:'/user/:name',
12        component:UserComponent,
13        meta: {isAdmin: true, requiresAuth: true },
14      },
15    ];
```

这里将传统的 import 代码改成一个箭头函数，只有当浏览器访问/user/：name 匹配页面时，前端的 Vue 页面才会向后台服务器获取 UserComponent 的数据，然后渲染出来。这样做的好处会大大提高用户访问网站首页的速度，能够最大程度地挽留单机用户，而且也会大大降低服务器的传输数据的压力，从而提升效率。

11.4 实战：升级购物车应用

实操微视频

上一章的实战项目和大家一起使用 Pinia 实现了一个单页面的购物车应用。当时商品列表和购物车列表都在一个页面上。这次将在之前项目的基础上，使用 Vue Router 将商品页面和购物车页面从一个页面中分离出来，同时还应该使用嵌套路由来实现商品分类功能，让购物车的应用功能显得更加合理。

首先来到存放项目的目录下，通过以下 Vite 命令创建项目。

```
npm init vite@latest shopping-cart-advanced
```

然后依次运行以下命令安装项目的依赖库：Boostatrap、Pinia 和 Vue Router。

```
npm install bootstrap
npm install pinia
npm install vue-router@4
```

接下来需要大家按照第 10 章第 4 节实战项目的介绍来完成单页面的购物车应用，因为本节内容是在第 10 章的实战项目基础上添加路由管理功能，接下来所有的开发任务均在第 10 章代码的基础上完成。

vite. 3 配置说明

既然是要给购物车添加路由管理功能，根据实际生活经验，可以设计出购物车应用应该有两个页面：即商品列表页面和购物车页面。在商品页表页面内，通过切换不同的标签来达到显示商品变化的效果，所以整体程序的页面设计大致如图 11. 4 所示。

● 图 11.4 购物车应用页面设计

这里需要创建两个页面，分别是 GoodsPage 页面和 CheckoutPage 页面。两个页面的切换由顶部的导航栏进行管理。在原有代码的基础上，应该将 GoodsList 组件和 GoodsItem 组件放到 GoodsPage 页面，将 CheckoutList 组件和 CheckoutItem 组件放到 CheckoutPage 页面。同时，在 GoodsPage 页面中，还需要实现二级导航栏的嵌套路由，用于显示不同的 CheckoutList 组件内容。

设计好整体框架之后，首先来准备项目的测试数据。可以在 src 目录下创建 data 目录，并在该目录下分别创建 clothing. ts 文件、electric. ts 文件和 snack. ts 文件。分别存放“服装”子类，“家电”子类和“零食”子类的商品列表。例如“零食”子类的数据如下。

```
01    import Goods from '../types/Goods';
02
03    // 初始化零食商品列表数据
04    const foodList: Goods[] = [
05      // 其余过多数据省略
06
07      {
08        name: '辣条儿是 90 后回忆素肉大礼包麻辣味小包装小零食小吃休闲食品',
09        price: 5.9,
10        paidNum: 300,
11        comment: 2039,
12        image: 'http://localhost:3000/src/assets/ddr.jpg',
13      },
14
15      // 其余过多数据省略
16    ];
17
18    export defaultfoodList;
```

接下来需要创建 Page 页面，需要在 src 目录下创建 pages 目录，并在该目录下分别创建 GoodsPage. vue 文件和 CheckoutPage. vue 文件。由于 CheckoutPage 页面比较简单，页面内就只有一个 CheckoutList 组件，所以该页面的代码如下。

```
01    <script setup lang="ts">
02    import CheckoutList from '../components/CheckoutList.vue';
03    </script>
```

```
04
05    <template>
06      <CheckoutList></CheckoutList>
07    </template>
08
09    <style scoped></style>
```

GoodsPage 里需要有二级导航栏，而且二级导航栏的路由应该指向“服装”“家电”和“零食”三个子类，所以 GoodsPage 的代码应该如下。

```
01    <script setup lang="ts">
02    const activeClass = 'text-dark fw-bolder';
03    const linkClass = 'text-decoration-none pb-2 pt-2 border-bottom text-secondary';
04
05    // 路由对象接口
06    interface SideBarMenu {
07      to: string;
08      name: string;
09    }
10
11    // 二级导航页路由配置信息
12    const sidebarList: SideBarMenu[] = [
13      {
14        to: '/goods/snack',
15        name: '零食',
16      },
17      {
18        to: '/goods/electric',
19        name: '家电',
20      },
21      {
22        to: '/goods/clothing',
23        name: '服装',
24      },
25    ];
26    </script>
27
28    <template>
29      <div id="sidebar" class="row h-100">
30        <! --二级导航栏 -->
31        <div class="col-3 d-flex flex-column text-center fs-3 bg-light">
32          <router-link
33            v-for="link insidebarList"
34            :key="link.name"
35            :to="link.to"
36            :class="linkClass"
37            :active-class="activeClass"
38            >{{ link.name }}</router-link
39          >
40        </div>
```

```
41          <div class="col-9">
42            <! --商品列表 -->
43            <router-view></router-view>
44          </div>
45        </div>
46      </template>
47
48      <style scoped></style>
```

接下来就要创建项目的路由管理了。按照之前所讲述的步骤，首先在 src 目录下创建 router 目录，并在其中创建 index.ts 文件，从而在这个文件中创建路由实例。

```
01    // 引入 Vue Router 和资源
02    import {
03      createRouter,
04      RouteRecordRaw,
05      createWebHashHistory,
06      RouteLocationNormalized,
07    } from 'vue-router';
08
09    import CheckoutPage from '../pages/CheckoutPage.vue';
10    import GoodsPage from '../pages/GoodsPage.vue';
11
12    //// 创建路由关系映射表
13    const routes:RouteRecordRaw[] = [
14      // 商品列表页面
15      {
16        path: '/goods',
17        component:GoodsPage,
18        alias: '/',
19      },
20      // 购物车结算页面
21      {
22        path: '/checkout',
23        component:CheckoutPage
24      },
25    ];
26
27    // 创建 Hash 模式路由对象
28    const router =createRouter({
29      history: createWebHashHistory(),
30      routes,
31    });
32
33    // 导出路由对象
34    export default router;
```

这里可以看到定义商品列表页面的路由匹配模式为/goods，购物车结算页面的路由匹配模式为/checkout。但是商品页面还应该有二级路由，所以将 routes 对象扩展成下面这样的形式。

```
01    import GoodsList from '../components/GoodsList.vue';
02
03    //// 创建路由关系映射表
04    const routes:RouteRecordRaw[] = [
05      // 商品列表页面
06      {
07        path: '/goods',
08        component:GoodsPage,
09        alias: '/',
10        redirect: '/goods/snack',
11        children: [
12          // 零食商品子页面
13          { path: 'snack', component:GoodsList },
14          // 电器商品子页面
15          { path: 'electric', component:GoodsList },
16          // 衣服商品子页面
17          { path: 'clothing', component:GoodsList },
18        ],
19      },
20      // 购物车结算页面
21      {
22        path: '/checkout',
23        component:CheckoutPage,
24      },
25    ];
```

这样路由的配置就完成了，可以看到这里在/goods路径下添加了三个嵌套子路由，分别代表商品页面中的分类。同时还为/goods增添了别名“/”和重定向/goods/snack。既然路由都写好了，接下来就要修改App.vue文件了，需要在App.vue组件内实现置顶的导航栏，同时导航栏内要添加路由链接来实现商品列表页面和购物车页面之间的切换，代码如下。

```
01    <script setup lang="ts">
02    import 'bootstrap/dist/css/bootstrap.min.css';
03    import 'bootstrap';
04
05    const activeClass =
06      'text-danger fw-bolder border-bottom border-danger border-5';
07    const linkClass =
08      'text-decoration-none d-flex w-100 justify-content-around pt-2 pb-2';
09    </script>
10
11    <template>
12      <div class="bg-light sticky-top">
13        <div class="d-flex flex-row fs-4">
14          <router-link to="/goods" :class="linkClass" :active-class="activeClass"
15            ><div class="">商品列表</div></router-link
16          >
17
18          <router-link to="/checkout" :class="linkClass" :active-class="activeClass"
19            ><div class="">购物车</div></router-link
```

```
20          >
21        </div>
22      </div>
23      <router-view></router-view>
24    </template>
25
26    <style></style>
```

如果想要实现每次切换页面时HTML页面的标题也改变，则需要通过路由的meta信息来实现。在TypeScript项目中，需要在/src/route目录下创建routes.ts文件，在这个文件内声明router的meta中属性类型，这个项目中仅仅需要添加一个title属性，代码如下。

```
01    import 'vue-router';
02
03    declare module 'vue-router' {
04      interface RouteMeta {
05        // 页面标题
06        title: string;
07      }
08    }
```

接着需要回到/src/route/index.ts文件中，在路由关系映射表中的路由内添加meta对象，GoodsPage的标题为“商品列表”，CheckoutPage的标题为“结算页面”，具体代码如下。

```
01    //// 创建路由关系映射表
02    const routes:RouteRecordRaw[] = [
03      // 商品列表页面
04      {
05        path: '/goods',
06        component:GoodsPage,
07        alias: '/',
08        redirect: '/goods/snack',
09        children: [
10          // 零食商品子页面
11          { path: 'snack', component:GoodsList },
12          // 电器商品子页面
13          { path: 'electric', component:GoodsList },
14          // 衣服商品子页面
15          { path: 'clothing', component:GoodsList },
16        ],
17        // 页面标题
18        meta: {
19          title: '商品列表',
20        },
21      },
22      // 购物车结算页面
23      {
24        path: '/checkout',
25        component:CheckoutPage,
26        // 页面标题
```

```
27        meta: {
28          title: '结算页面',
29        },
30      },
31    ];
```

只添加了meta信息还是不够的，需要使用route.afterEach()路由全局守卫来修改页面标题。同样在该文件内创建的route对象之后，添加以下路由守卫代码。

```
01    // 路由守卫,页面跳转之后刷新页面标题
02    router.afterEach(
03      (to: RouteLocationNormalized, from: RouteLocationNormalized) => {
04        document.title = to.meta.title;
05      }
06    );
```

这样每次切换导航栏的页面时，HTML的页面标题也会随之改变。至此，项目基本完成，但是还需要修改一下GoodsList.vue组件。因为每一次商品页面内单击二级导航栏的选项，都会加载GoodsList组件。数据的加载不再像之前放到App.vue组件中进行处理，而是需要在GoodsList.vue组件内通过判断当前的路由地址来加载不同数据。而加载的逻辑需要放到组件内的onMounted()生命周期钩子函数和onBeforeUpdate()声明周期钩子函数中。具体的代码修改如下。

```
01    <script setup lang="ts">
02    import {onBeforeUpdate, onMounted, ref } from 'vue';
03    import {useRoute } from 'vue-router';
04    import Goods from '../types/Goods';
05    import GoodsItem from './GoodsItem.vue';
06    import useStore from '../store/modules/CheckoutList';
07    import getData from '../utils/helper';
08
09    // 引入 CheckoutListStore 实例
10    const checkoutListStore = useStore();
11
12    // 引入当前路由对象(第 11 章新加代码)
13    const route =useRoute();
14
15    // 声明商品列表对象
16    const goodsList = ref<Goods[]>();
17
18    // 添加商品到购物车按钮的方法
19    const handleAdd = (name: string, price: number, image: string) => {
20      checkoutListStore.addGoods(name, price, image);
21    };
22
23    // 第一次进入页面需要加载商品(第 11 章新加代码)
24    onMounted(() => {
25      goodsList.value = getData(route.fullPath);
26    });
27
```

```
28    // 商品子页面跳转时需要更新商品数据(第 11 章新加代码)
29    onBeforeUpdate(() => {
30      goodsList.value = getData(route.fullPath);
31    });
32    </script>
33
34    <template>
35      <GoodsItem
36        v-for="goods ingoodsList"
37        :key="goods.name"
38        :data="goods"
39        @add-to-cart="handleAdd"
40      ></GoodsItem>
41    </template>
42
43    <style scoped></style>
```

这里简单说一下获取数据的 getData( )方法。如果是在实际项目中，这里的 getData( )应该根据页面具体的需求，调用 Axios 实例向后端服务器发送 HTTP 请求来获取页面数据。这里由于购物车项目属于本地项目，数据都在/src/data 目录内，所以在/src/utils 目录下创建了 helper.ts 文件。在该文件内编写了一个简单的帮助函数，能够通过传入的 URL 路径，返回对应的数据，代码如下。

```
01    import Goods from'../types/Goods';
02    import snackList from'../data/snack';
03    import electricList from'../data/electric';
04    import clothList from'../data/clothing';
05
06    /* *
07    * 帮助函数,帮助商品列表子页面获取数据
08    *  @param url 页面路径
09    *  @returns 商品数据列表
10    * /
11    export default function getData(url: string): Goods[] {
12      if (url.indexOf('snack') ! == -1) {
13        return snackList;
14      }
15      if (url.indexOf('electric') ! == -1) {
16        return electricList;
17      }
18      if (url.indexOf('clothing') ! == -1) {
19        return clothList;
20      }
21      return [];
22    }
```

至此，升级版的购物车应用就完成了。启动项目，在浏览器内访问 http://localhost:3000/#/或者 http://localhost:3000/#/goods/snack 均会来到商品列表页面，效果如图 11.5 所示。

在商品列表页面内，通过单击左侧的商品分类标签，右侧的商品列表数据也会发生变化，同时顶部的 URL 路径也会发生变化，效果如图 11.6 所示。

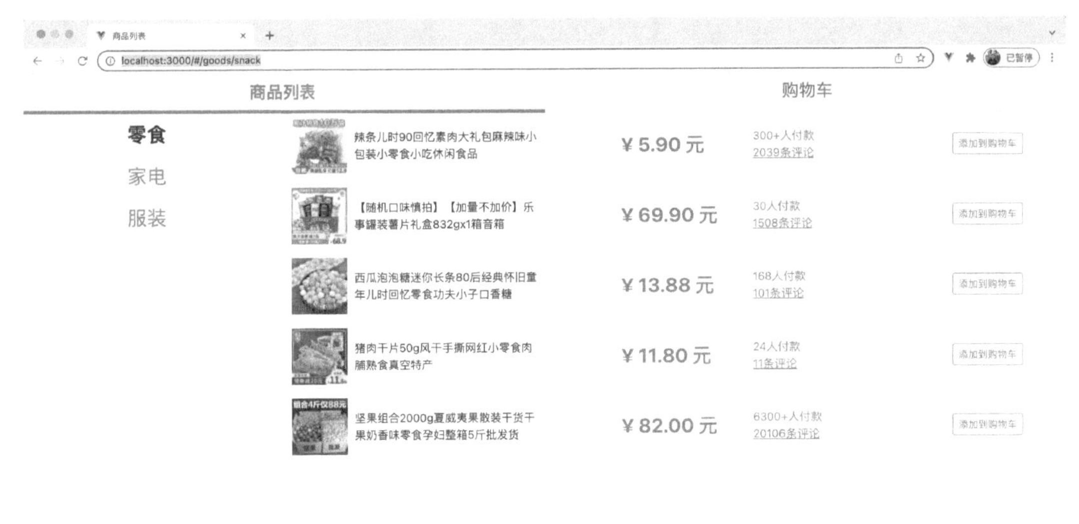

● 图 11.5 商品列表页

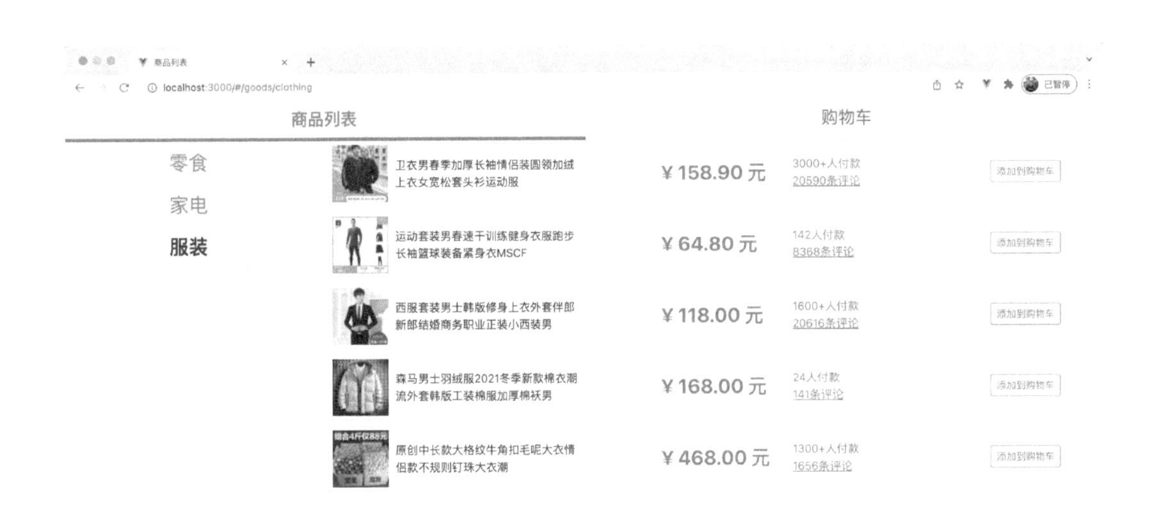

● 图 11.6 服装类商品页面

由于项目使用 Pinia 来组件之间的数据，所以任何商品都可以通过单击右侧的“添加到购物车”按钮添加到购物车内。当随便单击几个商品之后，可以来到购物车页面，看到购物商品详情，同时还能单击相应按钮来修改商品数量。在页面最下方有购物车总价显示。整体效果如图 11.7 所示。

这样购物车应用就完成了。因为项目内既有 Pinia 管理组件状态，又有 Vue Router 管理路由，所以整个项目比较复杂。如果项目再集成 Axios 用来处理网络请求，那么购物车项目就能成为一个标准的在线网络商城项目。购物车应用的 CSS 代码这里没有展示，在书籍配套的代码中有详细的源码，感兴趣的读者可以自行阅读学习。

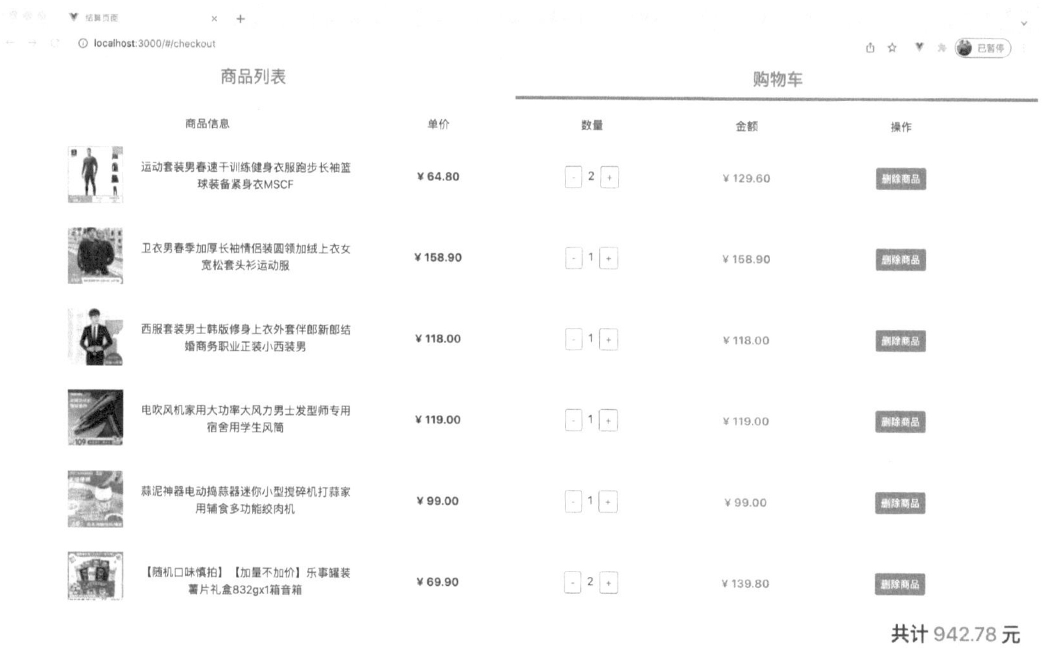

localhost:3000/#/checkout

商品列表 购物车

商品信息	单价	数量	金额	操作
运动套装男春速干训练健身衣服跑步长袖篮球装备紧身衣MSCF	¥64.80	2	¥129.60	删除商品
卫衣男春季加厚长袖情侣装圆领加绒上衣女宽松套头衫运动服	¥158.90	1	¥158.90	删除商品
西服套装男士韩版修身上衣外套伴郎新郎结婚商务职业正装小西装男	¥118.00	1	¥118.00	删除商品
电吹风机家用大功率大风力男士发型师专用宿舍用学生风筒	¥119.00	1	¥119.00	删除商品
蒜泥神器电动捣蒜器迷你小型搅碎机打蒜家用辅食多功能绞肉机	¥99.00	1	¥99.00	删除商品
【随机口味慎拍】【加量不加价】乐事罐装薯片礼盒832gx1箱音箱	¥69.90	2	¥139.80	删除商品

共计 942.78 元

图 11.7 购物车结算页面

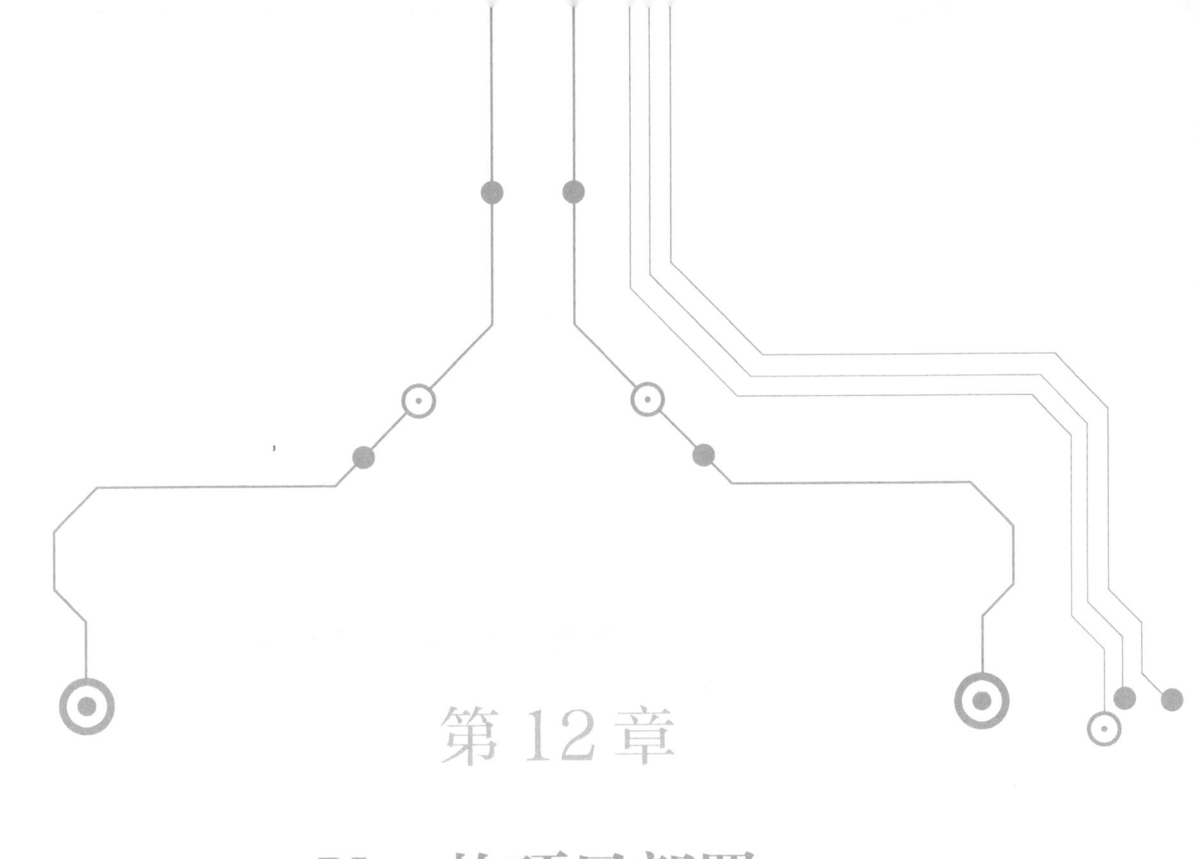

第 12 章

Vue的项目部署

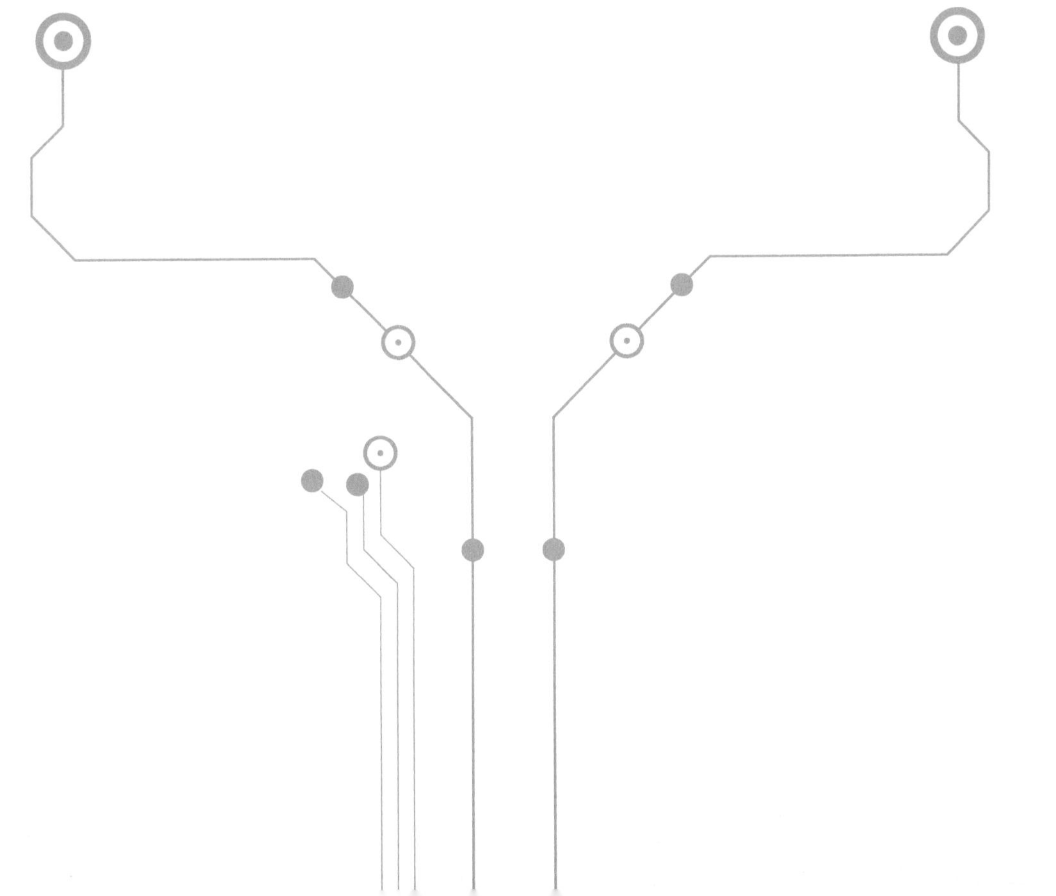

前面的章节已经为大家介绍了Vue.js中各种知识点，以及在本地运行的各类Vue项目。这一章将为大家介绍Vue.js的主要构建工具Vite和如何使用Vite来打包Vue项目，以及如何在服务器中使用Nginx。并且在最后一节将会带领大家实战如何将一个Vue项目部署到生产环境。

12.1 Vite的介绍和使用

Vite是由Vue.js的作者尤雨溪开发的Web开发构建工具，它与Vue 3一起推出，并且是Vue 3项目主推的构建工具。Vite采用了全新的unbundle思想来提升整体的前端开发体验。比起传统的webpack构建，在性能速度上都有了质的提高。通过原生ES模块导入方式，可以实现闪电般的冷服务器启动，即模块热更新（HMR）功能。目前已经悄悄地在前端社区中流行起来了。Vite不仅支持Vue工程初始化构建，同时还支持vanilla、react、preact、lit和svelet项目的初始化构建。Vite使用预置的Rollup打包代码，可输出用于生产环境的高度优化过的静态资源，实现真正的按需加载资源。正是因为这些特点给开发者带来非常好的开发体验，所以越来越多的人开始使用Vite来构建和编译项目。

这里需要注意一点：Vite是随着Vue 3一起推出的，所以目前仅支持Vue 3.x的项目，这就意味着与Vue 3.x不兼容的库，也不能与Vite一起使用。笔者在编写书籍的时候Vite最新版本是2.x。而目前最新的Vite版本是3.x。Vite仅在内部结构和启动端口进行了升级，关于配置使用则没有发生变化，所以本书所有内容均适用于Vite 3.x版本。

Vite做到了开箱即用，本书的Vue项目都使用Vite创建。Vite需求最低Node.js版本为12.0.0，所以开发者需要在本机内安装正确的Node.js版本才能使用Vite。

如果使用npm，可以通过以下命令使用Vite初始化项目。

```
npm init vite@latest <project_name>
#等价于下面的命令
npm create vite@latest <project_name>
```

如果使用yarn管理工具，可以通过以下命令初始化项目。

```
yarn create vite <project_name>
```

如果使用pnpm管理工具，可以通过以下命令初始化项目。

```
pnpm create vite <project_name>
```

这里的<project_name>表示项目名称。输入完命令之后，按照提示操作即可。以Vue项目为例，当创建项目完成之后，可以通过以下命令进入到项目目录，安装项目依赖，并按照开发者浏览模式启动项目。

```
#进入项目目录
cd <project_name>
#安装项目依赖
npm install
#开发者模式启动项目
npm run dev
```

当项目启动成功之后，可以在终端内看到成功提示信息，如图12.1所示。

Vite启动项目之后，可以在浏览器中通过访问http：//localhost：3000/地址来查看项目，并且整个编译过程总共花费了约101毫秒。随着项目体积的增大，使用Vite编译项目所花费的时间会相比于使用其他编译工具短很多。

```
vite v2.9.8 dev server running at:

> Local: http://localhost:3000/
> Network: use `--host` to expose

ready in 171ms.
```

● 图12.1 开发者模式启动项目成功信息

当然，通过Vite创建的Vue项目还提供线上编译预览功能。线上预览功能即模拟浏览项目上线之后的状况。首先可以通过执行下面的命令来编译项目。

```
#编译项目
npm run build
```

编译项目的目的，是为了将前端项目所有的源文件代码转化成HTML文件、CSS文件、JS文件和图片资源文件。在实际的生产环境环境中，浏览器向服务器请求资源，服务器返回给浏览器的数据就是以上四种格式的文件，而非大家开发项目时所看到各种ts文件和vue文件。并且，编译后的代码文件体积会比项目体积小很多，代码体积的减少也会提高服务器传输效率。编译成功之后，终端会显示详细的编译结果信息，如图12.2所示。

```
gao@gaoliangdeMacBook-Pro dele % npm run build

> dele@0.0.0 build
> vue-tsc --noEmit && vite build

vite v2.9.8 building for production...
✓ 14 modules transformed.
    assets/logo.03d6d6da.png      6.69 KiB
    index.html                    0.42 KiB
    assets/index.f0ced7b7.css     0.34 KiB / gzip: 0.24 KiB
    assets/index.2435d274.js      52.41 KiB / gzip: 21.15 KiB
gao@gaoliangdeMacBook-Pro dele %
```

● 图12.2 编译项目成功提示信息

可以看到这里罗列了好多文件，它们都在dist目录下。如果此时打开VS Code IDE就可以看到在原来项目的目录下多出来一个dist目录，这个目录一般用于存放项目打包文件。在生产环节中，最终部署到服务器上的资源就是dist目录下的所有资源内容。从上面的信息中还能看到，Vite将打包好的各个文件容量都罗列出来，还有文件gzip压缩之后的容量。gzip压缩了文件，当浏览器向服务器请求资源，获得一个gzip文件之后，浏览器需要在本地解压，然后渲染展示。gzip的作用就是减少了服务器向浏览器传输数据的容量，提高传输效率。

使用Vite编译完项目之后，使用Vite的线上预览模式，可以通过以下命令进行启动。

```
#启动线上预览模式
npm run preview
```

线上预览模式即浏览当前项目部署到生产环境之后的样子。这样做的好处是能够及时发现问题，因为有些库可能在开发环境中使用没有问题，但是在线上环境就会出现问题。开发人员可以通过Vite提供的线上预览模式及时发现并解决问题，防止等项目上线之后出现重大事故。模拟上线当上面命令成功之后，可以看到终端内会有成功提示信息，如图 12.3 所示。

可以看到这里的地址和之前开发模式地址不一样，可能不同的人和项目，线上预览的端口也不一样。这里为例，用户可以通过在浏览器内访问 http：//localhost：4173/地址来访问项目中 dist 文件内的内容，即项目上线之后的资源文件。

```
gao@gaoliangdeMacBook-Pro example % npm run preview

> example@0.0.0 preview
> vite preview

  > Local: http://localhost:4173/
  > Network: use `--host` to expose
```

图 12.3　线上预览模式成功提示信息

在 Vite 创建的项目中，根目录下会有一个 vite. config. ts 文件，这个就是 Vite 打包项目的配置文件。开发人员可以通过配置不同的参数，载入不同的插件，来实现不同的打包功能，接下来的几节就会为大家一一介绍。

12.2 Vite 常见配置

使用 Vite 打包编译项目，可以通过配置项目中 vite. config. ts 文件内的参数，在打包项目的时候实现混淆代码、去掉 console. log( )、生成源码 Source Map 等功能。接下来就为大家讲解如何配置打包 Vue 项目的 Vite 参数。

12.2.1 共享参数配置介绍

使用 Vite 创建 Vue 项目，vite. config. ts 文件初始值如下。

```
01    import {defineConfig } from 'vite'
02    import vue from '@vitejs/plugin-vue'
03
04    // https:// vitejs.dev/config/
05    export default defineConfig({
06      plugins: [vue()]
07    })
```

在这里 defineConfig( )方法接收一个对象作为参数，开发者通过配置参数对象的具体属性就能达到配置 Vite 的效果。在默认代码中只有 plugins 一个参数，代表插件，它的值为 vue( )，表明当前 Vite 打包是使用 Vue 插件解析代码。参数对象不仅能配置 plugins，还有以下共享选项可供使用。

root：类型为 string，可以配置项目根目录，即 index. html 文件所在的位置。可以是一个绝对路径，或者一个相对于该配置文件本身的相对路径，默认值为 process. cwd( )。

base：类型为 string，用于配置项目的公共基础路径。可以是绝对 URL 路径名，例如/peekpa；或者是完整的 URL，例如 https：// peekpa. com/；或者是空字符串；或者是仅在环境中使用的 ./。

mode：类型为 string，用于指明当前配置的模式，也可以通过命令行—mode 选项来重写。例如 mode 的值设置成 staging，代表预上线模式，在编译的时候，Vite 会自动读取 . env. staging 文件中的参数进行编译。

plugins：类型为（Plugin | Plugin [ ] ）[ ]，用来配置插件。Vite 可以通过配置不同的插件，来达到不同的编译效果，例如压缩代码等。

publicDir：类型为string或者false，用来配置静态资源服务的文件夹。该目录中的文件在开发期间在/处提供，并在构建期间复制到outDir的根目录，并且始终按原样提供或复制而不用进行转换。但是该值可以是文件系统的绝对路径，也可以是相对于项目的根目录的相对路径。如果将值设定为false，则表示关闭此项功能。

cacheDir：类型为string，用于配置存储缓存文件的目录。

logLevel：类型为info | warn | error | silent，负责调整控制台输出的级别，默认为info。

这些变量的综合使用案例如下。

```
01    import {defineConfig } from 'vite'
02    import vue from '@vitejs/plugin-vue'
03
04    // https:// vitejs.dev/config/
05    export default defineConfig({
06      // 因为 index.html 文件移动到了/src 目录下,
07      // 所以这里 root 值应该改为 ./src
08      root: './src',
09
10      // 项目的公共基础路径为 /peekpa/,
11      // 例如开发首页地址就变为 http://localhost:3000/peekpa/
12      base: '/peekpa/',
13
14      // 编译的时候 Vite 会加载 .env.production 内的环境变量
15      mode: 'production',
16
17      // 控制台输出的日志等级为 info,全部内容会输出
18      logLevel: 'info',
19      plugins: [vue()]
20    })
```

12.2.2 开发服务器参数配置介绍

下面介绍的这些参数选项均为配置开发服务器的选项，在使用npm run dev时生效，所有的变量均在server对象内，这些代表参数如下。

server. host：类型string | boolean，用于配置开发服务器应该监听哪个IP地址。如果将此设置为0. 0. 0. 0或者true将监听所有地址，包括局域网和公网地址。默认值是127. 0. 0. 1。例如当值为0. 0. 0. 0时启动项目开发模式，终端成功提示如图12. 4所示。

```
vite v2.9.8 dev server running at:

> Local:    http://localhost:3000/
> Network:  http://192.168.0.100:3000/
> Network:  http://172.27.232.113:3000/

ready in 102ms.
```

● 图12. 4 设置了server. host之后项目启动成功提示信息

在这里可以看到出现了两个链接地址，第一个代表本机本地访问项目地址，第二个代表同一个局域网内访问项目的地址。同一个局域网内的其他设备可以访问此地址来访问项目，这样多客户端代码调试会很方便。

server. port：类型number，用来指定开发服务器端口。默认是3000端口。如果端口已经被使用，Vite会自动尝试使用下一个可用的端口，所以这可能不是开发服务器最终监听的实际端口。

server. open：类型 boolean | string，配置在开发服务器启动时自动在浏览器中打开应用程序。

server. proxy：类型为 Record<string，string | ProxyOptions>，为开发服务器配置自定义代理规则。期望接收一个 { key：options } 对象。如果 key 值以^开头，会被解析成正则表达式。

server. cors：类型 boolean | CorsOptions，作用是为开发服务器配置 CORS。默认启用并允许任何源，如果设置值为 false，则会禁止。

这些配置综合案例代码如下，其中 serve. proxy 的几种配置形式全部罗列出来了。

```
01    import {defineConfig } from 'vite'
02    import vue from '@vitejs/plugin-vue'
03
04    // https:// vitejs.dev/config/
05    export default defineConfig({
06    plugins: [vue()],
07      server: {
08        // 开启监听所有地址模式
09        host: '0.0.0.0',
10
11        // 项目端口,本机访问地址为: http://localhost:3333/
12        port: 3333,
13
14        // 项目启动,会自动打开默认浏览器并访问 http://localhost:3333/ 页面
15        open: 'http://localhost:3333/',
16
17        // 服务器代理,将需要被映射的 URL 映射到配置的地址中
18        proxy: {
19          // 字符串简写写法
20          // 将 http://localhost:3333/foo 代理到 http://localhost:4567
21          '/foo': 'http://localhost:4567',
22
23          // 选项写法
24          // 将 http://localhost:3333/api 代理到 http://jsonplaceholder.typicode.com
25          '/api': {
26            target: 'http://jsonplaceholder.typicode.com',
27            changeOrigin: true,
28            rewrite: (path) => path.replace(/^\/api/, '')
29          },
30
31          // 正则表达式写法
32          // 将所有 http://localhost:3333/fallback/ 代理到 http://jsonplaceholder.typicode.com
33          '^/fallback/.*': {
34            target: 'http://jsonplaceholder.typicode.com',
35            changeOrigin: true,
36            rewrite: (path) => path.replace(/^\/fallback/, '')
37          },
38          // 使用 proxy 实例
39          // 将所有 http://localhost:3333/api2 代理到 http://jsonplaceholder.typicode.com
40          '/api2': {
41            target: 'http://jsonplaceholder.typicode.com',
42            changeOrigin: true,
```

```
43            configure: (proxy, options) => {
44              // proxy 是 'http-proxy' 的实例
45            }
46          },
47
48          // 代理 websockets or socket.io
49          '/socket.io': {
50            target: 'ws:// localhost:3000',
51            ws: true
52          }
53        },
54
55        // 开启跨域
56        cors: true,
57      }
58    })
```

12.2.3 预览服务器参数配置介绍

Vite还可以配置预览服务器，相关配置全部在preview对象内。配置会在执行npm run preview的时候生效。以下这些选项为预览选项，专门负责配置项目线上预览功能，其中大部分选项的功能和server内的选项功能类似。

preview.host：类型string | boolean，和server.host功能类似，为开发服务器指定IP地址。默认值为server.host，如果设置为0.0.0.0或true会监听所有地址，包括局域网和公共地址。

preview.port：类型number，指定开发服务器端口。默认值4173，如果设置的端口已被使用，Vite将自动尝试下一个可用端口，所以这可能不是最终监听的服务器端口。

preview.open：类型boolean | string，开发服务器启动时，自动在浏览器中打开应用程序。默认值为server.open。

preview.proxy：类型Record<string，string | ProxyOptions>，为开发服务器配置自定义代理规则。规则和server.proxy一样。默认值是server.proxy。

preview.cors：类型boolean | CorsOptions，为开发服务器配置CORS。此功能默认启用，支持任何来源。默认值为server.cors。

12.2.4 构建选项配置介绍

Vite还支持构建时候的配置，这些配置都在build对象内，会在执行npm run build的时候生效。主要关键的选项如下。

build.outDir：类型string，用于配置编译输出路径。默认值是dist。值得注意的一点是这里的路径是在root基础之上计算的。例如root配置了./src，那么此处outDir的路径则为./src/dist/。

build.assetsDir：类型string，用于配置生成静态资源的存放路径。默认值是assets。

build.sourcemap：类型boolean | inline | hidden，用于配置构建后是否生成source map文件。如果为true，将会创建一个独立的source map文件。如果为inline，source map将作为一个data URI附加

在输出文件中。hidden 的工作原理与 true 相似，只是 bundle 文件中相应的注释将不被保留。默认值为 false。

build.emptyOutDir：类型 boolean，用于配置在构建时清空该目录。

build.minify：类型 boolean | terser | esbuild，用于配置构建时是否使用混淆。默认为 Esbuild，它比 terser 快 20~40 倍，压缩率只差 1%~2%。

build.terserOptions：类型 TerserOptions，如果 minify 使用的是 terser，则可以使用此属性配置更多 Terser 的选项。

build.rollupOptions：类型 RollupOptions，用于自定义底层的 Rollup 打包配置。这与从 Rollup 配置文件导出的选项相同，并将与 Vite 的内部 Rollup 选项合并。

构建配置的综合案例代码如下。

```
01    import {defineConfig } from 'vite'
02    import vue from '@vitejs/plugin-vue'
03
04    // https:// vitejs.dev/config/
05    export defaultdefineConfig({
06      // 因为 index.html 文件移动到了/src 目录下，
07      // 所以这里 root 值应该改为 ./src
08      root:'./src',
09
10      plugins: [vue()],
11
12      build: {
13        // 编译输出目录
14        // 因为 root 的值为'./src',
15        // 所以编译输出目录为'./src/dist-out/'
16        outDir:'./dist-out',
17
18        // 静态资源的存放目录
19        // 因为 root 的值为'./src',并且 outDir 的值为'./dist-out'
20        // 所以静态资源编译输出目录为'./src/dist-out/assets-out/'
21        assetsDir: 'assets-out',
22
23        // 是否编译 source map
24        sourcemap: true,
25
26        // 每次构建都清空文件夹
27        emptyOutDir: true,
28
29        // 代码混淆
30        minify: 'esbuild',
31      }
32    })
```

因为这里修改了输出路径，同时还要编译 source map，所以在执行完 npm run build 指令之后，终端的成功提示信息如图 12.5 所示。

只要掌握了上面所罗列的这些配置变量，基本就能完全掌握 Vite 的开发模式配置，线上预览模式

```
gao@gaoliangdeMacBook-Pro example % npm run build

> example@0.0.0 build
> vue-tsc --noEmit && vite build

vite v2.9.8 building for production...
✓ 14 modules transformed.
        assets-out/logo.03d6d6da.png     6.69 KiB
        index.html                       0.43 KiB
        assets-out/index.f0ced7b7.css    0.34 KiB / gzip: 0.24 KiB
        assets-out/index.d2d88798.js     52.41 KiB / gzip: 21.15 KiB
```

● 图 12.5　npm run build 成功提示信息

配置和编译构建配置的基本需求。当然配置的可选参数还有很多，感兴趣的读者可以去 https://cn. vitejs. dev/config/官网自行查阅。

12.3 Vite 编译技巧

上一节主要介绍了 Vite 配置的参数，这一节主要讲解一些 Vite 配置的使用技巧。这些技巧包括自动去除日志打印代码、修改编译文件格式等。

12.3.1 构建自动去除日志打印

开发人员在开发前端项目的时，一般会添加一些 console. log( ) 日志信息或者 debugger 代码用于开发调试，但是这些日志信息如果出现在线上环境会降低用户体验，每次在编译代码的时候都手动删除这些代码，会非常麻烦。开发者可是通过简单地配置 vite. config. js 文件中的 Vite 编译参数，达到在编译生产环境代码时自动去除项目中日志打印代码和 debugger 代码的功能。

根据 build. minify 的值不同，配置也有所区别。如果使用 build. minify 的默认值，即项目是使用 esbuild 混淆代码，那么具体的配置如下。

```
01    import {defineConfig } from 'vite'
02    import vue from '@vitejs/plugin-vue'
03
04    // https:// vitejs.dev/config/
05    export defaultdefineConfig({
06      plugins: [vue()],
07
08      // 使用 Build.minify 的默认值 esbuild 混淆代码
09      // 生产环境时移除 console 和 debugger 配置如下
10      esbuild: {
11        drop: ['console', 'debugger'],
12        minify: true,
13      }
14    })
```

在最新的 Vite 3. x 版本中，esbuild. minify 的属性已被抛弃，不再使用。

如果 build. monify 的值是 terser，意味着项目使用 Terser 来混淆代码，这种情况下的配置如下。

```
01    import {defineConfig } from 'vite'
02    import vue from '@vitejs/plugin-vue'
03
04    // https:// vitejs.dev/config/
05    export defaultdefineConfig({
06      plugins: [vue()],
07
08      build: {
09        // 使用 Terser 混淆代码
10        minify: 'terser',
11        terserOptions: {
12            compress: {
13                // 生产环境时移除 console 和 debugger 配置如下
14                drop_console: true,
15                drop_debugger: true,
16            },
17        },
18      },
19    })
```

12.3.2 构建特定格式文件名

在项目打包的过程中，Vite 默认打包输出路径是将所有的资源文件全部放到/dist/assets/目录下，如图 12.6 所示。

```
dist
├── assets
│   ├── index.2435d274.js
│   ├── index.f0ced7b7.css
│   └── logo.03d6d6da.png
├── favicon.ico
└── index.html

1 directory, 5 files
```

图 12.6 Vite 默认打包文件输出结构

如果项目体积过大，例如打包之后有很多的 js 文件、css 文件和图片文件，如果全部放到一个文件夹内会显得非常臃肿和不便于管理。解决这种问题，开发者可以通过配置 Vite 的 build. rollupOptions. output 参数即可，这样不但能解决相同资源文件放到同一个目录的问题，同时还能解决文件名输出问题，具体 vite. config. js 配置修改如下。

```
01    import {defineConfig } from 'vite'
02    import vue from '@vitejs/plugin-vue'
03
04    // https:// vitejs.dev/config/
05    export defaultdefineConfig({
06      plugins: [vue()],
07
08      build: {
09        // 将 js 文件输出到 /dist/static/js 目录下
10        // 将 css 文件输出到 /dist/static/css 目录下
11        // 将图片资源文件输出到 /dist/static/<图片格式> 目录下
12        // 所有文件按照 [name]-[hash] 格式命名输出
13        rollupOptions: {
14          output: {
15            chunkFileNames: 'static/js/[name]-[hash].js',
16            entryFileNames: 'static/js/[name]-[hash].js',
```

```
17            assetFileNames:'static/[ext]/[name]-[hash].[ext]',
18          },
19        }
20      },
21    })
```

通过这样的配置，当再次运行 npm run build 命令之后，dist 目录下的结构就如图 12.7 所示。

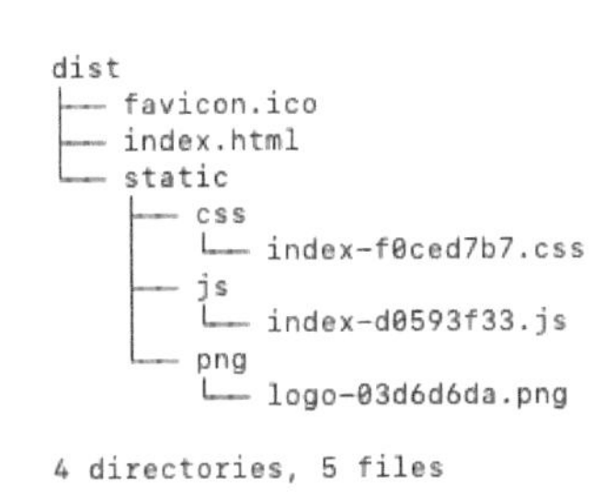

• 图 12.7　修改输出格式之后的打包结构

可以看到所有的文件按照类型归档，这样的文件结构就比默认的结构显得井然有序。

12.4 Nginx 介绍

通过 Vite 可以将 Vue 项目源码打包成生产环境的代码。如果想要在服务器上部署 Vue 项目，还需要利用 Nginx。Nginx 是一个异步框架的网页服务器，其体积小、性能高、非常稳定，还同时是一款开源软件。程序员可以通过简单的配置，就能够实现服务端的反向代理、负载均衡和 HTTP 缓存功能。

当浏览器向服务器发送请求时，请求在服务器内第一个到达的就是 Nginx。Nginx 会根据请求地址和服务器的状态，自动地将请求分配到正确的服务器处理或者程序处理。如果资源已经在 Nginx 内做了缓存，则会直接返回缓存数据。

Nginx 有多个版本，所有的操作系统都可以安装。但是一般而言，服务端使用最多的还是 Linux 系统。而在众多 Linux 版本的系统中，笔者比较推荐 CentOS 系统，因为它相对于 Ubuntu 而言稳定性要好一些，更适合做服务端。

在 CentOS 内安装 Nginx，第一步需要通过以下命令升级和更新 CentOS 内的 yum 包。

```
#更新 yum 包
sudo yum upgrade
```

第二步，通过以下命令安装 epel-release 依赖库。

```
#安装 epel-release 依赖库
sudo yum install epel-release
```

第三步，通过以下命令安装 Nginx 包。

```
#安装 Nginx
sudo yum install nginx
```

这样，Nginx 就在 CentOS 上安装完成了。一般而言，Nginx 的相关配置会在系统的/etc/nginx/目录下。里面最主要的配置分别是 nginx. conf 文件和 conf. d 文件夹。这些内容会在稍后的实战环节为大家讲解。

如果想要查看 Nginx 运行的 log，可以访问系统中的/var/log/nginx/目录下的 access. log 文件和 error. log 文件查看。

开发者可以通过以下命令开启、停止、重启 Nginx 服务以及查看 Nginx 服务运行状态。

```
#开启 Nginx 服务
systemctl start nginx
#关闭 Nginx 服务
systemctl stop nginx
#重启 Nginx 服务
systemctl restart nginx
#查看 Nginx 服务状态
systemctl status nginx
```

当成功启动 Nginx 服务后，如果访问服务器的 IP 地址，就可以看到 Nginx 的欢迎页面，如图 12.8 所示。

图 12.8 Nginx 欢迎页面

接下来会结合实战内容，为大家讲述具体应该如何使用 Nginx 服务。

12.5 实战：将购物车应用部署到生产环境

实操微视频

第 11 章的实战环节已经带领大家完成了一个比较复杂的购物车 Vue 应用。但是应用程序始终是通过 Vite 命令在本地运行的。根据本章的学习，这种模式是开发者模式。接下来这一节内容，将带领大家逐步地将购物车应用部署到生产环境的线上服务器中，最终实现通过访问服务器 IP 就能访问到购物车应用。

如果要把一个 Vue 项目部署到服务器上，大致需要经历以下步骤。

第一步：将Vue项目源码编译成生产环境代码。

vite. 3配置说明

第二步：准备线上服务器。

第三步：安装服务器环境依赖与配置服务器环境，并复制代码到线上服务器。

第四步：启动项目。

接下来就在第11章实战项目的基础上结合本章节所讲述的Vite构建配置，将项目打包。需要做的是修改vite. config. ts文件，将Vite构建配置修改成下面的代码。

```
01    import {defineConfig } from 'vite'
02    import vue from '@vitejs/plugin-vue'
03
04    // https:// vitejs.dev/config/
05    export defaultdefineConfig({
06      plugins: [vue()],
07
08      build: {
09        // 编译 source map
10        sourcemap: true,
11
12        // 每次构建都清空文件夹
13        emptyOutDir: true,
14
15        // 代码混淆
16        minify: 'esbuild',
17
18        // 输出文件配置
19        rollupOptions: {
20          output: {
21            chunkFileNames: 'static/js/[name]-[hash].js',
22            entryFileNames: 'static/js/[name]-[hash].js',
23            assetFileNames: 'static/[ext]/[name]-[hash].[ext]',
24          },
25        }
26      },
27
28      // 使用 Build.minify 的默认值 esbuild 混淆代码
29      // 生产环境时移除 console 和 debugger 配置如下
30      esbuild: {
31        drop: ['console', 'debugger'],
32        minify: true,
33      },
34    })
```

然后在项目目录终端内运行打包命令npm run build，命令成功之后，终端提示信息如图12.9所示。

项目打包好后，即所有的资源均已打包到了项目的dist目录下，此时可以通过Vite的预览模式查看打包后的代码运行效果，通过执行npm run preview命令即可。

接下来执行第二步：准备线上服务器了。线上服务器可以选择各大厂商提供的云服务器，也可以

```
gao@gaoliangdeMacBook-Pro shopping-cart % npm run build

> shopping-cart@0.0.0 build
> vue-tsc --noEmit && vite build

vite v2.9.8 building for production...
  101 modules transformed.
    index.html                       0.43 KiB
    static/css/index-7eb974bd.css    158.21 KiB / gzip: 23.29 KiB
    static/js/index-b2cade86.js      165.15 KiB / gzip: 57.95 KiB
    static/js/index-b2cade86.js.map  1114.83 KiB
```

● 图 12.9　购物车应用打包成功提示信息

是本地机器，当然也可以是本地的虚拟机。因为不是本书重点，所以这里服务器的准备工作就不做过多介绍。

为了模拟真实的工作场景，笔者选择了某一家厂商提供的云服务器作为演示。云服务器所安装的操作系统是 CentOS 7.7 64 位系统。感兴趣的读者可以按照这个标准准备一台云服务器，通过 SSH 远程登录即可。

当云服务器准备好之后，需要 SSH 远程登录到服务器内。然后安装服务器依赖和配置服务器。这里就以 CentOS 7.7 64 位系统为例配置。

依次执行以下命令，安装并启动 Nginx 服务。

```
#升级本地 yum
sudo yum upgrade
#安装 Nginx 依赖 epel-release
sudo yum installepel-release
#安装 Nginx
sudo yum install nginx
#启动 Nginx 服务
systemctl start nginx
```

若是 Ngixn 成功启动，此时可以访问服务器公网 IP 地址，直接看到 Nginx 的默认欢迎页面，如图 12.10 所示。

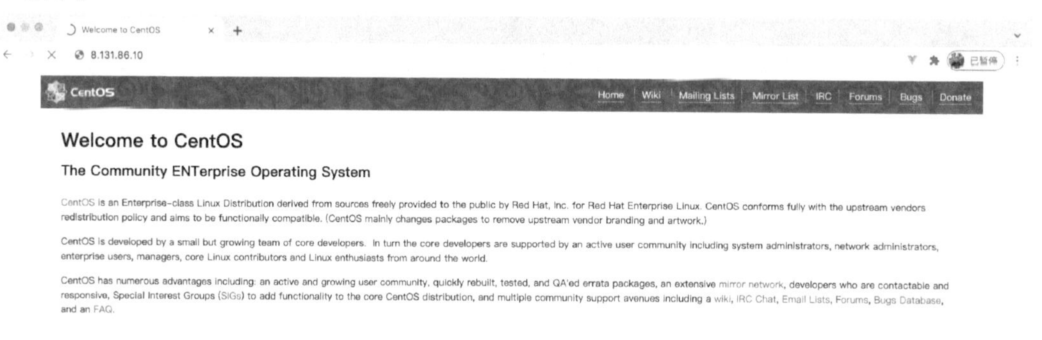

● 图 12.10　服务器 Nginx 启动成功默认欢迎页面

接下来就需要将代码上传到服务器中。上传代码的方式有很多种，可以通过scp命令直接复制，也可以将本地的代码上传到GitHub仓库或者Gitee仓库，然后再在服务器上下载仓库代码。因为代码复制也不是本书重点，而且属于比较基础的知识，这里就不做过多介绍。不过推荐大家使用第二种方法，即上传代码到Github或者Gitee的方式复制代码。

这里需要大家将购物车应用内的dist目录上传到服务器中。而且在服务器中的代码推荐存放在/usr/share/nginx/目录下。如果去查看Nginx的配置文件，路径为/etc/nginx/nginx.conf，就会发现启动Nginx时使用的系统用户名字叫nginx。如果将代码放到其他目录，在访问网页的时候，Nginx的错误日志内可能会出现Permission Deny，造成页面无法访问。这里将项目整个上传到服务器目录中，所以在服务器中项目的dist目录绝对地址就是/usr/shar/nginx/shopping-cart/dist/。

接下来就需要修改Nginx配置，让Nginx将所有的网络请求代理到项目的dist目录中。因为这里情况比较简单，只需要将Nginx配置内所有的80端口请求映射到dist目录中，因为项目的index.html文件就在dist目录下，所以就修改/etc/nginx/nginx.conf配置文件，将server对象下的root值，修改成/usr/share/nginx/shopping-cart/dist即可，代码如下。

```
01  #之前的Nginx配置代码省略
02
03  server {
04      listen      80;
05      listen      [::]:80;
06      server_name  _;
07      #将root修改到dist目录
08      root        /usr/share/nginx/shopping-cart/dist;
09
10      # Load configuration files for the default server block.
11      include /etc/nginx/default.d/* .conf;
12
13      error_page 404 /404.html;
14      location = /404.html {
15      }
16
17      error_page 500 502 503 504 /50x.html;
18      location = /50x.html {
19      }
20  }
21
22  #之后的代码省略
```

至此，服务器已经准备完毕，代码也上传完毕。接下来就是最后一步，重启Nginx服务。通过以下命令重启Nginx服务。

```
#重启Nginx
    systemctl restart nginx
```

此时，再次访问服务器公网IP页面，就可以看到购物车应用的主页了，如图12.11所示。

当前的页面和图片全部能完美加载，并且通过单击添加不同的商品到购物车内，在购物车中能结算当前商品总值，所有功能没有发生变化，和之前本地开发测试的时候一模一样，如图12.12所示。

● 图 12.11　线上购物车主页

结算页面
8.131.86.10/#/checkout

商品列表　　购物车

商品信息	单价	数量	金额	操作
【随机口味慎拍】【加量不加价】乐事罐装薯片礼盒832gx1箱音箱	¥69.90	- 4 +	¥279.60	删除商品
辣条儿时90回忆素肉大礼包麻辣味小包装小零食小吃休闲食品	¥5.90	- 3 +	¥17.70	删除商品
西瓜泡泡糖迷你长条80后经典怀旧童年儿时回忆零食功夫小子口香糖	¥13.88	- 2 +	¥27.76	删除商品
电吹风机家用大功率大风力男士发型师专用宿舍用学生风筒	¥119.00	- 3 +	¥357.00	删除商品
蒜泥神器电动捣蒜器迷你小型搅碎机打蒜家用辅食多功能绞肉机	¥99.00	- 2 +	¥198.00	删除商品
暖风机取暖器家用小型节能小太阳电暖器烤火炉办公室热风神器	¥309.00	- 4 +	¥1236.00	删除商品

共计 3076.36 元

● 图 12.12　线上购物车页面

因为之前在项目的 Vite 配置里添加了 sourceMap:true 的选项，此时如果打开浏览器的开发者工具，在“源码”一栏里是可以看到项目所有源码的，如图 12.13 所示。

这样，根据本章所讲的知识，成功地将之前本地制作的 Vue 项目部署到了线上环境。至此，所有的 Vue 相关知识介绍就全部结束了。接下来的两章将为大家详解一个非常有意义的实战项目，带领大家体验实际项目开发流程和巩固 Vue 知识点。

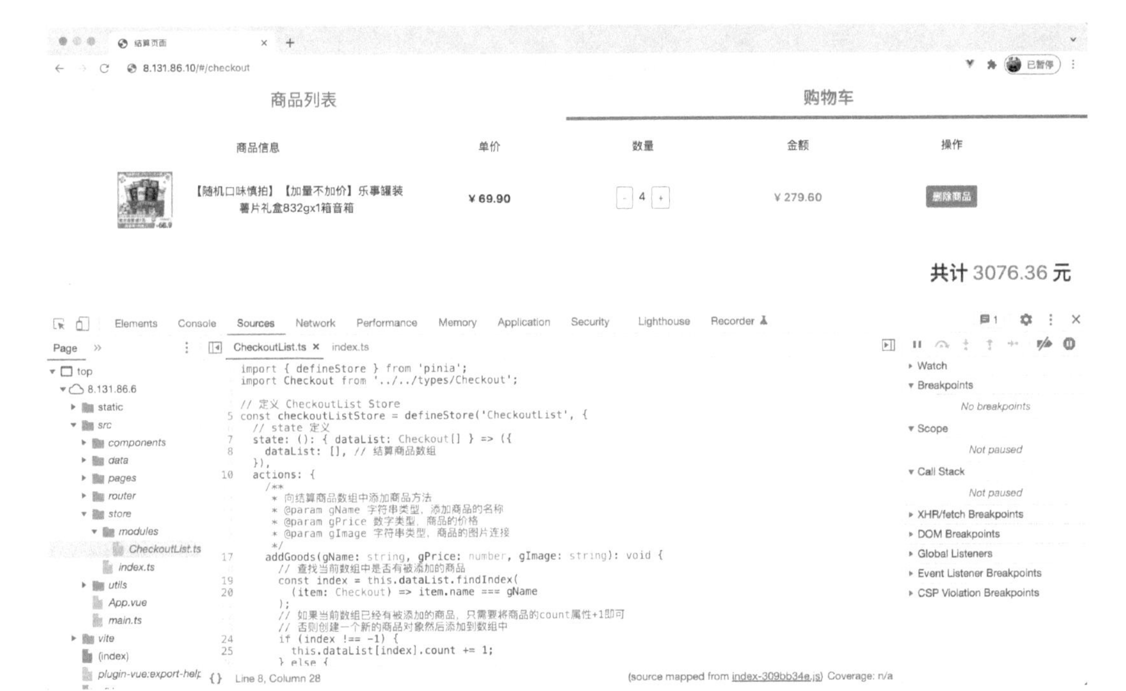

● 图 12.13　网站 Source Map 生效

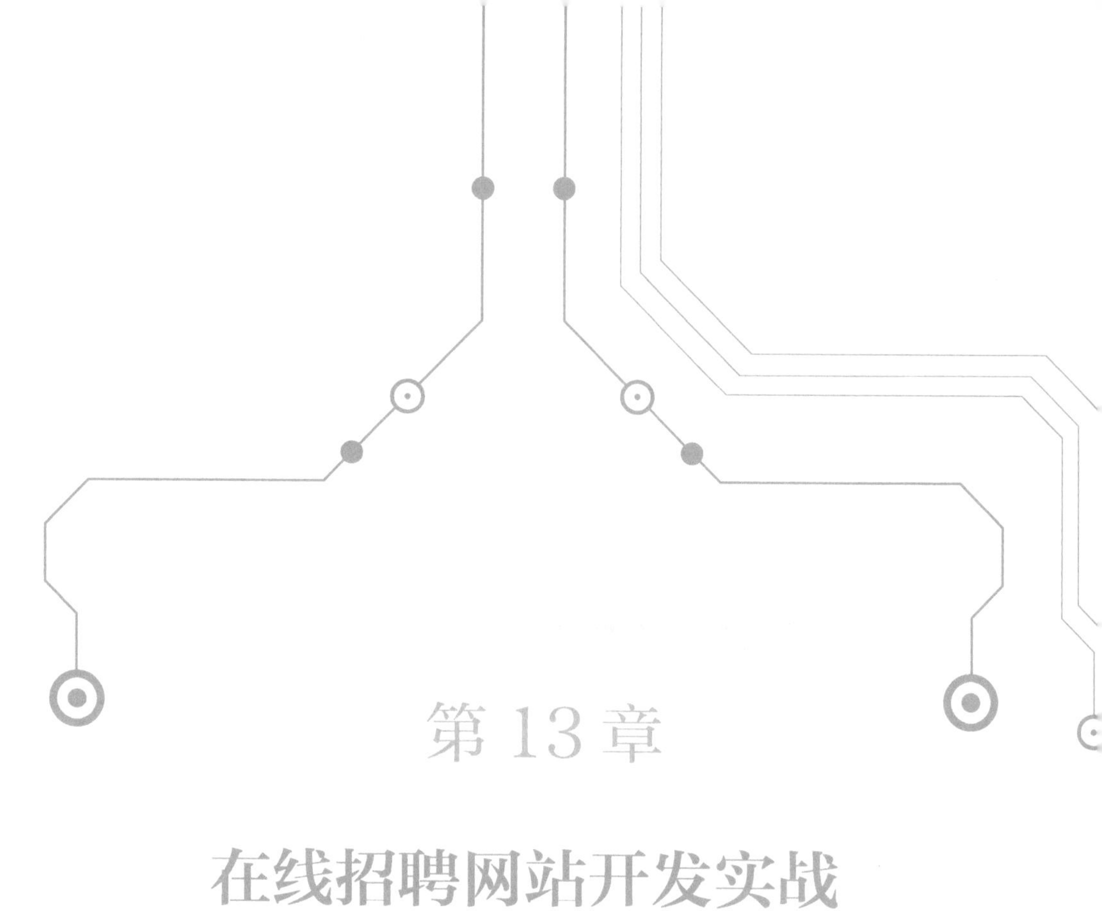

第13章

在线招聘网站开发实战

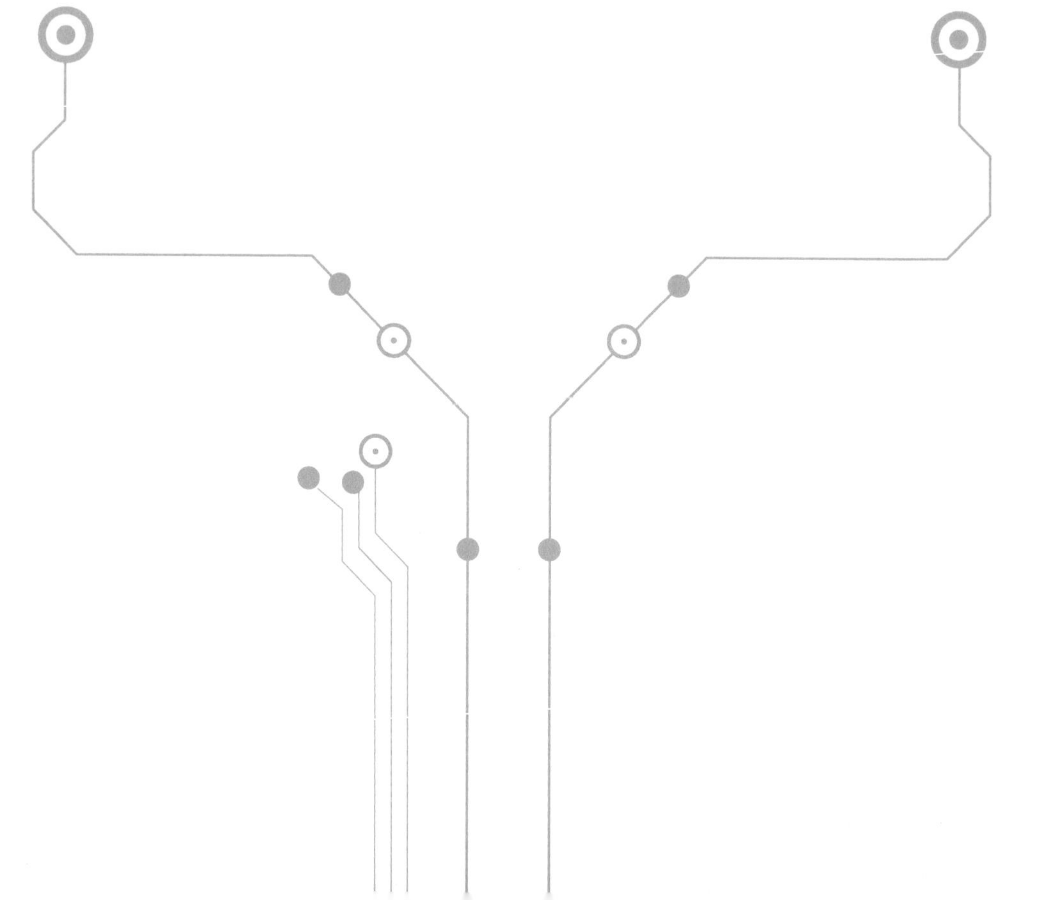

在前面的章节已经为大家详细地介绍了 Vue 3. x 的知识点，本章将带领大家从零开始，实际开发一个在线招聘网站的项目。

13.1 项目需求分析

在线招聘网站是一个前后端分离的项目。前端部分主要负责请求数据、展示数据以及一些简单的业务逻辑操作。后端部分则主要负责整个网站的业务逻辑，以及向前端项目提供 API 接口。项目可以分成三个单独的项目：面向求职者的在线招聘网站、面向公司 HR 的招聘后台管理系统和为整个系统服务的后端项目。本章主要讲解“面向求职者的在线招聘网站”开发。关于项目接口 API 的返回数据，前端项目中使用 Mock. js 框架来模拟网络请求数据，面向公司 HR 的招聘后台管理系统会在下个章节中进行详细介绍。对于后端项目，学有余力的读者可以根据项目的接口文档自己开发后端程序。

在线招聘网站采用 Vue 3 + TypeScript 开发。目标用户是求职者。用户可以通过访问网站查看招聘求职的详细信息、招聘职位列表、招聘公司列表；可以通过搜索框或者单击筛选框实现职位信息的搜索和公司的搜索；可以通过注册或者登录网站实现简历的投递功能。

项目设计包含：首页、职位列表页、公司列表页、职位详情页、公司详情页、个人信息页、登录页面、注册引导页、注册信息完善页和 404 页面共计十个页面。

项目的技术栈使用 Pinia 来管理用户登录状态，使用 Axios 来实现向后端项目发送请求，使用 Vue Router 来管理项目路由，使用 Eslint airbnb 来规范代码格式，使用 Vite 编译项目，使用 Mockjs 来模拟后端返回数据。

在首页中，后端 API 接口会返回首页分类列表数据、轮播图列表数据、推荐职位数据和推荐公司数据。用户单击分类列表数据，可以跳转到对应职位搜索列表。单击轮播图片，则跳转到指定落地页面。单击推荐职位或者公司数据，会跳转到对应的详情页面。同时还可以通过顶部的搜索框进行职位搜索。

在职位列表页中，后端 API 接口返回职位列表过滤器数据、职位列表数据和分页信息数据。用户单击过滤器数据可以进行职位信息筛选搜索，单击职位列表中的数据可以跳转到相应职位详情页面，同时页面也支持通过顶部搜索栏进行职位的搜索。

在公司列表页中，后端 API 接口返回公司列表过滤器数据、公司列表数据和分页信息数据。用户单击过滤器数据可以进行公司信息筛选搜索，单击公司列表中的数据会跳转到对应公司详情页，同时顶部也有搜索栏支持公司搜索。

在职位详情页中，后端 API 返回职位详情数据，用户在该页面可以查看到这些数据。处于已登录状态的用户可以投递简历，对于未登录用户，则提示登录之后才能投递简历。

在公司详情页中，后端 API 返回公司详细数据和用户面试评价。用户可以在该页面中查看公司详细信息和面试评价。

在个人信息页中，后端 API 接口返回用户注册时填写的详细信息和用户职位面试进度数据。在页面中还支持用户上传更新简历。当用户单击导航栏组件中的退出按钮时，个人信息页面应该退出并返回到网站主页。

在登录页面中，用户名和密码输入框具有验证功能。单击“登录”按钮会向后台发送登录请求。若登录成功，则跳转到在登录页面之前访问的页面。该页面可以与注册引导页互相切换。

注册引导页，需要用户输入手机号并获取验证码。两个输入框均有验证功能，当数据正确时，跳转到注册信息完善页面。该页面可以与登录页面互相切换。

在注册信息完善页面中，用户需要填写个人信息、上传头像和简历。输入框具有验证功能。当表单提交成功之后，页面应该跳转到网站首页。同时页面也应该有防止重复注册的功能。

最后是 404 页面，当用户访问网站路由没有匹配的 URL 时会出现该页面，提示当前页面未找到。

在非登录注册页面中，页面顶部有共用的导航栏组件，页面底部应该有共用的 Footer 组件。在导航栏组件内，如果用户已经登录，则显示用户姓名，否则显示登录按钮。

网络请求在页面切换的时候，需要将之前未完成的网络请求取消掉。

项目使用 Vue Router 管理路由，并且使用哈希模式的路由匹配规则，同时还需要实现路由的懒加载机制。项目中的十个页面对应的路由匹配规则如表 13.1 所示。

表 13.1 路由匹配页面说明表

路由匹配规则	页　　面
/index	首页
/jobs	职位列表页面
/companies	公司列表页面
/job/:jobId	职位详情页
/company/:companyId	公司详情页
/homepage	个人信息页面
/login	登录页面
/register	注册引导页
/info	注册信息完善页面
/:pathMatch(.*)*	404 页面

13.2 项目接口文档

在线招聘网站需要使用的 API 接口并不是很多，所有的 API 接口均以/api 路径开头。主要有以下接口文档。

/api/index：GET 方法，用于请求主页数据。若接口调用成功，返回的数据结构如表 13.2 所示。

表 13.2 /api/index 接口返回数据结构说明

名　　称	说　　明
category	数组类型，首页分类标签数据
banner	数组类型，首页轮播图数据
recommend_jobs	数组类型，推荐职位数据
recommend_companies	数组类型，推荐公司数据

/api/jobs：GET 方法，用于请求职位列表页数据，在职位列表页和首页的搜索栏被调用。接口可以结合后台程序配置可传递参数。

/api/companies：GET 方法，用于请求公司列表页数据，在公司列表页被调用。接口可以结合后台程序配置可传递参数。若接口调用成功，则返回数据结构基本和/api/jobs 接口类似，如表 13.3 所示。

表 13.3　/api/jobs 和/api/companies 接口返回数据结构说明

名　称	说　明
filters	数组类型，职位（公司）条件过滤器列表
order	数组类型，职位（公司）排序列表
data_ list	数组类型，职位（公司）数据列表
pagination	对象类型，职位（公司）数据列表分页信息

/api/job::GET 方法，有必传参数 id，用于通过职位 ID 请求职位详情信息。在职位详情页中使用。若接口调用成功，返回的数据结构如表 13.4 所示。

表 13.4　/api/job? id=<num>接口返回数据结构说明

名　称	说　明
id	数字类型，职位 ID
job_name	字符串类型，职位名称
job_require_education	字符串类型，职位学历需求
job_require_experience	字符串类型，职位工作年限需求
job_salary	字符串类型，职位薪资
job_location	字符串类型，职位工作地点
job_publish_time	字符串类型，职位发布时间
job_intro_blocks	数组类型，职位介绍
company_name	字符串类型，发布职位的公司名称
company_labels	字符串数组类型，发布职位的公司标签
company_url	字符串类型，发布职位的公司网站 URL
company_size	字符串类型，发布职位的公司规模
company_process	字符串类型，发布职位的公司融资进度
publisher_avater	字符串类型，发布者头像
publisher_name	字符串类型，发布者姓名

/api/company::GET 方法，有必传参数 id，用于通过公司 ID 请求公司详情信息。在公司详情页中使用。若接口调用成功，返回的数据结构如表 13.5 所示。

表 13.5　/api/company? id=<num>接口返回数据结构说明

名　称	说　明
id	数字类型，公司 ID
company_avater	字符串类型，公司头像

（续）

名　　称	说　　明
company_name	字符串类型，公司名称
company_description	字符串类型，公司简介描述
company_position_num	数字类型，公司招聘职位数目
company_review_rate	数字类型，公司简历处理率
company_review_time	字符串类型，公司简历处理天数
company_last_login	字符串类型，公司最后登录
company_labels	字符串数组类型，公司行业标签
company_process	字符串类型，公司融资进度
company_size	字符串类型，公司规模
company_location	字符串类型，公司地点
company_url	字符串类型，公司的网站 URL
company_intro_blocks	对象数组类型，公司介绍
company_review_list	对象数组类型，公司面试评价列表

/api/profile：GET 方法，有必传参数 id，用于通过用户 ID 请求用户详细信息。在个人信息页中使用。若接口调用成功，返回的数据结构如表 13.6 所示。

表 13.6　/api/profile? id=<num>接口返回数据结构说明

名　　称	说　　明
id	数字类型，用户 ID
name	字符串类型，用户姓名
avater	字符串类型，用户头像
email	字符串类型，用户 email
city	字符串类型，用户城市
phone	字符串类型，用户手机号
education	字符串类型，用户最高学历
position	字符串类型，用户现在的职位
salary	字符串类型，用户期望薪水
resume_name	字符串类型，用户简历名称
resume_url	字符串类型，用户简历 URL
interview_list	对象数组类型，用户面试情况列表

因为在线招聘网站的登录流程采用的是 JWT（JSON Web Token）模式，所以登录 API 就有两个，即/api/authenticate 和/api/authorize。

/api/authenticate：POST 方法，有必传参数 username 和 password。用于验证用户名、密码是否正

确，若用户名、密码正确，返回的数据结构如表13.7所示。

表13.7 /api/authenticate接口返回数据结构说明

名　称	说　明
token	字符串类型，authorize接口使用的token
message	字符串类型，可选数据，若用户名、密码失败，可以返回失败信息

/api/authorize：POST方法，有必传参数token，即上一步authenticate返回结果中的token数值。若接口调用成功，返回的数据结构如表13.8所示。

表13.8 /api/authorize接口返回数据结构说明

名　称	说　明
token	字符串类型，用户的JWT格式的token
name	字符串类型，用户名
id	数字类型，用户ID

/api/logout：GET方法，因为在登录之后的每一次网络请求都会携带用户token，后端服务器可以通过token确认退出用户。无返回结果。

因为注册流程被切割成了两部分：注册引导和信息完成，所以注册流程的接口如下。

/api/send：POST方法，有必传参数phone，在注册引导页面单击“发送验证码”按钮时调用。只有返回状态码，无返回数据。

/api/register：POST方法，有必传参数phone和code。用于注册引导页面。当接口成功调用，返回的数据结构如图表13.9所示。

表13.9 /api/register接口返回数据结构说明

名　称	说　明
token	字符串类型，用与信息完善页的token检测接口

/api/checktoken：POST方法，必传参数是/api/register返回的token值。此API用于检测信息完善页是否被恶意访问注册。返回结果仅仅只是一个布尔值，表示token验证结果。

/api/uploadinfo：POST方法，必传参数是信息完善页面中的数据以及/api/register返回的token值。此接口用于提交信息完善表单，若接口成功调用，返回数据结构和/api/authorize返回数据结构一致。

以上就是关于注册的接口，剩余的接口如下。

/api/postresume：POST方法，有必传参数职位ID。此接口用于用户向职位投递简历使用，接口返回值仅为一个布尔值，标志投递简历成功与否。

/api/updateresume：PUT方法，有必传参数用户ID和简历文件。此接口用于更新用户简历文档，若接口成功被调用，返回的数据类型如表13.10所示。

表 13.10 /api/updateresume 接口返回数据结构说明

名　称	说　明
resume_name	字符串类型，简历文件名称
resume_url	字符串类型，简历 URL

这些就是在线招聘网站全部的文档接口，因为文档内容并不是本书重点，所以这里仅仅罗列了当接口成功调用时的返回结果。学有余力的读者，可以自行将接口文档补充完整，并按照补充之后的接口文档，自行开发在线招聘网站的后台程序。

13.3 项目准备工作

实操微视频

在正式编写项目代码之前，需要进行一些前期的准备工作，例如初始化项目、安装项目依赖库、配置 Eslint、配置 Vite 和配置模拟数据等。下面进行详细介绍。

13.3.1 初始化项目及安装依赖

项目使用 Vite 进行构建和编译，所以在存放项目的目录终端环境下，使用以下命令初始化项目。

```
npm init vite@latest peekpa-job
```

选择 Vue 框架和 vue-ts 模板，然后进入项目目录中，执行 npm install 命令安装项目预置的依赖库。

因为项目比较复杂，使用的依赖库也很多，接下来依次运行以下命令安装项目中主要使用的依赖库。

```
// 安装 axios
npm install axios
// 安装 pinia
npm install pinia
// 安装 Vue Router
npm install vue-router@4
```

13.3.2 配置 Eslint Airbnb 代码规范

Eslint 能够很好地帮助开发者规范代码风格。市面上比较主流的 Eslint 约束有好几个版本，其中 Airbnb 版本最为常用。在在线招聘网站项目中，使用 Eslint Airbnb 来规范代码的同时还使用 Prettier 插件来帮助格式化代码。接下来就详细讲述如何在项目中配置 Eslint Airbnb 代码规范和 Prettier 插件。

首先需要在项目的根目录下分别创建 .eslintrc.js 和 .prettierrc.js 文件，用来存放 Eslint 配置和 Prettier 配置。在 .eslintrc.js 文件中添加以下代码。

```
01    module.exports = {
02      env: {
03        browser: true,
```

```
04       es2021: true,
05       'vue/setup-compiler-macros': true,
06     },
07     extends: [
08       'plugin:vue/base',
09       'plugin:vue/vue3-essential',
10       'airbnb-base',
11       'plugin:vue/vue3-recommended',
12       'plugin:vue/vue3-strongly-recommended',
13       'plugin:@typescript-eslint/recommended',
14       'plugin:prettier/recommended',
15     ],
16     parser: 'vue-eslint-parser',
17     parserOptions: {
18       ecmaVersion: 13,
19       parser: '@typescript-eslint/parser',
20       sourceType: 'module',
21       tsconfigRootDir: _dirname,
22       project: './tsconfig.json',
23       extraFileExtensions: [
24         '.vue',
25       ],
26     },
27     plugins: [
28       'vue',
29       '@typescript-eslint',
30       'prettier',
31     ],
32     rules: {
33       'prettier/prettier': 'error',
34       'import/no-absolute-path': 'off',
35       'vue/script-setup-uses-vars': 'error',
36       'no-underscore-dangle': 'off',
37       'import/extensions': [
38         'error',
39         'ignorePackages',
40         {
41           js: 'never',
42           jsx: 'never',
43           ts: 'never',
44           tsx: 'never',
45         }
46       ],
47       'import/no-extraneous-dependencies': [
48         'error',
49         {'devDependencies': true}
50       ],
51       "no-shadow": "off",
52       "@typescript-eslint/no-shadow": ["error"]
53     },
54     settings: {
55       'import/resolver': {
```

```
56          node: {
57            extensions: ['.js', '.jsx', '.ts', '.tsx', '.json']
58          },
59          typescript: {},
60            alias: {
61            map: [
62              ['/@', './src'],
63            ],
64            extensions: ['.js', '.jsx', '.ts', '.tsx', '.json']
65          }
66        }
67      },
68      ignorePatterns: ['.eslintrc.*', 'vite.config.*'],
69      globals: {
70        'NodeJS': true,
71      }
72    };
```

这里主要告诉 Eslint 当前项目是 TypeScript 编写的 Vue 项目，并制定一部分规范规则和需要规范的路径。接下来需要在 .prettierrc.js 文件中添加以下代码。

```
01    module.exports = {
02        singleQuote: true,
03        endOfLine: 'auto',
04    }
```

这里主要告诉 Prettier 插件自动修复的时候使用单引号和文件最后结尾换行。同时，还需要在项目目录下的 tsconfig.json 文件中，添加和修改以下部分代码。

```
01    {
02      "compilerOptions": {
03        "importHelpers": true,  // 需添加
04        // 这里还有其他配置,省略
05      },
06      "include": ["src/**/*.ts", "src/**/*.d.ts", "src/**/*.tsx", "src/**/*.vue", "mock/**/*.ts"],  // 修改
07      "exclude": ["node_modules", "dist", "**/*.js"],// 需添加
08      "references": [{ "path": "./tsconfig.node.json" }]
09    }
```

接下来需要通过 npm install 命令来安装 Eslint 和 Prettier 相关依赖包，因为依赖包很多，在项目目录终端中依次运行以下命令。

```
npm install -D eslint eslint-plugin-vue @typescript-eslint/eslint-plugin tslib
npm install -D eslint-config-airbnb-base eslint-plugin-import vue-eslint-parser
npm install -D @typescript-eslint/parser eslint-plugin-vue-scoped-css
npm install -D eslint-import-resolver-alias eslint-import-resolver-typescript
npm install -D eslint-plugin-prettier eslint-config-prettier
```

最后需要在项目的 package.json 文件中添加两条 lint 和 lint-fix 指令，代码如下。

```
01    {
02      "scripts": {
```

```
03        "dev": "vite",
04        "build": "vue-tsc --noEmit && vite build",
05        "preview": "vite preview",
06        "lint": "eslint . --ignore-pattern node_modules/ --ext .js,.ts,.vue",
07        "lint-fix": "eslint . --ignore-pattern node_modules/ --ext .js,.ts,.vue --fix"
08      },
09      // 这里还有其他配置内容,省略
10    }
```

lint 指令用来使用 Eslint 检查项目代码是否有不规范的地方，而 lint-fix 指令则是用来检测不规范且自动修复不规范的代码。可以通过在终端中使用 npm run lint 或者 npm run lint-fix 来使用这里配置的命令。

至此，项目的 Eslint Airbnb 代码规范和 Prettier 插件的配置就完成了。VS Code 编译器在开发的过程中会自动标红代码中不规范的地方，同时因为配置了 Prettier，所以可以在编译器中自动修改不规范的代码。

13.3.3 配置 Mockjs 模拟数据

一般前后端分离的项目会采用并行开发方式开发项目，即在正式开发项目之前，前后端的开发人员一起定义好项目的接口和接口返回的数据类型。这样后端开发人员可以按照接口文档开发，而前端工程师可以按照定义好的接口数据类型生成模拟数据，用模拟数据进行前端页面开发。

本项目采用 Mockjs 库和 vite-plugin-mock 插件实现模拟数据。首先在项目目录下的终端中使用以下命令安装这两个依赖库。

```
// 安装 mockjs
npm install mockjs
// 安装 vite-plugin-mock
npm install -D vite-plugin-mock
```

接下来在 Vite 中配置 vite-plugin-mock，需要将 viteMockServer 插件添加到 Vite 的 plugins 配置中，将项目的 vite. config. js 修改成下面这段代码。

```
01    import {defineConfig } from'vite'
02    import vue from'@vitejs/plugin-vue'
03    import {viteMockServe } from'vite-plugin-mock'
04
05    // https:// vitejs.dev/config/
06    export default defineConfig({
07      plugins: [
08        vue(),
09        viteMockServe({
10          // mock 文件夹名称
11          mockPath: 'mock',
12        }),
13      ]
14    })
```

因为这里配置了 mockPath 的值为 mock，代表 mock 数据或者服务器存放的文件夹名，所以需要在项目根目录下创建一个名为 mock 的文件夹，然后在该文件夹内实现模拟数据即可。因为整个项目接

口比较多，模拟数据的量也不小，这里就以/api/authorize 的接口模拟数据给大家简单讲解在 Vue 中如何使用 Mockjs 来实现接口模拟数据，代码如下。

```
01    import {MockMethod } from 'vite-plugin-mock';
02    import { mock, Random } from 'mockjs';
03
04    constUserNameMockList = ['刘备', '关羽', '张飞'];
05
06    // 扩展 Mockjs 的 Random 函数,随机本地样本
07    Random.extend({
08    pickname() {
09        return this.pick(UserNameMockList);
10      },
11    });
12
13    const generateMockData = () => {
14      return mock({
15        'token|10': '@word(5,5)',
16        name: '@pickname',
17        id: '@natural(100000,999999)',
18      });
19    };
20
21    export default [
22      {
23        url: '/api/authorize',
24        method: 'post',
25        statusCode: 200,
26        response:generateMockData(),
27      },
28    ] asMockMethod[];
```

Random. extend( )方法是扩充 Mockjs 的 Random 函数，这里扩充了一个 pickname 方法。在 generateMockData( )方法中，使用@pickname 的形式可以在接口被访问时调用方法生成模拟数据。这里的@word（4，5）是指调用 Mockjs 的方法，随机生成一个最短长度为 4，最长长度为 5 的英文单词，而它的键 token | 10 的意思就是重复生成 10 次@word（4，5）。最后通过 export 的方式，将整个模拟数据装配成 MockMethod 数组导出。这里的 MockMethod 配置数据如下所示。

```
{
  // 请求地址
  url: string;
  // 请求方式
  method?:MethodType;
  // 设置超时时间
  timeout?: number;
  // 状态码
  statusCode?:number;
  // 响应数据(JSON)
  response?: ((opt: { [key: string]: string; body: Record<string,any>; query:  Record<
string,any>, headers: Record<string, any>; }) => any) | any;
```

```
  // 响应(非 JSON)
  rawResponse?: (req: IncomingMessage, res: ServerResponse) => void;
}
```

13.3.4 配置 Vite

因为项目并不使用特别复杂的配置，这里就仅仅将去除 console 日志和 debugger 的配置，所以 vite. config. js 文件配置在上一小节的基础上进行修改。

```
01  import {defineConfig } from'vite'
02  import vue from'@vitejs/plugin-vue'
03  import {viteMockServe } from'vite-plugin-mock'
04
05  // https:// vitejs.dev/config/
06  export default defineConfig({
07    plugins: [vue(),
08      viteMockServe({
09        // mock 文件夹名称
10        mockPath:'mock',
11      }),
12    ],
13    // 去除 console 和 debugger
14    esbuild: {
15      drop: ['console','debugger'],
16      minify: true,
17    }
18  })
```

至此，在线招聘网站的开发准备配置就已全部设置完毕。

13.4 首页开发

实操微视频

在之前的文档设计中，首页应该含有以下元素：导航栏组件、搜索框组件、分类标签组件、轮播图组件、职位推荐列表组件、公司推荐列表组件和 Footer 组件。页面的组件布局如图 13.1 所示。

● 图 13.1　首页组件布局

图 13.1 中的导航栏组件和 Footer 组件是公用组件，项目中多个页面一起复用。虚线部分的组件数据全部来自于/api/index 接口。因为首页结构比较复杂，又是项目第一个编写的页面，所以此节内容会比较多。接下来就按照上面的设计来开发首页。

13.4.1 创建全局 CSS

在正式开发之前，需要清理一些由 Vite 初始化创建的代码。首先需要删除/src/components 目录下的 HelloWorld.vue 组件，其次需要将 App.vue 文件内的 style 标签里的内容全部删除。最后在项目的/src/assets 目录下创建一个 global.css 文件，用来编写项目的全局 CSS 内容，代码如下。

```
01    html,
02    body,
03    #app {
04      height: 100% ;
05      width: 100% ;
06      --theme-color: #20b996;
07      --focus-color: #00bf7c;
08      --error-color: #dd3139;
09    }
10
11    body {
12      margin: 0;
13      font-size: 14px;
14    }
15
16    * , ::after, ::before {
17        box-sizing: border-box;
18    }
```

这里定义了三个全局的 CSS 主题颜色变量，在后续 Vue 组件内，如果想使用这几种颜色，通过例如 color：var（--theme-color）；的方式就可以使用。

然后需要修改项目的 main.ts 文件，将 global.css 文件引入，代码修改如下。

```
01    import {createApp } from 'vue';
02    import App from './App.vue';
03    import './assets/global.css';
04
05    // 其余代码省略
06
```

因为项目的 Logo 使用的是 HyliaSerif 字体，所以需要将 HyliaSerif 字体文件存放到项目的/src/assets 目录下，同时在 global.css 文件内引入字体，添加如下代码。

```
01    @font-face {
02        font-family:HyliaSerif;
03        src: url("HyliaSerifBeta-Regular.otf") format('opentype');
04    }
```

这里引入字体的方式，适用于所有字体。这样，只在需要使用的地方直接使用 font-family：HyliaSerif；即可。至此，全局的CSS文件引入完成了。

13.4.2 创建项目User Store

项目使用Pinia管理用户登录状态，Pinia会将登录接口/api/authorize返回的数据存储在User store中，所以首先要创建Pinia的store实例。在项目的src目录下创建store目录，并在该目录下创建index.ts文件，添加以下创建Store的实例代码。

```
01    import {createPinia } from'pinia';
02
03    // 创建 Pinia 实例
04    const piniaInstance = createPinia();
05
06    export default piniaInstance;
```

接下来需要在项目的main.ts中注册store，修改代码如下。

```
01    import {createApp } from'vue';
02    import App from'./App.vue';
03    import'./assets/global.css';
04    import store from'./store';
05
06    const app =createApp(App);
07    // 引入并注册 Pinia 对象
08    app.use(store);
09    app.mount('#app');
```

在创建User store之前，需要先声明项目的User类型接口。在src目录下创建types目录，并在该目录下创建User.ts文件，添加以下代码。

```
01    // 用户 store 信息
02    export interface UserAuthorizeInfo {
03      token: string; // 用户 token
04      name: string; // 用户姓名
05      id: string; // 用户 ID
06    }
```

当User类型创建好之后，接下来就可以创建User Store了。在/src/store目录下创建modules目录，并在该目录下创建User.ts文件，用来专门存放和User Store相关的代码，代码如下。

```
01    mport { defineStore } from'pinia';
02    import {UserAuthorizeInfo } from'../../types/User';
03
04    const PEEKPAJOB_USER ='PeekpaJobUser';
05
06    // 定义 User Store
07    const userStore = defineStore('User', {
08      // state 定义
09      state: ():UserAuthorizeInfo => {
10        const localData = localStorage.getItem(PEEKPAJOB_USER);
11        const defaultValue: UserAuthorizeInfo = {
```

```
12          id: '',
13          name: '',
14          token: '',
15        };
16        return localData ? JSON.parse(localData) : defaultValue;
17      },
18      getters: {
19        // 获取用户 ID
20        getId(state: UserAuthorizeInfo): string {
21          return state.id;
22        },
23        // 获取用户姓名
24        getName(state: UserAuthorizeInfo): string {
25          return state.name;
26        },
27        // 获取用户 Token
28        getToken(state: UserAuthorizeInfo): string {
29          return state.token;
30        },
31      },
32      actions: {
33        // 判断是否有用户登录信息
34        isLogin(): boolean {
35          return this.token !== '';
36        },
37        // 存储/更新用户信息
38        setUser(userData: UserAuthorizeInfo): void {
39          this.id = userData.id;
40          this.name = userData.name;
41          this.token = userData.token;
42          localStorage.setItem(PEEKPAJOB_USER, JSON.stringify(userData));
43        },
44        // 退出
45        logout() {
46          localStorage.removeItem(PEEKPAJOB_USER);
47          this.id = '';
48          this.token = '';
49          this.name = '';
50        },
51      },
52    });
53
54    export default userStore;
```

可以看到在 User store 内，通过调用 Window 的 localStore 属性实现了登录用户数据信息本地持久化功能。在 actions 中定义了三个方法供组件调用，分别是判断是否已经登录、更新用户信息和退出复原。同时 getter 内定义三个方法分别返回用户 ID、姓名和 token。这样，项目中的状态管理 Store 就基本开发完成了。

13.4.3 创建项目 Axios 实例

项目使用 Axios 来处理网络请求，根据之前章节的介绍，想要在项目中使用 Axios，第一步需要在项目中创建 Axios 实例。但是在之前的需求分析中，项目的网络请求有两个要求：第一，如果用户已经登录，每次请求都要携带用户的 token 信息；第二，切换页面时取消之前未完成的网络请求。所以首先需要在项目 src 目录下创建一个 utils 目录。然后在该目录下创建 Axios. ts 文件，并添加以下创建 Axios 实例的代码。

```
01    import axios, { AxiosError, AxiosRequestConfig, Canceler } from 'axios';
02    import useStore from '../store/modules/User';
03
04    // 负责生成 Map 中 URL 对应的 Key 值
05    const generateURLKey = (config: AxiosRequestConfig) =>
06      ['cancel-url', config.method, config.url].join('&');
07
08    const axiosConfig: AxiosRequestConfig = {
09      baseURL: '/api/', // api 的 base URL
10      timeout: 10000, // 设置请求超时 10 秒
11      responseType: 'json',
12      withCredentials: true, // 是否允许带 cookie 这些
13      headers: {
14        'Content-Type': 'application/json;charset=utf-8', // 传输数据类型
15        'Access-Control-Allow-Origin': '* ', // 允许跨域
16      },
17    };
18
19    // 创建 Axios 实例
20    const axiosInstance = axios.create(axiosConfig);
21
22    // 用于存放未完成请求的队列
23    const pending = new Map<string, Canceler>();
24
25    // 向 Map 中添加当前网络请求
26    constaddPending = (aConfig: AxiosRequestConfig) => {
27      const config =aConfig;
28      const url =generateURLKey(config);
29      config.cancelToken =
30        config.cancelToken ||
31        newaxios.CancelToken((cancel: Canceler) => {
32          if (! pending.has(url)) {
33            // 如果 pending 中不存在当前请求,则将其添加
34            pending.set(url, cancel);
35          }
36        });
37    };
38
39    // 从 Map 中删除网络请求
40    const removePending = (config: AxiosRequestConfig) => {
```

```
41      const url =generateURLKey(config);
42      if (pending.has(url)) {
43        // 如果在 pending 中存在当前请求标识,需要取消当前请求,并且将其移除
44        const cancel: Canceler = pending.get(url) as Canceler;
45        cancel(url);
46        pending.delete(url);
47      }
48    };
49
50    // 清空 Map 中所有的请求标识,在 Vue router 中切换路由时调用
51    export constclearPending = () => {
52      pending.forEach((item: Canceler) => {
53        item('switch router');
54      });
55      pending.clear();
56    };
57
58    axiosInstance.interceptors.request.use(
59      // 在发送请求之前调用
60      (config:AxiosRequestConfig): AxiosRequestConfig => {
61        removePending(config); // 在请求开始前,对之前的请求做检查取消操作
62        addPending(config); // 将当前请求添加到 Pending 中
63        constnewConfig = config;
64        // 调用 User Store
65        const store =useStore();
66        // 将用户 Token 添加到请求中
67        if (store.getToken) {
68        if (! newConfig.headers) newConfig.headers = {};
69          Object.assign(newConfig.headers, {'peekpa-token': store.getToken });
70        }
71        returnnewConfig;
72      },
73      (error:AxiosError): Promise<never> => {
74        // 对请求错误时调用,可自己定义
75        return Promise.reject(error);
76      }
77    );
78
79    export {axiosInstance, axiosConfig };
```

可以看到 AxiosRequestConfig 里配置了 Axios 实例的基本信息。通过使用一个 Map 来实现存储网络请求，在发送每一次请求之前，Axios 实例都会检查 Map 中是否有之前未完成的请求，如果有，则取消重新发送。同时在 Vue Router 切换路由的时候，会清空当前页面的所有请求。这样，项目的 Axios 实例就创建好了。

13.4.4 导航栏组件

导航栏组件作为公共组件会被几个页面共同使用。这里将存放项目导航栏组件代码的 HeaderComponent.vue 文件推荐放在/src/components/common 目录下。

导航栏的布局比较简单。组件的左半边为网站 Logo 和导航按钮，因为项目使用 Vue Router，所以

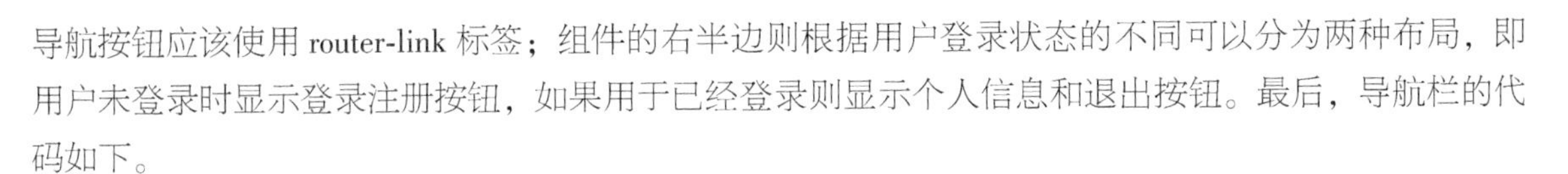

导航按钮应该使用 router-link 标签；组件的右半边则根据用户登录状态的不同可以分为两种布局，即用户未登录时显示登录注册按钮，如果用于已经登录则显示个人信息和退出按钮。最后，导航栏的代码如下。

```
01  <script setup lang="ts">
02  import { computed,onMounted, ref, watch } from 'vue';
03  import {useRoute } from 'vue-router';
04  import { logout } from '../../services/user';
05  import useStore from '../../store/modules/User';
06
07  // 导航按钮接口
08  interface NavMenu {
09    name: string;// 导航显示名称
10    url: string;// 导航跳转 URL
11    is_hot: boolean;// 是否显示 HOT 标志
12  }
13
14  // 导航按钮列表
15  const navList = ref<NavMenu[ ]>([
16    {
17      name: '首页',
18      url: '/',
19      is_hot: false,
20    },
21    {
22      name: '职位',
23      url: '/jobs',
24      is_hot: false,
25    },
26    {
27      name: '公司',
28      url: '/companys',
29      is_hot: true,
30    },
31  ]);
32
33  // 当前高亮导航的 index
34  const currentIndex = ref<number>(-1);
35  // 当前页面 Route
36  const route =useRoute();
37  // User Store
38  const store =useStore();
39
40  // 根据路由地址变化更新高亮路由 index
41  const updateIndex = () => {
42    const currentItemIndex = navList.value.findIndex(
43      (item:NavMenu) => route.path === item.url
44    );
45    currentIndex.value =
46      currentItemIndex === -1 ? currentIndex.value : currentItemIndex;
```

```
47   };
48
49   // 主要负责第一次进入页面,找到当前导航按钮,更新当前高亮导航的 index 值
50   onMounted(() => {
51     updateIndex();
52   });
53
54   // 监听路由变化,更新高亮路由 index
55   watch(
56     () => route,
57     () => {
58       updateIndex();
59     },
60     { deep: true }
61   );
62
63   // userInfo 计算属性,从 User store 中获取值
64   const userInfo = computed(() => {
65     return {
66       id: store.getId,
67       name: store.getName,
68       token: store.getToken,
69     };
70   });
71
72   // 处理退出操作
73   const handleLogout = async () => {
74     try {
75       const response = await logout();
76       if (response.status === 200) {
77         // 当后台退出操作返回成功状态码时,同步更新本地 User store 数据
78         store.logout();
79       }
80     } catch (error) {
81       console.error(error);
82     }
83   };
84   </script>
85
86   <template>
87     <div class="header">
88       <div class="inner">
89         <div class="float_left">
90           <ahref="#" class="logo">Peekpa Job</a>
91           <ul class="left_ul">
92             <router-link
93               v-for="(item, index) innavList"
94               :key="item.name"
95               class="nav"
96               :to="item.url"
```

```
97                :class="index ===currentIndex ? 'tab_active' : ''"
98                @click="currentIndex = index"
99                >{{ item.name
100                 }}<span v-if="item.is_hot" class="tips_hot">HOT</span></router-link
101               >
102             </ul>
103           </div>
104           <div class="float_right">
105             <ul v-if="userInfo.token" class="account_bar">
106               <li>
107                 <ahref="/#/homepage" target="_blank">{{ userInfo.name }}</a>
108               </li>
109               <li>
110                 <ahref="#" @click.prevent="handleLogout">退出登录</a>
111               </li>
112             </ul>
113             <ul v-else class="login_register">
114               <li>
115                 <ahref="/#/login">登录</a>
116               </li>
117               <li>
118                 <span> |</span>
119               </li>
120               <li>
121                 <ahref="/#/register">注册</a>
122               </li>
123             </ul>
124           </div>
125         </div>
126       </div>
127     </template>
```

在导航栏的代码中可以看到，导航栏的按钮数据全部存放在一个列表中，这样可以从服务端动态获取导航栏的数据并渲染展示。其次的重点就是导航栏组件通过深度监听页面路由的变化来判断高亮导航按钮。接下来组件通过一个 userInfo 计算属性和 v-if 指令来判断当前是否有用户已经登录，根据不同的登录状态显示不同的内容，最后在“退出登录”按钮的单击方法中需要调用/api/logout 接口，这就需要在 src 目录下创建一个 services 目录，因为/api/logout 属于 User 相关的 API，所以还要在 services 目录下创建一个 User 目录，并在该目录下创建 index. ts 文件，添加 logout 的相关代码如下。

```
01    import {AxiosResponse } from 'axios';
02    import {axiosInstance } from '../../utils/Axios';
03
04    // 用户退出
05    export const logout = (): Promise<AxiosResponse<null>> => {
06      return axiosInstance.get('/logout');
07    };
```

因为项目所有的网络请求，都处于登录用户的情况下，所有请求会携带用户的 Token 信息，哪怕这里的 logout 请求没有任何信息，因为在请求头内已经携带了 Token 信息，所以后端服务器端还是能够通过 Token 数据确定是哪一位用户执行了退出操作。至此，关于导航栏的代码就开发完成了。

因为 CSS 内容并不是 Vue 项目开发的重点，所以书中所罗列的源码部分并没有 CSS 相关代码，感兴趣的读者可以去本书配套的源码中查看。

13.4.5 搜索框组件

搜索框组件作为一个需要在首页和列表页公共使用的公共组件，其代码文件 SearchComponent.vue 应该存放在/src/component/common 目录下。

搜索框有这些特质：搜索操作应该交给对应页面完成；每次搜索完，都应该将搜索内容显示在搜索框内；切换页面的时候，搜索框内容清空。基于这些特质，搜索框的代码如下。

```
01    <script setup lang="ts">
02    import { ref, watch } from 'vue';
03    import {useRoute } from 'vue-router';
04
05    // 定义组件 props
06    const props =defineProps<{
07      initKey?: string; // 搜索内容关键字初始值,可选
08    }>();
09
10    // 定义组件 emit
11    const emit =defineEmits<{
12      // 将搜索的单击事件交由父组件处理
13      (eventName: 'searchKey', param: string, value: string): void;
14    }>();
15
16    // 当前页面路由
17    const route =useRoute();
18
19    // 搜索框内的关键字
20    const keyWord = ref<string>('');
21
22    // 监听路由的 path 变化,当 path 变化时意味着切换页面,要清空搜索框内容
23    watch(
24      () => route.path,
25      () => {
26        keyWord.value = '';
27      }
28    );
29
30    // 监听搜索内容初始值,如果有值,则赋值于搜索框内
31    watch(
32      () => props.initKey,
33      (newValue) => {
34        keyWord.value =newValue as string;
35      },
36      { immediate: true }
37    );
```

```
38    </script>
39
40    <template>
41      <div class="search">
42        <div class="search_container">
43          <form action="#" class="search-form">
44            <input v-model="keyWord" type="text" class="search_input" />
45            <input
46              type="submit"
47              value="搜索"
48              class="search_button"
49              @click.prevent="emit('searchKey', 'key', keyWord)"
50            />
51          </form>
52        </div>
53      </div>
54    </template>
```

这里可以看到组件通过 emit 事件，将搜索事件交由父组件处理，同时声明了一个 initKey 的 props 属性，用来处理搜索框初始值的问题。最后，通过监听页面路由的 path 变化来判断是否要清空搜索内容。这样，搜索框的代码就开发完成了。

13.4.6 分类标签组件

分类标签组件的数据来自于/api/index 接口返回的 category 值。因为这里的分类标签数据和列表页中的过滤器数据结构一致，所以这两个组件可以共用。在编写组件之前，首先要定义组件内部需要使用的数据结构。在/src/types 目录下创建 Filter. ts 文件，添加以下代码。

```
01    // 分类标签单个按钮/过滤器单个按钮
02    export interface Item {
03      name: string; // 显示内容
04      param: string; // 搜索参数
05    }
06
07    // 分类标签组/过滤器组
08    export interface Filter {
09      title: string; // 组标题
10      param: string; // 组参数
11      filters: Item[]; // 子按钮列表
12    }
```

这段代码中单个标签按钮用 Item 接口表示。多个标签按钮可以组成一个标签组，使用 Filter 接口表示。多个标签组再组合成一个 Filter 数组，就是/api/index 接口返回的分类标签数据的类型。

分类标签组件因为只在首页中使用，所以推荐将存放分类标签组件的 CategoryComponent. vue 文件放在/src/components/index 目录下，代码如下。

```
01    <script setup lang="ts">
02    import { Filter } from'../../types/Filter';
03
```

```
04	// 定义组件 props
05	const props =defineProps<{
06	  dataList: Filter[] |[];// 分类标签列表
07	}>();
08
09	// 定义组件 emit
10	const emit =defineEmits<{
11	  // 将标签单击数据提交给父组件处理
12	  (eventName: 'searchKey', param: string, value: string): void;
13	}>();
14	</script>
15
16	<template>
17	  <div class="category">
18	    <div v-for="item in props.dataList" :key="item.title" class="category_box">
19	      <div class="category_list">
20	        <div class="title">{{ item.title }}</div>
21	        <a
22	          v-for="subitem in item.filters"
23	          :key="subitem.name"
24	          :href="subitem.param"
25	          target="_blank"
26	          @click.prevent="emit('searchKey', item.param, subitem.param)"
27	          ><div>{{subitem.name }}</div></a
28	        >
29	      </div>
30	    </div>
31	  </div>
32	</template>
```

在这段代码中组件定义了 dataList 的 props 属性，用来接收来自首页传递的分类标签列表数据。同时还定义了 searchKey 的 emit 事件，用来将标签单击事件内的参数发送给首页，然后触发首页的跳转搜索功能。这样，标签组件就开发完成了。

13.4.7 轮播图组件

轮播图的数据来自/api/index 接口返回的 banner 数据。在实现组件代码之前，首先定义轮播图数据结构，需要在/src/types 目录下创建 Banner.ts 文件，并添加以下代码。

```
01	// 轮播图接口类型
02	export default interface Banner {
03	  img_url: string; // 图片 URL
04	  link_url: string; // 落地页跳转 URL
05	}
```

这里的代码比较简单，Banner 代表一张轮播图数据。首页接口返回的轮播图数据应该是一个 Banner 列表。因为轮播图组件仅仅在首页使用，所以存放轮播图组件的 BannerComponent.vue 文件应该在/src/components/index 目录下，代码如下。

```
01    <script setup lang="ts">
02    import { computed,onMounted, ref } from 'vue';
03    import Banner from '../../types/Banner';
04
05    // 轮播时间间隔,2 秒
06    const SLIDE_TIME = 2000;
07
08    // 定义组件 props
09    const props =defineProps<{
10      dataList: Banner[]; // 轮播图列表
11    }>();
12
13    // 当前页面 index
14    const currentIndex = ref<number>(0);
15    // 轮播定时器
16    const timer = ref<NodeJS.Timer |null>();
17
18    // 计算属性,上一张轮播图 index
19    const prevIndex = computed(() => {
20      if (props.dataList) {
21        if (currentIndex.value === 0) {
22          return props.dataList.length - 1;
23        }
24        return currentIndex.value - 1;
25      }
26      return 0;
27    });
28
29    // 计算属性,下一张轮播图 index
30    const nextIndex = computed(() => {
31      if (props.dataList.length) {
32        if (currentIndex.value === props.dataList.length - 1) {
33          return 0;
34        }
35        return currentIndex.value + 1;
36      }
37      return 0;
38    });
39
40    // 开始轮播
41    const startSliding = () => {
42      timer.value =setInterval(() => {
43        currentIndex.value = nextIndex.value;
44      }, SLIDE_TIME);
45    };
46
47    // 第一次进入页面开始自动轮播
48    onMounted(() => {
49      startSliding();
```

```
50   });
51
52   // 当光标移动到图片时,停止轮播
53   const handleMouseover = () => {
54     clearInterval(Number(timer.value));
55   };
56
57   // 当光标移动离开图片时,开始轮播
58   const handleMouseout = () => {
59     startSliding();
60   };
61   </script>
62
63   <template>
64     <div class="banner" @mouseover="handleMouseover" @mouseout="handleMouseout">
65       <div v-if="props.dataList.length" class="item">
66         <a :href="props.dataList[currentIndex].link_url" target="_blank"
67           ><img :src="props.dataList[currentIndex].img_url"
68         /></a>
69       </div>
70       <div class="control">
71         <em class="left_arrow" @click="currentIndex = prevIndex"></em>
72         <em class="right_arrow" @click="currentIndex = nextIndex"></em>
73       </div>
74     </div>
75   </template>
```

组件内首先定义一个 dataList 的 props 属性，用来接收来自首页的轮播图列表。通过一个定时器来实现页面的轮播。组件内通过计算属性动态计算轮播图的上一张图和下一张图的索引，可以单击组件内的箭头元素实现图片快速切换。同时，在组件最外层还通过@mouseover 和@mouseout 指令绑定了 HTML 元素的光标移动事件，用来处理当光标移动到图片时，图片停止轮播，当光标移走，图片开始轮播的逻辑。这样，轮播图的代码就完成了。

13.4.8 推荐列表组件

在首页内，有两个推荐列表：职位推荐列表和公司推荐列表。因为这两个推荐列表的内容相似，所以可以把这两个列表渲染通过一个推荐列表组件来实现。

在实现组件代码之前，首先要定义推荐列表中职位和公司的数据结构，将列表中的职位和公司抽象成职位卡片和公司卡片，在/src/types 目录下创建一个 Card.ts 文件，然后添加定义代码如下。

```
01   // 职位卡片
02   export interface JobCard {
03     id: string; // 职位 ID
04     job_name: string; // 职位名称
05     job_require_education: string; // 职位要求
06     job_require_experience: string; // 职位要求经验年限
07     job_labels: string[]; // 职位标签
08     job_salary: string; // 工资
```

```
09      company_avater: string; // 公司头像
10      company_name: string; // 公司名称
11      company_industry: string[]; // 公司标签
12      company_url: string; // 公司详情 URL
13      job_url: string; // 职位详情 URL
14    }
15
16    // 公司信息卡片
17    export interface CompanyCard {
18      id: string; // 公司 ID
19      company_avater: string; // 公司头像
20      company_name: string; // 公司名称
21      company_industry: string[]; // 公司行业
22      company_description: string; // 公司描述
23      company_review_comment: number; // 面试评价
24      company_position_number: number; // 招聘职位
25      company_reply_percent: number; // 面试处理率
26      company_url: string; // 公司详情 URL
27    }
```

在 JobCard 和 CompanyCard 分别详细的定义了职位卡片和公司卡片的信息。但是为了更加丰富推荐列表组件，项目采用标签分页模式返回数据，即几个卡片数据组成一个列表，后端接口一次性返回几组这样的数据。在页面中，通过单击标签来切换展示不同组的数据。因为这样的数据结构属于接口返回数据类型，接口返回数据类型的定义推荐存放在/src/services/model 目录，所以首先要在/src/services 目录下创建 model 目录，然后在该目录下创建一个 IndexModel. ts 文件，并添加以下代码。

```
01    import {CompanyCard, JobCard } from'../../types/Card';
02
03    export interface RecommendList {
04      // 推荐数据组标题
05      name: string;
06      // 推荐数据列表
07      data_list:CompanyCard[] |JobCard[];
08    }
```

从数据结构定义中可以看出，每一个推荐列表组件中，都会有职位卡片或者公司卡片。所以推荐做法就是先将职位卡片和公司卡片抽象出来写成单独的组件。然后再在推荐列表组件中引用使用。因为职位卡片和公司卡片属于公共组件，所以推荐将存放职位卡片代码的 JobItem. vue 文件存放在/src/components/common 目录下，代码如下。

```
01    <script setup lang="ts">
02    import { computed } from'vue';
03    import {JobCard } from'../../types/Card';
04
05    // 定义组件 props
06    const props =defineProps<{
07      item:JobCard; // 职位卡片数据
08    }>();
09
```

```
10    // 计算属性,显示公司标签
11    const companyLabel = computed(() => {
12      return props.item.company_industry.join(' |');
13    });
14    </script>
15
16    <template>
17      <div class="item">
18        <span class="top_icon direct_recruitment"></span>
19
20        <div class="card_top">
21          <div class="main_title">
22            <a :href="item.job_url" target="_blank">
23              <div class="title">{{ item.job_name }}</div></a
24            >
25            <span class="salary">{{ item.job_salary }}</span>
26          </div>
27          <div class="main_info cut_word">
28            <span
29              >{{ item.job_require_experience }} /
30              {{ item.job_require_education }}</span
31            >
32          </div>
33          <div class="labels">
34            <div class="label_list">
35              <span v-for="label in item.job_labels" :key="label" :title="label">{{
36                label
37              }}</span>
38            </div>
39          </div>
40        </div>
41        <div class="card_bottom">
42          <ahref="#" class="float_left" target="_blank">
43            <img :src="item.company_avater" alt="" width="40" height="40" />
44          </a>
45          <div class="company_info">
46            <div class="company_name cut_word">
47              <a :href="item.company_url" target="_blank">{{
48                item.company_name
49              }}</a>
50            </div>
51            <div class="company_industry cut_word">
52              <span>{{companyLabel }}</span>
53            </div>
54          </div>
55        </div>
56      </div>
57    </template>
```

这里的代码很简单，组件仅仅在内部定义了一个 item 的 props 属性，用来接收父组件传递来的职

位卡片数据。

公司卡片的代码存放文件 CompanyItem. vue 同样需要存放在/src/components/common 目录下，代码如下。

```
01    <script setup lang="ts">
02    import { computed } from 'vue';
03    import {CompanyCard } from'../../types/Card';
04
05    // 定义组件 props
06    const props =defineProps<{
07      item:CompanyCard; // 公司卡片数据
08    }>();
09
10    // 计算属性,显示公司标签
11    const companyLabel = computed(() => {
12      return props.item.company_industry.join(' |');
13    });
14    </script>
15
16    <template>
17      <div class="item">
18        <div class="top">
19          <a :href="item.company_url" class="logo" target="_blank">
20            <img :src="item.company_avater" alt="" width="80" height="80" />
21          </a>
22          <div class="company_name cut_word">
23            <a :href="item.company_url" target="_blank">{{ item.company_name }}</a>
24          </div>
25          <div class="company_industry cut_word">
26            <span>{{companyLabel }}</span>
27          </div>
28          <div class="company_des cut_word">{{ item.company_description }}</div>
29        </div>
30        <div class="bottom">
31          <a :href="item.company_url" class="bottom_item" target="_blank">
32            <p class="number">
33              <span>{{ item.company_review_comment }}</span>
34            </p>
35            <p class="name">面试评价</p>
36          </a>
37          <a :href="item.company_url" class="bottom_item" target="_blank">
38            <p class="number">
39              <span>{{ item.company_position_number }}</span>
40            </p>
41            <p class="name">在招职位</p>
42          </a>
43          <a :href="item.company_url" class="bottom_item_last" target="_blank">
44            <p class="number">
45              <span>{{ item.company_reply_percent }}% </span>
46            </p>
```

```
47          <p class="name">简历处理率</p>
48        </a>
49      </div>
50    </div>
51  </template>
```

职位卡片和公司卡片都已写好，接下来就可以开发推荐列表组件了。因为该组件是首页专用的，和之前的分类标签组件和轮播图组件一样，将存放推荐列表组件代码的 RecommendList.vue 文件存放在/src/componts/index 目录下，代码如下。

```
01  <script setup lang="ts">
02  import { computed, ref } from 'vue';
03  import JobItem from '../common/JobItem.vue';
04  import CompanyItem from '../common/CompanyItem.vue';
05  import {RecommendList } from '../../services/model/IndexModel';
06  import {CompanyCard, JobCard } from '../../types/Card';
07
08  // 定义组件 props
09  const props =defineProps<{
10    dataList:RecommendList[]; // 推荐数据列表
11    type: string; // 推荐数据类型
12  }>();
13
14  // 当前高亮标签 index
15  const currentIndex = ref<number>(0);
16
17  // 计算属性,将推荐数据转化成职位推荐列表
18  const jobList = computed((): JobCard[] => {
19    if (props.dataList && props.dataList.length) {
20      return props.dataList[currentIndex.value].data_list asJobCard[];
21    }
22    return [];
23  });
24
25  // 计算属性,将推荐数据转化成公司推荐列表
26  const companyList = computed((): CompanyCard[] => {
27    if (props.dataList && props.dataList.length) {
28      return props.dataList[currentIndex.value].data_list asCompanyCard[];
29    }
30    return [];
31  });
32  </script>
33
34  <script lang="ts">
35  export const TYPE_RECD_JOB = 'job'; // 职位推荐信息常量
36  export const TYPE_ RECD_COMPANY = 'company'; // 公司推荐信息常量
37  </script>
38
39  <template>
40    <div v-if="props.dataList.length">
```

```
41        <ul class="recomment_tabbar">
42          <li
43            v-for="(item, index) in props.dataList"
44            :key="item.name"
45            class="recommendTab"
46            :class="{ current:currentIndex == index }"
47            @click="currentIndex = index"
48          >
49            {{ item.name }}
50          </li>
51        </ul>
52
53        <div v-if="props.type === TYPE_RECD_JOB" class="recomment_list">
54          <JobItem v-for="subitem in jobList" :key="subitem.id" :item="subitem" />
55        </div>
56        <div v-if="props.type === TYPE_RECD_COMPANY" class="recomment_list">
57          <CompanyItem
58            v-for="subitem in companyList"
59            :key="subitem.id"
60            :item="subitem"
61          />
62        </div>
63      </div>
64    </template>
```

这里组件内部定义了 dataList 的 props 用来接收从首页传来的推荐列表数据，同时根据接收 type 属性值来区分当前推荐列表是职位推荐列表还是公司推荐列表。组件使用计算属性实现强制类型转化，并将数据分配到对应的卡片中，最终数据会在卡片组件内渲染。这样，推荐列表组件就完成了。

13.4.9 Footer 组件

Footer 组件作为一个公共组件，自然也应该放在/src/components/common 目录下。该组件只用于展示静态内容，所以 FooterComponent. vue 的代码如下。

```
01    <script setup lang="ts"></script>
02
03    <template>
04      <div class="footer_container">
05        <ul class="footer_list">
06          <li class="footer_li">
07            <div class="logo">Peekpa Job</div>
08          </li>
09          <li class="footer_li">
10            <div>
11              © 2022 Copyright:
12              <ahref="https:// peekpa.com" target="_blank">peekpa.com</a>
13            </div>
14          </li>
15        </ul>
```

```
16      </div>
17    </template>
```

13.4.10 首页接口

目前，首页中所有的组件代码已全部开发完成。接下来就要实现首页/api/index 的接口实现。在实现首页接口之前，需要定义首页的接口返回数据类型。根据之前的接口文档，首页接口需要返回 category、banner、recommend_jobs 和 recommend_companies 数据。所以在之前定义推荐数据类型的文件/src/services/model/IndexModel.ts 文件中添加以下代码。

```
01    import Banner from '../../types/Banner';
02    import {CompanyCard, JobCard } from '../../types/Card';
03    import { Filter } from '../../types/Filter';
04
05    // RecommendList 内容此处省略
06
07    export interface IndexApiResult {
08      // 分类列表
09      category: Filter[];
10      // 轮播图数据
11      banner: Banner[];
12      // 职位推荐列表
13      recommend_jobs:RecommendList[];
14      // 公司推荐列表
15      recommend_companies:RecommendList[];
16    }
```

接下来，需要使用 AxiosInstance 来实现首页的/api/index 接口，在/src/services 目录下创建 index 目录，并在该目录下创建 index.ts 文件，添加如下代码。

```
01    import {AxiosResponse } from 'axios';
02    import {IndexApiResult } from '../model/IndexModel';
03    import {axiosInstance } from '../../utils/Axios';
04
05    // 首页请求数据接口
06    const getIndex = (): Promise<AxiosResponse<IndexApiResult>> => {
07      return axiosInstance.get('/index');
08    };
09
10    export default getIndex;
```

这样，首页接口就完成了，在首页内直接调用 getIndex()方法就能向后端发送网络请求获取首页数据。

13.4.11 创建项目路由

项目使用 Vue Router 来管理前端路由，在前面的几个组件开发中也遇到过组件内部需要使用路由中数据进行操作的情况。接下来就配置项目的路由。

根据之前需求文档中的设计，项目总共有 10 个页面。其中首页、职位列表页、公司列表页、职位详情页、公司详情页和个人信息页面这几个页面可以共用导航栏组件和 Footer 组件，所以在这里可以把它们几个共同部分抽象出来形成父路由。其余部分作为该路径下的子路由，通过 router-view 展示。这样这几个页面就可以通过路由中的 children 变量进行配置。

首先来创建这几个页面的根页面文件，因为根页面中只有导航栏组件和 Footer 组件，布局非常简单。在 src 目录下创建 pages 目录，在 pages 目录下创建 base 目录，最后在该目录内创建 BasePage. vue 文件，添加以下代码。

```
01    <script setup lang="ts">
02    import HeaderComponent from '../../components/common/HeaderComponent.vue';
03    import FooterComponent from '../../components/common/FooterComponent.vue';
04    </script>
05
06    <template>
07      <HeaderComponent />
08      <div class="base_container">
09        <router-view></router-view>
10      </div>
11      <FooterComponent />
12    </template>
```

根页面创建好，接下来就要创建项目的路由实例了。项目使用 Hash 模式的路由。在 src 目录下创建 router 目录，并在该目录下创建 index. ts 文件，添加以下代码。

```
01    import {createRouter, RouteRecordRaw, createWebHashHistory } from 'vue-router';
02
03    // 路由的懒加载
04    const BasePage = () => import('../pages/base/BasePage.vue');
05
06    // 创建路由关系映射表
07    const routes:RouteRecordRaw[] = [
08      {
09        path: '/',
10        component:BasePage,
11      },
12    ];
13
14    // 创建 Hash 模式路由对象
15    const router =createRouter({
16      history: createWebHashHistory(),
17      routes,
18    });
19
20    // 导出路由对象
21    export default router;
```

可以看到这里将根页面的路径分配给了/。之后随着首页，列表页等页面的开发完成，可以将这些页面直接配置到 BasePage 的 children 属性中。路由实例创建好，接下来需要在项目的 main. ts 文件中引入 router，代码修改如下。

```
01    import {createApp } from 'vue';
02    import App from './App.vue';
03    import './assets/global.css';
04    import store from './store';
05    import router from './router';
06
07    const app =createApp(App);
08    // 引入并注册 Pinia 对象
09    app.use(store);
10    // 引入并注册路由对象
11    app.use(router);
12    app.mount('#app');
```

这样就完成了 app 中注册 router 实例的操作。由于项目页面较多，推荐在/src/router 目录下创建一个 constants. ts 文件用来专门管理页面名称常量，方便在以后的代码中配置页面跳转时不会出错。constants. ts 代码如下。

```
01    const enum ROUTER_CONSTANTS {
02      // 首页
03      INDEX = 'Index',
04      // 登录页面
05      LOGIN = 'Login',
06      // 注册页面
07      REGISTER = 'Register',
08      // 个人信息页面
09      INFOPAGE = 'InfoPage',
10      // 公司列表页面
11      COMPANYLIST = 'CompanyList',
12      // 职位列表页面
13      JOBLIST = 'JobList',
14      // 404 页面
15      NOTFOUND = 'NotFound',
16    }
17
18    export default ROUTER_CONSTANTS;
```

这样，基本的项目路由就全部开发完成了。之后随着项目页面的增多，只需要将页面的路由配置添加到/src/router/index. ts 文件内的路由关系映射表中即可。

13.4.12 首页页面的实现

首页页面内需要包含首页接口请求处理，组件则需要包括搜索框组件、分类标签组件、轮播图组件、推荐列表组件和 loading 组件。因为项目的 loading 是利用纯 CSS 实现的，而 CSS 内容并不作为本书主要讲解知识，所以就不在书里列出其详细代码。这些就是首页的全部内容，将存放首页页面代码的 IndexPage. vue 文件推荐存放在/src/pages/index 目录下。按照这些需求，首页的代码如下。

```
01    <script setup lang="ts">
02    import {onMounted, ref } from 'vue';
```

```
03    import {useRoute, useRouter } from'vue-router';
04    import RecommendListComponent, {
05      TYPE_RECD_COMPANY,
06      TYPE_RECD_JOB,
07    } from'../../components/index/RecommendList.vue';
08    import SearchComponent from'../../components/common/SearchComponent.vue';
09    import CategoryComponent from'../../components/index/CategoryComponent.vue';
10    import getIndex from'../../services/index/index';
11    import {IndexApiResult } from'../../services/model/IndexModel';
12    import LoadingComponent from'../../components/common/LoadingComponent.vue';
13    import BannerComponent from'../../components/index/BannerComponent.vue';
14    import ROUTER_CONSTANTS from'../../router/constants';
15    import {scrollToTop } from'../../utils/helper';
16
17    // 全局 router
18    const router =useRouter();
19    // 当前页面路由
20    const route =useRoute();
21    // 是否在请求数据
22    const loading = ref<boolean>(false);
23    // 首页数据
24    const indexData = ref<IndexApiResult>();
25
26    // 第一次进入页面,请求首页数据
27    onMounted(async () => {
28      loading.value = true;
29      try {
30        const response = await getIndex();
31        indexData.value = response.data;
32        loading.value = false;
33        // 获取数据后,将页面滚动到顶部
34        scrollToTop();
35      } catch (error) {
36        // 这里可以自定义网络请求错误处理
37        console.error(error);
38      }
39    });
40
41    // 搜索框搜索处理函数,直接跳转到职位列表页面并附带参数
42    const search = (param: string, value: string) => {
43      const current = { ...route.query };
44      current[param] = value;
45      router.push({
46        name: ROUTER_CONSTANTS.JOBLIST,
47        query: current,
48      });
49    };
50    </script>
51
52    <template>
```

```
53    <LoadingComponent v-if="loading" />
54    <div v-else>
55      <SearchComponent @search-key="search" />
56      <div v-if="indexData" class="index_container">
57        <div class="category">
58          <CategoryComponent
59            :data-list="indexData.category"
60            @search-key="search"
61          />
62        </div>
63        <div class="slide">
64          <BannerComponent :data-list="indexData.banner" />
65        </div>
66        <RecommendListComponent
67          :data-list="indexData.recommend_jobs"
68          :type="TYPE_RECD_JOB"
69        />
70        <RecommendListComponent
71          :data-list="indexData.recommend_companies"
72          :type="TYPE_RECD_COMPANY"
73        />
74      </div>
75    </div>
76  </template>
```

这段代码逻辑非常简单：第一次进入页面，首页会调用 getIndex( )方法请求数据，当获取数据成功之后，渲染数据并且利用 scrollToTop( )方法将页面滚动到顶部。搜索框的单击搜索事件和分类列表中按钮单击事件交由职位列表页面处理，通过调用 router. push( )方法将当前页面跳转到职位列表页面，并附带搜索参数。

这里的 scrollToTop( )是属于项目的帮助函数，需要在/src/utils 目录下创建 helper. ts 文件，并在其中实现如下 scollToTop( )方法。

```
01  // 将页面滚动到顶部
02  export const scrollToTop = () => {
03    window.scrollTo(0, 0);
04  };
```

这样，首页的开发工作就完成了。在访问页面之前，还需要将首页页面配置到项目的路由中。

13.4.13 首页路由配置

因为首页页面需要作为/路径下的子页面，所以需要在/src/router/index. ts 中修改路由关系映射表，将首页添加进去。具体修改代码如下。

```
01  // 其余代码省略
02
03  // 首页
04  const IndexPage = () => import('../pages/index/IndexPage.vue');
05
```

```
06    // 创建路由关系映射表
07    const routes:RouteRecordRaw[] = [
08      {
09        path: '/',
10        component:BasePage,
11        children: [
12          // 首页
13          {
14            path: '',
15            name: ROUTER_CONSTANTS.INDEX,
16            component:IndexPage,
17            meta: {
18              title:'PeekpaJob.com',
19            },
20          },
21        ],
22      },
23    ];
24
25    // 其余代码省略
```

这里将首页页面懒加载到路由中，只有当浏览器访问到/路径时，才会加载全部首页资源。这样，项目的首页内容就全部完成了。

此时通过 npm run dev 命令启动项目，访问浏览器的 http:// localhost：3000/#/ 地址，就能看到如图 13.2 和图 13.3 所示的首页效果。

● 图 13.2　首页顶部效果

● 图 13.3　首页底部效果

13.5 列表页面开发

实操微视频

列表页面指的是职位列表页和公司列表页。因为这两个页面的布局结构基本一致，只是列表中卡片不同而已，所以这两个页面可以通过同一个页面实现。

列表页面应该包含以下组件：导航栏组件、搜索框组件、过滤器组件、排序组件、数据列表组件、分页组件和 Footer 组件。其中导航栏组件和 Footer 组件算作组件，并不包含在列表页面中。整体的页面布局如图 13.4 所示。

导航栏组件
搜索框组件
过滤器组件
排序组件
数据列表组件
分页组件
Footer 组件

● 图 13.4　列表页组件布局

图13.4中虚线部分所标注的组件数据均来自于/api/jobs接口和/api/companies接口。为了最大限度地复用组件，这里将过滤器组件和排序组件设计成同一个组件，都接收Filter数组作为数据渲染，它们的区别在于排序组件接收的Filter数组长度为1，而过滤器接收的数组长度大于1。接下来就一起开发列表页面。

13.5.1 过滤器组件

过滤器组件有点像首页的分类标签组件，不同点在于过滤器组件内的按钮需要根据路由中的path参数决定是否高亮显示。这就需要在原有Filter的接口之上进行扩充，添加一个active属性。所以在/src/types/Filter.ts文件中扩充以下代码。

```
01    // 之前的 Item 和 Filter 代码此处省略
02
03    // 带有高亮功能的按钮
04    export interface DisplayItem extends Item {
05      active: boolean; // 是否高亮
06    }
07
08    export interface DisplayFilter extends Filter {
09      filters:DisplayItem[];
10    }
```

在过滤器组件中只使用DisplayFilter数组来完成渲染。接下来存放过滤器组件的FilterComponent.vue文件推荐存放在/src/components/list/目录下，并添加以下代码。

```
01    <script setup lang="ts">
02    import { ref, watch } from 'vue';
03    import {useRoute } from 'vue-router';
04    import {DisplayFilter, Filter } from '../../types/Filter';
05    import {processFilterList } from '../../utils/helper';
06
07    // 定义组件 props
08    const props =defineProps<{
09      dataList: Filter[]; // 过滤器列表
10    }>();
11
12    // 获取当前路由
13    const route =useRoute();
14    // 带有 active 的过滤器数组
15    const displayList = ref<DisplayFilter[]>([]);
16
17    // 通过监听来自列表页的过滤器列表数据,处理成带有 active 的过滤器列表
18    watch(
19      () => props.dataList,
20      (newValuie) => {
21        displayList.value = processFilterList(newValuie, route.query);
22      },
23      { immediate: true }
24    );
```

```
25
26    // 定义组件 emit
27    const emit =defineEmits<{
28      // 将标签单击数据提交给父组件处理
29      (e: 'search',param: string, value: string): void;
30    }>();
31    </script>
32
33    <template>
34      <div v-if="displayList.length" class="filter_container">
35        <ul class="selector_list">
36          <li v-for="item indisplayList" :key="item.title">
37            <span class="title">{{ item.title }}:</span>
38            <a
39              v-for="subitem in item.filters"
40              :key="subitem.name"
41              :href="subitem.param"
42              :class="{ active:subitem.active }"
43              @click.prevent="emit('search', item.param, subitem.param)"
44              >{{subitem.name }}</a
45            >
46          </li>
47        </ul>
48      </div>
49    </template>
```

这里可以看单个过滤标签的单击事件均交给父组件处理，同时当接收来自父组件的 Filter 数组时，过滤器组件通过 watch 属性监听变化，通过 immediate 值为 true 的配置，让 watch 效果立即生效。再结合路由中的 path 参数，将数据处理成带有 active 属性的 DisplayFilter 数组，最后渲染到页面中。

这里需要在 helper.ts 文件内新添加 processFilterList( ) 帮助函数，代码如下。

```
01    import {LocationQuery } from'vue-router';
02    import {DisplayFilter, DisplayItem, Filter, Item } from'../types/Filter';
03
04    // 根据路由中的参数,将 Filter 数组处理成带有 active 属性的 DisplayFilter 数组,并返回
05    export const processFilterList = (
06      filterList: Filter[],
07      query:LocationQuery
08    ):DisplayFilter[] => {
09      const result:DisplayFilter[] = [];
10      filterList.forEach((item: Filter) => {
11        const displayItem: DisplayFilter = {
12          title: item.title,
13          param: item.param,
14          filters: [],
15        };
16        item.filters.forEach((filterItem: Item) => {
17          let active = false;
18          if (query[item.param]) {
19            active = query[item.param] ===filterItem.param;
```

```
20          } else {
21            active =filterItem.param === '';
22          }
23          displayItem.filters.push({
24            name:filterItem.name,
25            param: filterItem.param,
26            active,
27          } asDisplayItem);
28        });
29        result.push(displayItem);
30      });
31      return result;
32    };
```

这样，一个能够充当过滤器组件，同时又能被拿来当排序组件的过滤器组件就完成了。

13.5.2 列表组件

职位列表页和公司列表页在展示上的最大区别就是列表组件中的单个卡片样式。公司列表页可以沿用首页中的公司卡片，但是职位列表页需要一种新的长条形的职位卡片，命名为 JobFullCard，所以在/src/types/Card.ts 文件中，需要添加以下 JobFullCard 的代码。

```
01    // CompanyCard 与 JobCard 代码此处省略
02
03    // 职位列表页单个职位卡片
04    export interface JobFullCard {
05      id: string; // 职位 ID
06      job_name: string; // 职位名称
07      job_publush: string; // 职位发布时间
08      job_require_education: string; // 职位要求
09      job_require_experience: string; // 职位要求经验年限
10      job_salary: string; // 工资
11      job_labels: string[]; // 职位标签
12      job_description: string; // 职位简述
13      company_avater: string; // 公司头像
14      company_name: string; // 公司名称
15      company_labels: string[]; // 公司标签
16      job_url: string; // 职位详情 URL
17      company_url: string; // 公司详情 URL
18      is_redirect: boolean; // 是否是直聘
19    }
```

然后还需要在/src/components/common 目录下创建一个 JobLongItem.vue 文件，用来展示 JonFullCard 的内容，代码如下。

```
01    <script setup lang="ts">
02    import { computed } from 'vue';
03    import {JobFullCard } from'../../types/Card';
04
05    // 定义组件 props
```

```
06    const props =defineProps<{
07      item:JobFullCard; // 职位卡片数据
08    }>();
09
10    // 计算属性,格式化时间,这里可以自由定义
11    const publishTime = computed(() => {
12      consttimeList = props.item.job_publush.split('-');
13      return '${timeList[4]}:${timeList[4]}发布';
14    });
15
16    // 计算属性,显示公司 labels
17    const companyIndeustry = computed(() => {
18      return props.item.company_labels.join(' / ');
19    });
20    </script>
21
22    <template>
23      <div class="item">
24        <span
25          v-if="props.item.is_redirect"
26          class="top_icon direct_recruitment"
27        ></span>
28
29        <div class="card_top">
30          <div class="main_title">
31            <div class="top_title">
32              <a :href="item.job_url" target="_blank"
33                ><h3>{{ item.job_name }}</h3></a
34              >
35              <span class="time">{{publishTime }}</span>
36            </div>
37            <div class="bot_title">
38              <span class="money">{{ item.job_salary }}</span>
39              {{ item.job_require_experience }} / {{ item.job_require_education }}
40            </div>
41          </div>
42          <div class="main_company">
43            <div class="company_name">
44              <a :href="item.company_url" target="_blank">{{
45                item.company_name
46              }}</a>
47            </div>
48            <div class="company_industry">{{companyIndeustry }}</div>
49          </div>
50          <div class="main_logo">
51            <a :href="item.company_url" target="_blank">
52              <img :src="item.company_avater" alt="" width="60" height="60" />
53            </a>
54          </div>
55        </div>
```

```
56          <div class="card_bottom">
57            <div class="company_labels">
58              <span v-for="label in item.job_labels" :key="label">{{ label }}</span>
59            </div>
60            <div class="company_des">{{ item.job_description }}</div>
61          </div>
62        </div>
63      </template>
```

职位列表中的长形职位卡片就开发完成了，接下来需要开发列表组件。列表组件同样也需要接收来自列表页面的数据，类型可以使用 JobFullCard 数组或者 CompanyCard 数组，然后通过传入的 type 属性来判断是调用 JobLongItem 组件渲染还是 CompanyItem 渲染列表，这一点和首页的推荐列表类似。因为列表组件是列表页面专用，所以需要在/src/components/list 目录下创建 ListComponent. vue 文件，然后添加如下代码。

```
01    <script setup lang="ts">
02    import { computed } from 'vue';
03    import JobLongItem from '../common/JobLongItem.vue';
04    import CompanyItem from '../common/CompanyItem.vue';
05    import {CompanyCard, JobFullCard } from '../../types/Card';
06    import ROUTER_CONSTANTS from '../../router/constants';
07
08    // 定义组件 props
09    const props =defineProps<{
10      dataList:JobFullCard[] |CompanyCard[]; // 列表数据
11      type?: string; // 列表类型
12    }>();
13
14    // 计算属性,将列表数据强制转换成 JobFullCard 列表
15    const jobList = computed(() => {
16      return props.dataList asJobFullCard[];
17    });
18
19    // 计算属性,将列表数据强制转换成 CompanyCard 列表
20    const companyList = computed(() => {
21      return props.dataList asCompanyCard[];
22    });
23    </script>
24
25    <template>
26      <div
27        v-if="props.type === ROUTER_CONSTANTS.JOBLIST"
28        class="recomment_list_long_item"
29      >
30        <JobLongItem v-for="item in jobList" :key="item.id" :item="item" />
31      </div>
32      <div
33        v-else-if="props.type === ROUTER_CONSTANTS.COMPANYLIST"
34        class="recomment_list"
```

```
35        >
36          <CompanyItem v-for="item in companyList" :key="item.id" :item="item" />
37        </div>
38    </template>
```

这里的列表组件没有太多复杂的逻辑，就只有根据父组件传入的 type 值来判断 dataList 是职位列表还是公司列表，最终调用 JobLongItem 和 CompanyItem 来渲染卡片。这样，列表组件的开发就完成了。

13.5.3 分页组件

现在的网站只要有列表信息，就一定有分页功能。分页组件的作用就是根据后端数据传来的当前页面数值（cur）和总页面数值（total）来自动生成页面按钮，并提供跳转页面的功能。所以首先应当定义 Pagination 的接口，需要在/src/types 目录下创建 Pagination.ts 文件，然后添加以下代码用于定义 Pagination 的接口。

```
01    // 分页对象数据结构
02    export default interface Pagination {
03      cur: number; // 当前页面页码
04      total: number; // 总页面数
05    }
```

当接口定义好之后，分页组件内每一个页面按钮都是根据父组件传入的 Pagination 数据生成的。按钮单击触发的页面跳转抽象出来的效果和过滤器组件按钮单击事件一样，都可以通过更改列表请求 URL 参数的方式实现向后端请求数据更新然后刷新页面。

分页组件是列表页面独有，所以需要将存放分页组件的 PaginationComponent.vue 文件放在/src/components/list 目录下，代码如下。

```
01    <script setup lang="ts">
02    import { computed, ref, watch } from 'vue';
03    import Pagination from '../../types/Pagination';
04
05    // 定义组件 props
06    const props =defineProps<{
07      pagination: Pagination; // 分页数据对象
08    }>();
09
10    // ...按钮位置
11    const WINDOW_SIZE = 3;
12    // 页面按钮数组
13    const dataList = ref<string[]>([]);
14    // 当前页面 index
15    const curIndex = ref<number>(-1);
16
17    // 监听 pagination 对象,通过父组件传递的数据来构建分页组件中的按钮
18    watch(
19      () => props.pagination,
```

```
20      (newValue) => {
21        if (newValue) {
22          dataList.value = [];
23          dataList.value.push('1');
24          const cur = Number(newValue.cur);
25          const total = Number(newValue.total);
26          if (cur <= WINDOW_SIZE + 1) {
27            for (let i = 2; i < cur + WINDOW_SIZE; i += 1) {
28              dataList.value.push(String(i));
29            }
30            dataList.value.push('...');
31            dataList.value.push(String(newValue.total));
32          } else if (cur >= total - WINDOW_SIZE) {
33            dataList.value.push('...');
34            for (let i = cur - WINDOW_SIZE; i <= total; i += 1) {
35              dataList.value.push(String(i));
36            }
37          } else {
38            dataList.value.push('...');
39            for (let i = cur - WINDOW_SIZE; i <= cur + WINDOW_SIZE; i += 1) {
40              dataList.value.push(String(i));
41            }
42            dataList.value.push('...');
43            dataList.value.push(String(newValue.total));
44          }
45          curIndex.value = cur;
46        }
47      },
48      { immediate: true }
49    );
50
51    // 计算属性,判断"上一页"是否可以单击
52    const noPrev = computed(() => {
53      return Number(props.pagination?.cur) < 2;
54    });
55    // 计算属性,判断"下一页"是否可以单击
56    const noNext = computed(() => {
57      return Number(props.pagination?.cur) >= Number(props.pagination?.total);
58    });
59    // 定义组件 emit
60    const emit =defineEmits<{
61      // 将页面跳转的数据参数交由父组件处理
62      (eventName: 'goToPage', param: string, value: string): void;
63    }>();
64
65    // 跳转页面单击事件
66    const goTo = (index: number) => {
67      emit('goToPage', 'page', String(index));
68    };
69    </script>
```

```
70
71    <template>
72      <div v-if="props.pagination" class="pagination">
73        <div class="pagination_container">
74          <span
75            class="page_not_current"
76            :class="{ pager_disable:noPrev }"
77            @click="goTo(curIndex - 1)"
78            >上一页</span
79          >
80          <span
81            v-for="item in dataList"
82            :key="item"
83            :class="{
84              page_is_current: item === String(curIndex),
85              page_not_current: item ! == String(curIndex),
86              page_is_not: item === '...',
87            }"
88            @click="goTo(Number(item))"
89            >{{ item }}</span
90          >
91          <span
92            class="page_not_current"
93            :class="{
94              pager_disable:noNext,
95            }"
96            @click="goTo(curIndex + 1)"
97            >下一页</span
98          >
99        </div>
100     </div>
101   </template>
```

这里可以看到分页组件通过接收和监听父组件传递过来的 Pagination 对象，在内部动态构建出来页面按钮，再在页面上渲染出来。同时通过两个计算属性，动态地判断上一页和下一页是否可以单击，最后把单击事件通过 emit 的方式传递给父组件处理。至此，分页组件的全部内容就开发完毕了。

13.5.4 列表页面接口实现

根据接口文档、职位列表请求接口和公司列表请求接口的数据返回类型基本一致，于是可以定义一个数据结构来表示这两个接口的数据返回类型，需要在/src/services/model 目录下创建一个 ListModel.ts 文件，并添加以下代码。

```
01    import { Filter } from'../../types/Filter';
02    import {CompanyCard, JobFullCard } from'../../types/Card';
03    import Pagination from'../../types/Pagination';
04
05    export interface ListApiResult {
06      // 过滤器数据
```

```
07      filters: Filter[];
08      // 排序数据
09      order: Filter[];
10      // 列表数据
11      data_list:JobFullCard[] |CompanyCard[];
12      // 分页数据
13      pagination: Pagination;
14    }
```

因为列表页面的接口请求是利用带有参数的 HTTP GET 方法实现的，而这些参数应该是职位列表过滤器中的参数、公司列表过滤器的参数和分页参数，应该属于可选参数。所以在实现接口方法之前，需要定义以下参数对象的类型。在 ListModel. ts 文件内，添加以下内容。

```
01    interface PaginationSearch {
02      // 分页参数(职位列表页和公司列表页)
03      page?: string;
04    }
05
06    export interface SearchFilter extends PaginationSearch {
07      // 搜索关键字参数(职位列表页)
08      key?: string;
09      // 工作经验搜索参数(职位列表页)
10      exp?: string;
11      // 学历要求搜索参数(职位列表页)
12      edu?: string;
13      // 融资阶段搜索参数(职位列表页)
14      fin?: string;
15      // 公司规模搜索参数(职位列表页)
16      siz?: string;
17      // 公司地点搜索参数(公司列表页)
18      loca?: string;
19      // 融资阶段搜索参数(公司列表页)
20      fina?: string;
21      // 公司规模搜索参数(公司列表页)
22      size?: string;
23      // 公司行业领域搜索参数(公司列表页)
24      indu?: string;
25      // 分类标签搜索参数(首页)
26      type?: string;
27      // 排序方式搜索参数(职位列表页和公司列表页)
28      ord?: string;
29    }
```

从这里可以看到搜索参数存在于首页、公司列表页和职位列表页。这些数据都是可选参数。有了接口的传入参数类型和接口数据返回类型，接下来就可以实现接口方法，在/src/services 目录下创建 list 目录，并在该目录下创建 index. ts 文件，添加以下代码。

```
01    import {AxiosResponse } from 'axios';
02    import {axiosInstance } from '../../utils/Axios';
03    import {ListApiResult, SearchFilter } from '../model/ListModel';
```

```
04
05    // 职位列表接口
06    export const getJobList = (
07      searchFilter?: SearchFilter
08    ): Promise<AxiosResponse<ListApiResult>> => {
09      return axiosInstance.get('/jobs', {
10      params: {
11          ...searchFilter,
12        },
13      });
14    };
15
16    // 公司列表接口
17    export const getCompanyList = (
18      searchFilter?: SearchFilter
19    ): Promise<AxiosResponse<ListApiResult>> => {
20      return axiosInstance.get('/companies', {
21        params: {
22          ...searchFilter,
23        },
24      });
25    };
```

这里的 getJobList()方法供职位列表页获取数据，getCompanyList()方法供公司列表页获取数据。这两个接口就开发完成了，接下来就需要将这些组件和接口组装成列表页面了。

13.5.5 列表页面

列表页的所有组件和接口都已准备完毕。列表页面包含搜索框组件、两个过滤器组件、列表组件和分页组件。其中列表页面需要负责在第一次进入时按照路由中的参数请求数据。同时还需要通过路由中的参数来区分当前页面是职位列表页面还是公司列表页面。要实现这个区分功能，就需要使用 Vue Router 的元信息了。在 TypeScript 编写的 Vue 项目中，如果要扩充 Vue Router 的 meta 类，首先需要在/src/router 目录下创建 router.ts 文件，并在其中扩充一个可选的 type 变量，用来区分页面类型，代码如下。

```
01    import 'vue-router';
02
03    declare module 'vue-router' {
04      interface RouteMeta {
05        // 列表页面类型
06        listType?: string;
07      }
08    }
```

因为需要在组件的 watch 方法内监听路由路径的变化，所以只有当页面进入到列表页面才会发送请求，当页面跳转到其他页面，离开列表页面时是不需要发送请求的。这里还需要在 Vue Router 的 meta 属性中添加一个 forceRequest 属性，而且只有是列表页时，此值才会是 true，其余页面值默认

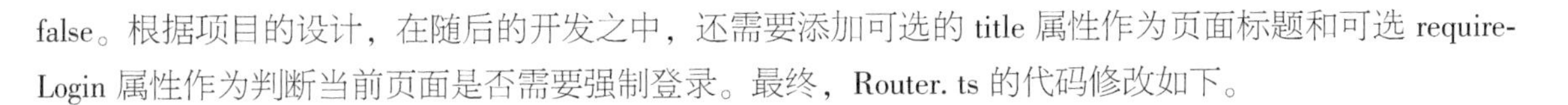

false。根据项目的设计，在随后的开发之中，还需要添加可选的 title 属性作为页面标题和可选 requireLogin 属性作为判断当前页面是否需要强制登录。最终，Router. ts 的代码修改如下。

```
01    import 'vue-router';
02
03    declare module 'vue-router' {
04      interface RouteMeta {
05        // 页面标题
06        title?: string;
07        // 列表类型
08        listType?: string;
09        // 是否强行发送请求
10        forceRequest?: boolean;
11        // 是否要求登录访问
12        requireLogin?: boolean;
13      }
14    }
```

接下来就可以将这些接口和组件组装成列表页面。首先需要在/src/pages 目录下创建一个 list 目录，并在该目录下创建 ListPage. vue 文件，并添加以下代码。

```
01    <script setup lang="ts">
02    import {onMounted, ref, watch } from 'vue';
03    import {LocationQuery, useRoute, useRouter } from 'vue-router';
04    import FilterComponent from '../../components/list/FilterComponent.vue';
05    import SearchComponent from '../../components/common/SearchComponent.vue';
06    import ListComponent from '../../components/list/ListComponent.vue';
07    import {getCompanyList, getJobList } from '../../services/list';
08    import LoadingComponent from '../../components/common/LoadingComponent.vue';
09    import PaginationComponent from '../../components/list/PaginationComponent.vue';
10    import ROUTER_CONSTANTS from '../../router/constants';
11    import {ListApiResult } from '../../services/model/ListModel';
12    import {scrollToTop } from '../../utils/helper';
13
14    // 全局 router
15    const router =useRouter();
16    // 当前页面路由
17    const route =useRoute();
18    // 搜索框内容
19    const initSearchKey = ref<string>('');
20    // 是否在请求数据
21    const loading = ref<boolean>(false);
22    // 搜索页面数据
23    const listData = ref<ListApiResult>();
24
25    // 请求数据方法
26    const requestData = async (query: LocationQuery) => {
27      try {
28        // 数据复位
29        loading.value = true;
30        listData.value = undefined;
```

```
31        initSearchKey.value = '';
32        // 请求数据
33        const response =
34          route.meta.listType === ROUTER_CONSTANTS.JOBLIST
35            ? await getJobList({ ...query })
36            : await getCompanyList({ ...query });
37        if (query.key) {
38          initSearchKey.value = query.key as string;
39        }
40        listData.value = response.data;
41        loading.value = false;
42        // 数据加载完成,滚动页面到最顶层
43        scrollToTop();
44      } catch (error) {
45        // 这里可以自定义网络请求错误处理
46        console.error(error);
47      }
48    };
49
50    // 第一次进入页面,发起数据请求
51    onMounted(() => {
52      requestData(route.query);
53    });
54
55    // 监听 route 变化,如果 forceRequest 为 true 则请求数据
56    // 使用场景是:公司列表页和职位列表页切换时请求数据
57    // 切出公司列表页和职位列表页到其他页面时,不发送列表请求
58    watch(
59      () => route,
60      (newValue) => {
61        if (newValue.meta.forceRequest) {
62          requestData(route.query);
63        }
64      },
65      { deep: true }
66    );
67
68    // 处理搜索,过滤器单击事件。原理就是将搜索参数通过路由传递给列表页面
69    // 然后列表页面渲染时根据参数搜索
70    const search =async (param: string, value: string) => {
71      const currentQuery = { ...route.query };
72      if (value === '' &&currentQuery[param]) {
73        deletecurrentQuery[param];
74      } else {
75        currentQuery[param] = value;
76      }
77      router.push({
78        name: route.meta.listType,
79        query:currentQuery,
80      });
81    };
82    </script>
83
```

```
84    <template>
85      <LoadingComponent v-if="loading" />
86      <div v-if="listData">
87        <SearchComponent :init-key="initSearchKey" @search-key="search" />
88        <div class="joblist_container">
89          <FilterComponent
90            class="first_filter"
91            :data-list="listData.filters"
92            :query="route.query"
93            @search="search"
94          />
95          <FilterComponent
96            :data-list="listData.order"
97            :query="route.query"
98            @search="search"
99          />
100          <ListComponent
101            :type="route.meta.listType"
102            :data-list="listData.data_list"
103          />
104          <PaginationComponent
105            :pagination="listData.pagination"
106            @go-to-page="search"
107          />
108        </div>
109      </div>
110    </template>
```

可以看到在列表页面代码中，列表页面在每一次渲染染成之后，都会调用接口方法向后端请求数据。同时，项目巧妙地将搜索框的搜索功能、过滤器的单击过滤功能和排序组件的排序功能全部放到了列表页面的请求参数中，通过页面的渲染触发搜索请求，然后将结果渲染到页面上。至此，页面代码也已经开发完毕，但想要在项目中渲染，还需要在项目的路由中进行相应配置。

13.5.6 配置列表页面路由

职位列表页和公司列表页因为与首页共用了导航栏组件和Footer组件，所以它们都应该作为/匹配路径的children元素。在开发列表页面时，为了区分列表页面的类型和是否强制触发请求，在项目的Vue Router中扩充了meta属性，并添加了listType和forceRequest两个属性。目前这两个属性只适用于职位列表页和公司列表页的路由配置。有了这些信息，接下来就可以将这些数据在路由配置中进行添加了。需要将/src/route/index.ts文件进行如下修改。

```
01    // 其余代码省略
02
03    // 列表页面
04    const ListPage = () => import('../pages/list/ListPage.vue');
05
06    // 创建路由关系映射表
07    const routes:RouteRecordRaw[] = [
08      {
09        path: '/',
```

```
10      component:BasePage,
11      children: [
12        // 首页配置此处省略
13
14        // 职位列表页面
15        {
16          path:'jobs',
17          name: ROUTER_CONSTANTS.JOBLIST,
18          component:ListPage,
19          meta: {
20            listType: ROUTER_CONSTANTS.JOBLIST,
21            forceRequest: true,
22          },
23        },
24        // 公司列表页面
25        {
26          path:'companys',
27          name: ROUTER_CONSTANTS.COMPANYLIST,
28          component:ListPage,
29          meta: {
30            listType: ROUTER_CONSTANTS.COMPANYLIST,
31            forceRequest: true,
32          },
33        },
34      ],
35    },
36  ];
37
38  // 其余代码省略
```

这样，所有的关于列表页面的开发就已全部设计完成了。此时若是启动项目，就可以通过单击导航栏里的“职位”按钮和“公司”按钮，以及在首页搜索框中搜索内容或者首页分类标签中单击事件，都能跳转访问职位列表页面和公司列表页面。效果如图 13.5 和图 13.6 所示。

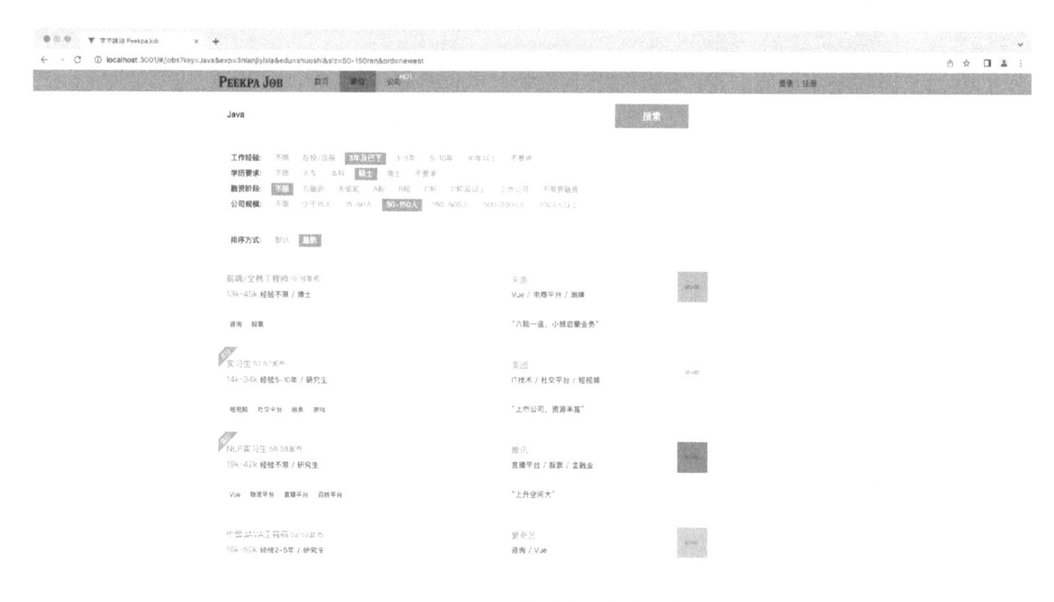

图 13.5　职位列表页顶部展示

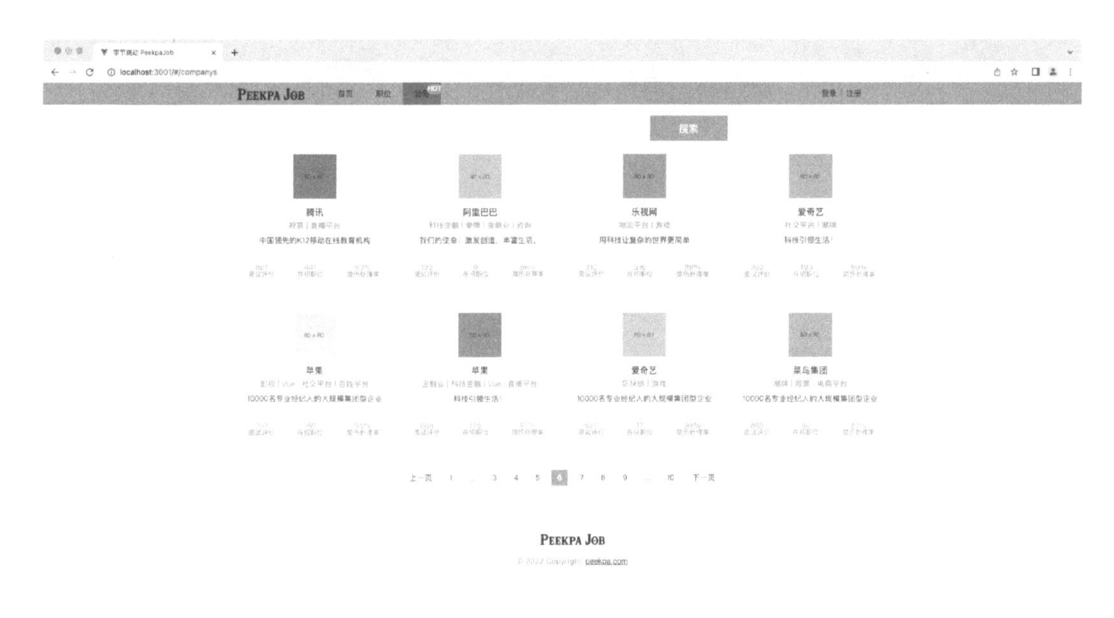

● 图 13.6　公司列表页底部展示

13.6 公司详情页面开发

实操微视频

相对于首页和列表页面，公司详情页则没有太多复杂的逻辑，仅仅是通过公司 ID 从后端获取公司数据，展示在页面上而已。用户通过单击公司名称就可以跳转到公司详情页。公司详情页也包含导航栏组件和 Footer 组件，所以它也应该是路由中/路径下的一个子页面。公司详情页的页面如图 13.7 所示。

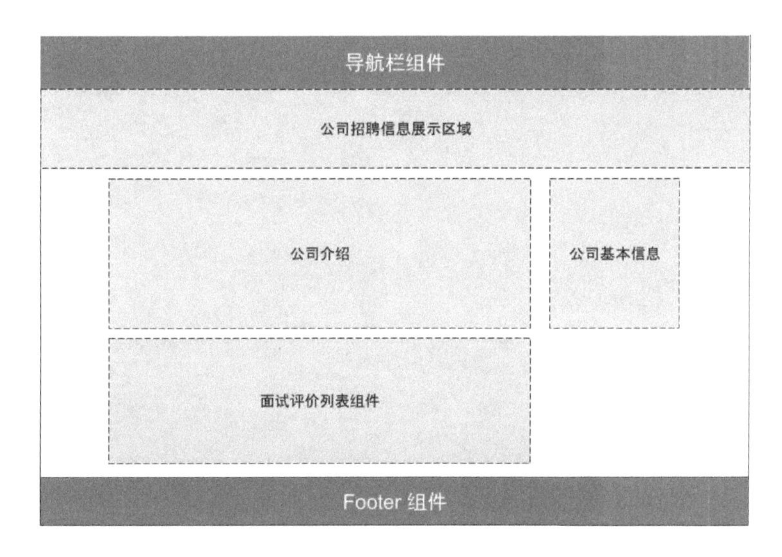

● 图 13.7　公司列表页底部展示

根据之前接口文档的定义，这里序言部分的数据全部来自于公司详情页/api/company? id=<company_id>接口。接下来就按照这个设计来开发公司详情页。

13.6.1 面试评价列表组件

在公司详情页面中，需要单独设计的数据结构就是面试评价列表组件中的面试评价。每一条面试评价都应该包含头像、姓名、职位、发布时间和评价内容。所以这里可以在/src/types 目录下创建一个 Review.ts 文件，专门用来存放面试评价的接口，代码如下。

```
01    // 公司详情页评价列表数据结构
02    export default interface Review {
03      id: number; // ID
04      avater: string; // 头像
05      name: string; // 姓名
06      position: string; // 职位
07      content: string; // 评价内容
08      publish_time: string; // 发布时间
09    }
```

这样定义好之后就可以在公司详情页的接口返回数据结构中使用了。为了方便展示数据，这里推荐创建 ReviewCard 组件用来展示数据，所以在/src/components/common 目录下创建一个 ReviewItem.vue 文件用来存放 ReviewCard 组件代码，添加以下代码。

```
01    <script setup lang="ts">
02    import Review from '../../types/Review';
03
04    // 定义组件 props
05    defineProps<{
06      item: Review; // 评价数据
07    }>();
08    </script>
09
10    <template>
11      <li v-if="item" class="review_area">
12        <div class="review_avater">
13          <img :src="item.avater" alt="" width="50" height="50" />
14        </div>
15        <div class="review_right">
16          <div class="review_status">
17            <div class="review_name">{{ item.name }}</div>
18            <span>面试职位：</span>
19            <span class="job_name">{{ item.position }}</span>
20            <span class="review_date">{{ item.publish_time }}</span>
21          </div>
22          <div class="review-content">
23            <span class="review_type">[面试过程]</span>
24            <span class="interview_process">{{ item.content }}</span>
25          </div>
26        </div>
```

```
27      </li>
28    </template>
```

这样面试评价卡片就完成了，之后就可以在公司详情页的面试评价列表中直接使用卡片组件进行渲染了。

13.6.2 公司详情接口实现

根据接口文档，在公司详情页中使用的接口只有/api/component? id=<company_ id>这一个。所以在实现接口方法之前，首先定义公司详情页的数据结构类型，需要在/src/types 目录下创建 Detail. ts 文件，并添加以下代码。

```
01    import Review from './Review';
02
03    // 介绍 block
04    interface IntroBlock {
05      title: string; // 介绍标题
06      content: string; // 介绍内容
07    }
08
09    // 公司详情页数据结构
10    export interface CompanyDetail {
11      id: number; // 公司 ID
12      company_avater: string; // 公司头像
13      company_name: string; // 公司名称
14      company_description: string; // 公司描述
15      company_position_num: number; // 公司招聘职位数
16      company_review_rate: number; // 简历处理率
17      company_review_time: string; // 简历处理天数
18      company_last_login: string; // 公司最后登录
19      company_labels: string[]; // 公司行业标签
20      company_process: string; // 公司融资进度
21      company_size: string; // 公司人数
22      company_location: string; // 公司城市
23      company_url: string; // 公司官网
24      company_intro_block:IntroBlock[]; // 公司介绍
25      company_review_list: Review[]; // 公司面试描述
26    }
```

在 service 中的/api/component? id=<company_id>接口可以直接返回 CompanyDetail 类型的数据。接下来就开始实现接口，在/src/services 目录下创建 detail 目录，并在目录下创建 index. ts 文件，添加以下代码。

```
01    import {AxiosResponse } from 'axios';
02    import {CompanyDetail } from '../../types/Detail';
03    import {axiosInstance } from '../../utils/Axios';
04
05    // 根据公司 ID 获取公司详情信息
06    export const getCompanyDetail = (
```

```
07      id: string
08    ): Promise<AxiosResponse<CompanyDetail>> => {
09      return axiosInstance.get('/company', {
10        params: {
11          id,
12        },
13      });
14    };
```

这样，公司详情页的接口就完成了。之后可以直接在公司详情页面调用即可。

13.6.3 公司详情页实现

公司详情页内的组件和接口都已经有了，接下来就按照之前设计的公司详情页页面布局将它们组装起来。页面需要在 onMounted 生命周期函数内将路由参数中的公司 ID 作为参数，向服务器请求当前公司页面的详情数据。当数据结果返回之后在页面上渲染。所以在/src/pages 目录下创建 detail 目录，并在该目录下创建 CompanyPage.vue 文件，添加以下代码。

```
01    <script setup lang="ts">
02    import {onMounted, ref } from 'vue';
03    import {useRoute } from 'vue-router';
04    import {getCompanyDetail } from '../../services/detail';
05    import LoadingComponent from '../../components/common/LoadingComponent.vue';
06    import ReviewItem from '../../components/common/ReviewItem.vue';
07    import {scrollToTop } from '../../utils/helper';
08    import {CompanyDetail } from '../../types/Detail';
09
10    // 当前页面路由
11    const route =useRoute();
12    // 是否在请求数据
13    const loading = ref<boolean>(false);
14    // 公司详情页数据
15    const companyData = ref<CompanyDetail>();
16
17    // 第一次进入页面,通过路由的参数请求公司数据
18    onMounted(async () => {
19      loading.value = true;
20      try {
21        const response = await getCompanyDetail(route.params.companyId as string);
22        companyData.value = response.data;
23        // 设置页面标题
24        document.title = '${companyData.value.company_name} PeekpaJob';
25        loading.value = false;
26        // 获取数据后,将页面滚动到顶部
27        scrollToTop();
28      } catch (error) {
29        // 这里可以自定义网络请求错误处理
30        console.error(error);
31      }
```

```
32  });
33  </script>
34
35  <template>
36    <LoadingComponent v-if="loading" />
37    <div v-if="companyData">
38      <div class="top_info">
39        <div class="top_info_wrap">
40          <img
41            :src="companyData.company_avater"
42            alt=""
43            width="164"
44            height="164"
45          />
46          <div class="company_info">
47            <div class="company_main">
48              <div class="company_main_title">
49                <a :href="companyData.company_url" target="_blank">{{
50                  companyData.company_name
51                }}</a>
52              </div>
53              <div class="company_word">
54                {{companyData.company_description }}
55              </div>
56            </div>
57            <div class="company_data">
58              <ul>
59                <li>
60                  <strong>{{companyData.company_position_num }}个</strong>
61                  <br />
62                  <span>职位招聘</span>
63                </li>
64                <li>
65                  <strong>{{companyData.company_review_rate }}% </strong>
66                  <br />
67                  <span>简历处理率</span>
68                </li>
69                <li>
70                  <strong>{{companyData.company_review_time }}天</strong>
71                  <br />
72                  <span>简历处理用时</span>
73                </li>
74                <li>
75                  <strong>{{companyData.company_review_list.length }}个</strong>
76                  <br />
77                  <span>面试评价</span>
78                </li>
79                <li>
80                  <strong>{{companyData.company_last_login }}</strong>
81                  <br />
```

```
82                  <span>最近登录</span>
83                </li>
84              </ul>
85            </div>
86          </div>
87        </div>
88      </div>
89      <div class="main_container">
90        <div class="content_left">
91          <div
92            v-for="item incompanyData.company_intro_block"
93            :key="item.title"
94            class="item_container"
95          >
96            <div class="item_title">{{ item.title }}</div>
97            <div class="item_content">
98              <div class="company_intro_text">
99                <pre>{{ item.content }}</pre>
100             </div>
101           </div>
102         </div>
103         <div class="interview_container item_container">
104           <div class="item_title">{{companyData.company_name }}面试评价</div>
105           <div
106             v-if="companyData.company_review_list.length"
107             class="review_area"
108           >
109             <ul>
110               <ReviewItem
111                 v-for="item incompanyData.company_review_list"
112                 :key="item.id"
113                 :item="item"
114               />
115             </ul>
116           </div>
117         </div>
118       </div>
119       <div class="content_right">
120         <div class="blank_margin"></div>
121         <div class="item_container">
122           <div class="item_title">{{companyData.company_name }}基本信息</div>
123           <div class="item_content basic_container">
124             <ul>
125               <li>
126                 <i class="type"></i>
127                 <span>{{companyData.company_labels.join(' |') }}</span>
128               </li>
129               <li>
130                 <i class="process"></i>
131                 <span>{{companyData.company_process }}</span>
```

```
132                </li>
133                <li>
134                  <i class="number"></i>
135                  <span>{{companyData.company_size }}人</span>
136                </li>
137                <li>
138                  <i class="address"></i>
139                  <span>{{companyData.company_location }}</span>
140                </li>
141              </ul>
142            </div>
143          </div>
144        </div>
145      </div>
146    </div>
147  </template>
```

页面逻辑比较简单，就是布局稍微复杂一点，这里注意在展示介绍内容时，使用的是 pre 标签，因为 pre 标签可以保证原有数据的格式。接下来的任务是在项目的路由中添加公司详情页配置。

13.6.4 公司详情页路由设置

因为公司详情页也使用了公共的导航栏和 Footer 组件，所以它也应该作为/路径的子路径。添加以下代码到/src/router/index. ts 文件中。

```
01    // 公司详情页面
02    const CompanyPage = () => import('../pages/detail/CompanyPage.vue');
03
04    // 创建路由关系映射表
05    const routes:RouteRecordRaw[ ] = [
06      {
07        path: '/',
08        component:BasePage,
09        children: [
10          // 首页,列表页设置这里省略
11
12          // 公司详情页
13          {
14            path:'company/:companyId',
15            component:CompanyPage,
16          },
17        ],
18      },
19    ];
```

这样，公司详情页就全部开发完成了。此时通过 npm run dev 命令启动项目，可以在 http：//local-host：3000/#/company/<company_ id>内通过输入任意公司 ID 来查看模拟的公司详情页，运行情况如图 13. 8 所示。

• 图 13.8　公司详情页效果

13.7 职位详情页面开发

实操微视频

职位详情页和公司详情页很相似，都是/路径下的子页面，通过后台详情页接口获取数据，然后展示在页面上。它们之间唯一的区别就在于：用户可以在职位详情页通过单击按钮投递自己的简历。这个操作需要前端程序向后端程序发送一个请求即可实现。投递简历之后的具体逻辑需要后端程序完成。因此，在职位详情页中，需要查看当前用户是否已经登录，如果未登录则不能投递简历，需要提示用户登录系统。因此，职位详情页的页面布局设计如图 13.9 所示。

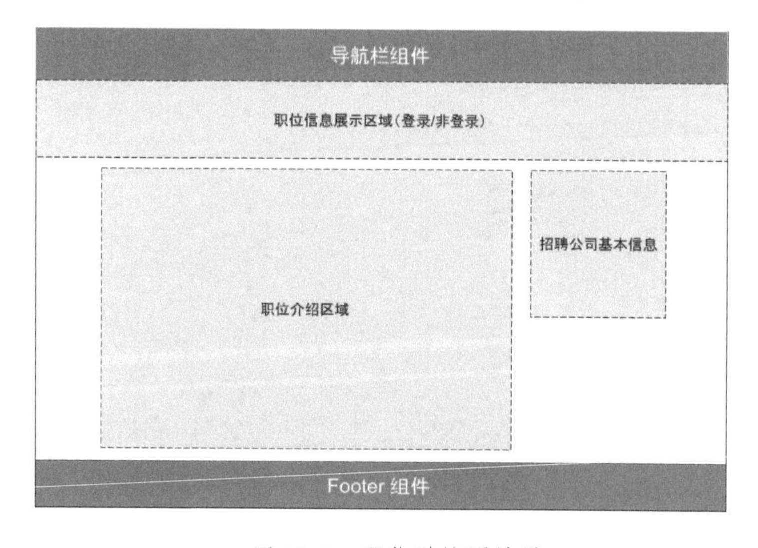

• 图 13.9　职位详情页效果

根据之前的接口文档定义，职位详情页所使用的 API 接口为/api/job? id=<job_id>。在页面的 onMounted 生命周期钩子函数中，调用接口请求数据。当数据返回之后，加载并渲染数据。接下来就实现职位详情页面的接口。

13.7.1 职位详情接口实现

职位详情页的接口有两个：一个是请求职位详情接口，路径是/api/job? id=<job_id>；另一个则是投递简历的接口，路径为/api/postresume。在实现这两个接口之前，首先需要定义职位详情页的数据结构，可以在/src/types/Details. ts 文件中定义 JobDetail 接口，代码如下。

```
01    // CompanyDetail 定义代码此处省略
02
03    // 职位详情页数据结构
04    export interface JobDetail {
05      id: number; // 工作 ID
06      job_name: string; // 工作名称
07      job_require_education: string; // 工作要求
08      job_require_experience: string; // 工作要求经验年限
09      job_salary: string; // 工资
10      job_location: string[]; // 工作地点
11      job_publish_time: string; // 工作发布时间
12      job_intro_blocks:IntroBlock[]; // 工作内容
13      company_name: string; // 公司名称
14      company_labels: string[]; // 公司标签
15      company_url: string; // 公司官网 URL
16      company_size: string; // 公司规模
17      company_process: string; // 公司进度
18      publisher_avater: string; // 发布者头像
19      publisher_name: string; // 发布者姓名
20    }
```

可以看到这里定义了需要在职位详情页面展示的所有内容的数据类型，并且这里的 JobDetail 数据结构就可以作为/api/job? id=<job_id>接口的数据返回类型，接下来就需要在/src/services/detail/index. ts 文件内，实现职位详情信息获取接口，代码如下。

```
01    // getCompanyDetail 定义代码此处程序略
02
03    // 根据职位 ID 获取公司详情信息
04    export const getJobDetail = (
05      id: string
06    ): Promise<AxiosResponse<JobDetail>> => {
07      return axiosInstance.get('/job', {
08        params: {
09          id,
10        },
11      });
12    };
```

接口实现非常简单，通过传入职位 ID 发送 GET 请求即可。

投递简历的接口属于用户操作行为。根据之前的接口文档定义，这里的接口应该使用/api/postresume 的 POST 方法。在投递简历时，当前用户已经登录，根据项目网络请求会发送用户 Token 的设置，这里不需要携带任何用户信息参数，仅需发送一个职位 ID 即可。后台系统会根据 Token 信息来确认用户信息，从而完成对指定职位的投递简历。因为是用户操作，所以这个接口应该在/src/services/user/index.ts 文件中实现，在该文件内添加以下代码。

```
01    // 用户向指定职位投递简历
02    export const postResume = (id: string): Promise<AxiosResponse<null>> => {
03      return axiosInstance.post('/postresume', {
04        id,
05      });
06    };
```

这样，职位详情页的两个接口就全部开发完成了。

13.7.2 职位详情页面实现

职位详情页的实现比较简单，相较于公司详情页需要注意的一点就是页面内需要根据用户的登录状态来显示不同的按钮。当简历提交成功之后，会弹出提示信息提示提交已成功。按照之前的页面布局设计，在/src/pages/detail 目录下创建 JobPage.vue 文件，用来存放职位详情页代码，代码如下。

```
01    <script setup lang="ts">
02    import { computed,onMounted, ref } from 'vue';
03    import {useRoute, useRouter } from 'vue-router';
04    import {getJobDetail } from '../../services/detail';
05    import useStore from '../../store/modules/User';
06    import {postResume } from '../../services/user';
07    import {scrollToTop } from '../../utils/helper';
08    import LoadingComponent from '../../components/common/LoadingComponent.vue';
09    import ROUTER_CONSTANTS from '../../router/constants';
10    import {JobDetail } from '../../types/Detail';
11
12    // 当前页面路由
13    const route =useRoute();
14    // 项目路由
15    const router =useRouter();
16    // 是否在请求数据
17    const loading = ref<boolean>(false);
18    // User Store
19    const store =useStore();
20    // 职位详情页数据
21    const jobData = ref<JobDetail>();
22
23    // 第一次进入页面,通过路由的职位 ID 请求职位详情数据
24    onMounted(async () => {
25      loading.value = true;
26      try {
27        const response = await getJobDetail(route.params.jobId as string);
28        jobData.value = response.data;
```

```
29        loading.value = false;
30        // 设置页面标题
31        document.title = '${jobData.value.job_name} PeekpaJob';
32        // 获取数据后,将页面滚动到顶部
33        scrollToTop();
34      } catch (error) {
35        // 这里可以自定义网络请求错误处理
36        console.error(error);
37      }
38    });
39
40    // 计算属性,用来格式化发布时间
41    const publishTime = computed(() => {
42      if (jobData.value) {
43        const timeList = jobData.value.job_publish_time.split('-');
44        return '${timeList[4]}:${timeList[4]}';
45      }
46      return '';
47    });
48
49    // 计算属性,从 User store 中获取值,用来判断用户是否登录
50    const userInfo = computed(() => {
51      return {
52        id: store.getId,
53        name: store.getName,
54        token: store.getToken,
55      };
56    });
57
58    // 是否显示提交成功信息
59    const showMessageBox = ref<boolean>(false);
60
61    // 提交简历
62    const submitResume = async () => {
63      const response = await postResume(route.params.jobId as string);
64      if (response.status === 200) {
65        showMessageBox.value = true;
66      }
67    };
68
69    // 跳转到登录页面,通过 next 参数登录成功之后会跳转回来
70    const redirectLogin = () => {
71      router.push({
72        name: ROUTER_CONSTANTS.LOGIN,
73        query: {
74          next: route.fullPath,
75        },
76      });
77    };
78    </script>
```

```
79
80   <template>
81     <LoadingComponent v-if="loading" />
82     <teleport to="body">
83       <template v-if="showMessageBox">
84         <div class="success_modal_container">
85           <div class="message_container">
86             <div class="message">成功投递简历</div>
87             <div class="button" @click="showMessageBox = false">关闭窗口</div>
88           </div>
89         </div>
90       </template>
91     </teleport>
92     <div v-if="jobData">
93       <div class="top_info">
94         <div class="top_info_wrap">
95           <div class="job_name">
96             <div class="name">
97               {{jobData.job_name
98               }}<span class="salary">{{jobData.job_salary }}</span>
99             </div>
100           </div>
101           <div class="job_request">
102             <div>
103               {{jobData.job_location[0] }} /
104               {{jobData.job_require_experience }} /
105               {{jobData.job_require_education }}
106             </div>
107             <div class="publish_time">
108               <span class="company">{{jobData.company_name }}</span>
109               {{publishTime }}发布
110             </div>
111           </div>
112           <div class="tool_wrap">
113             <button v-if="userInfo.token" class="btn_apply" @click="submitResume">
114               投简历
115             </button>
116             <button v-else class="btn_apply" @click="redirectLogin">
117               登录后投简历
118             </button>
119           </div>
120         </div>
121       </div>
122       <div class="main_container">
123         <div class="content_left">
124           <div
125             v-for="item injobData.job_intro_blocks"
126             :key="item.title"
127             class="item_container"
128           >
```

```
129            <div class="item_title">{{ item.title }}</div>
130            <div class="item_content">
131              <div class="company_intro_text">
132                <pre>{{ item.content }}</pre>
133              </div>
134            </div>
135          </div>
136          <div class="item_container">
137            <div class="item_title">工作地点:</div>
138            <div class="item_content">
139              <div class="company_intro_text">
140                <p>{{jobData.job_location.join('-') }}</p>
141              </div>
142            </div>
143          </div>
144          <div class="item_container">
145            <div class="item_title">职位发布者:</div>
146            <div class="publisher">
147              <img
148                :src="jobData.publisher_avater"
149                alt=""
150                width="60"
151                height="60"
152              />
153              <div class="publisher_name">
154                <span class="name">{{jobData.publisher_name }}</span>
155              </div>
156            </div>
157          </div>
158        </div>
159        <div class="content_right">
160          <div class="blank_margin"></div>
161          <div class="item_container">
162            <div class="item_title">{{jobData.company_name }}基本信息</div>
163            <div class="item_content basic_container">
164              <ul>
165                <li>
166                  <i class="type"></i>
167                  <span>{{jobData.company_labels.join(' |') }}</span>
168                </li>
169                <li>
170                  <i class="process"></i>
171                  <span>{{jobData.company_process }}</span>
172                </li>
173                <li>
174                  <i class="number"></i>
175                  <span>{{jobData.company_size }}</span>
176                </li>
177                <li>
178                  <i class="home_page"></i>
```

```
179                  <span
180                    ><a :href="jobData.company_url">{{
181                      jobData.company_url
182                    }}</a></span
183                  >
184                </li>
185              </ul>
186            </div>
187          </div>
188        </div>
189      </div>
190    </div>
191  </template>
```

从这段代码中可以看到，通过使用 teleport 标签实现了将提示信息框显示在 body 标签下。通过 User Store 来判断当前是否已经有用户登录。在跳转到登录页面的时候，将当前页面路径作为 next 参数的值传递到登录页面，这样可以在登录成功之后，页面会自动跳转到当前职位详情页面，用户就能继续投递简历了。整体页面的逻辑没有特别复杂，重点是页面布局比较多。接下来需要将职位详情页配置到项目的路由中。

13. 7. 3 职位详情页路由设置

因为职位详情页也是/路由的子页面，所以它应该和首页、列表页和公司详情页一起作为/路由的 children 元素。添加以下代码到/src/router/index. ts 文件中。

```
01  // 职位详情页面
02  const JobPage = () => import('../pages/detail/JobPage.vue');
03
04  // 创建路由关系映射表
05  const routes:RouteRecordRaw[] = [
06    {
07      path: '/',
08      component:BasePage,
09      children: [
10        // 首页、列表页面、公司详情页配置这里省略
11
12        // 职位详情页
13        {
14          path: 'job/:jobId',
15          component:JobPage,
16        },
17      ],
18    },
19  ];
```

这样，职位详情页就全部开发完成了。此时通过 npm run dev 命令启动项目可以在 http：//localhost：3000/#/job/<job_id>内通过输入任意职位 ID 来查看模拟的公司详情页，运行情况如图 13. 10 和图 13. 11 所示。

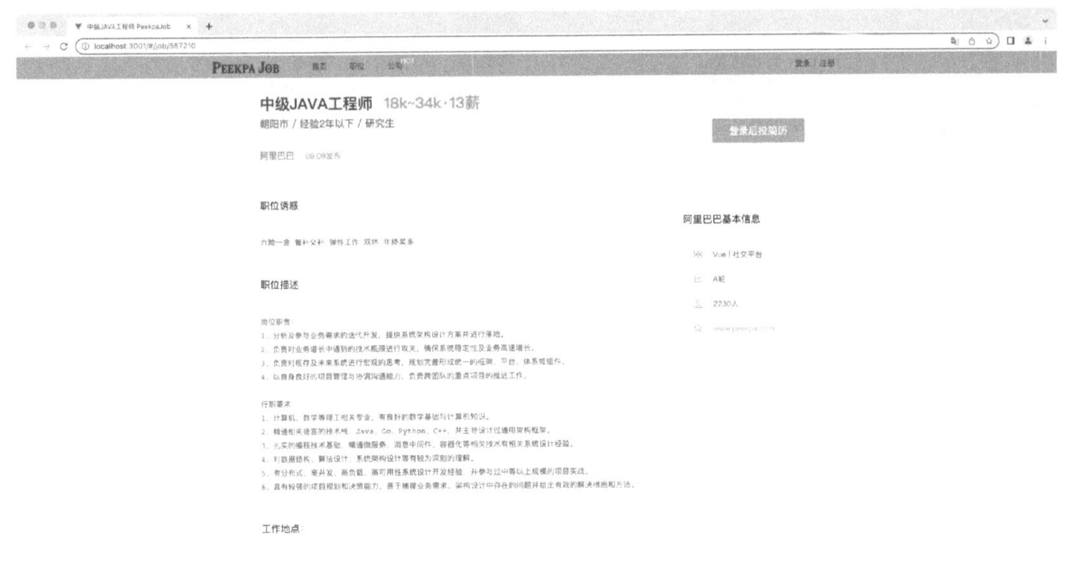

● 图 13.10 职位详情页效果

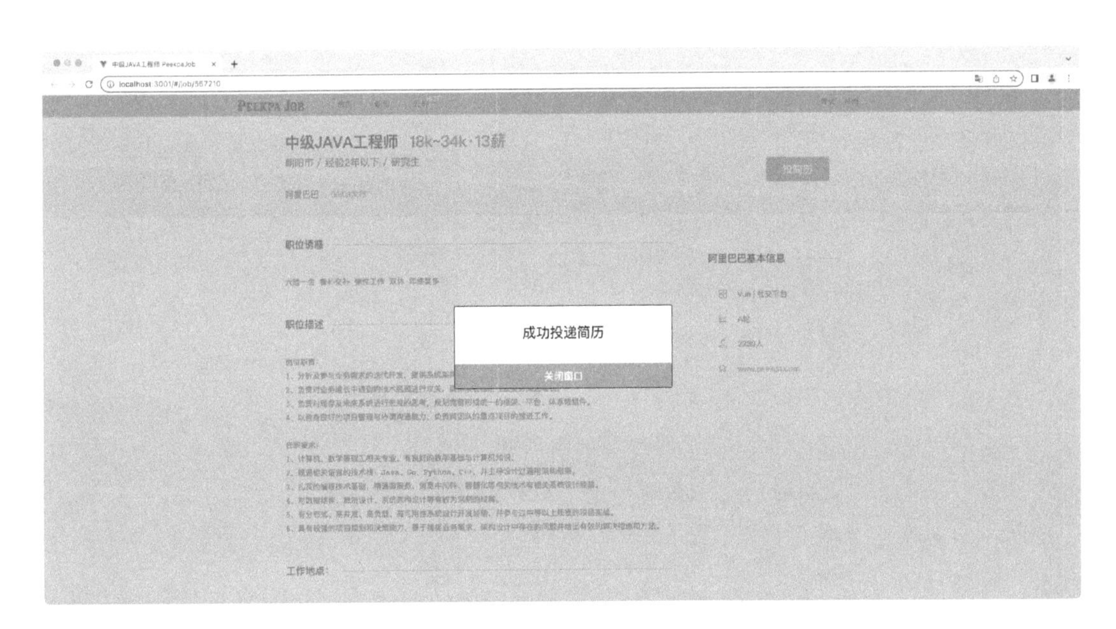

● 图 13.11 投递简历成功提示框效果

13.8 登录和注册引导页面

实操微视频

登录页面与注册引导页面本身的页面逻辑比较简单：在注册页面的两个输入框中分别输入账号和密码，然后单击相应按钮执行登录请求；在注册引导页面，用户需要输入手机号之后再单击获取验证码，输入完验证码之后再单击注册按钮跳转到注册信息完善页面。而且两个页面可以通过单击链接相互切换。根据这样的需求可以设计注册页面和登录页面的页面布局，如图 13.12 所示。

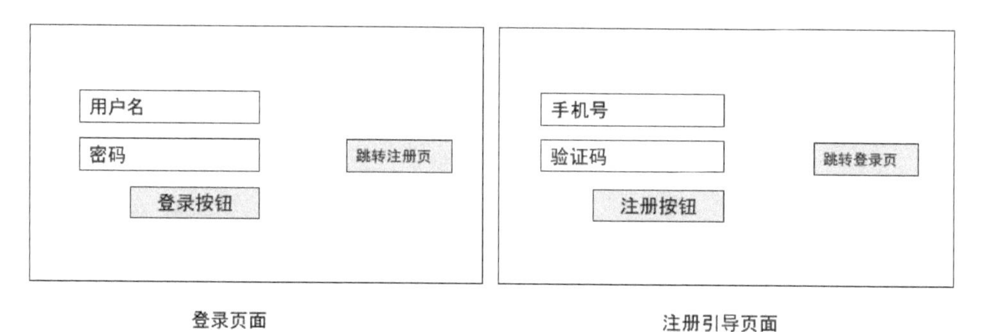

● 图 13.12　登录页面和注册引导页面布局

根据之前的接口文档，在注册页面使用到的接口如下。

1）/api/authenticate 接口，接收用户名密码生成验证 token。

2）/api/authorize 接口，接收上一步的验证 token，然后返回用户信息和用户 token。

注册引导页面需要使用的接口如下。

3）/api/send 接口，用于向手机发送验证码。

4）/api/regsiter 接口，用于完成注册向注册引导页面跳转。

同时这两个页面的输入框都需要进行输入规则验证。这里可以把第 8 章组件章节的实战项目拿来升级一下，需要将验证功能的输入框升级成验证功能的表单。页面的需求分析就到这里，接下来就详细开发每一个组件了。

13.8.1　升级验证功能输入框

在组件一章的实战项目中，带领大家设计了一个带有验证功能的输入框。但是在在线招聘网站项目中，仅仅带有验证功能的输入框还是不够的，这里需要将这些输入框组合起来，形成一个带有验证功能的表单组件。在之前组件的基础之上升级改造，首先需要定义组件的验证规则接口，在/src/types 目录下创建 RulesProp.ts 文件用来定义规则接口，代码如下。

```
01    // 单一验证规则
02    export interface Rule {
03      type:'required' |'email' |'custom'; // 验证规则类型
04      message: string; // 错误提示信息
05      validator?: (input: string) => boolean; // 自定义验证方法
06    }
07    // 验证规则列表
08    export typeRulesProp = Rule[];
```

这里的规则还是沿用之前章节的代码。但是之前章节的验证功能只能发生在输入框组件内部。而在在线招聘网站项目中，需要一个带有验证功能的表单，所以需要将组件内的验证方法通过 emit 的方式传递给父组件，然后在父组件内统一进行表单的验证工作即可。依照这个设计思路，在/src/compoonents/common 目录下创建 ValidationInput. vue 文件用来存放组件代码，新版的 ValidationInput 组件的代码如下。

```
01    <script setup lang="ts">
02    import {onMounted, reactive, useAttrs, watch } from'vue';
03    import { Rule,RulesProp } from'../../types/RulesProp';
04
05    // 定义组件内部数据接口
06    interface InputRef {
07      val: string;
08      error: boolean;
09      message: string;
10    }
11
12    // 获取组件的 Attrs
13    constattrs = useAttrs();
14
15    // 定义 props
16    const props =defineProps<{
17      modelValue: string; // 组件内部 model
18      rules?:RulesProp; // 验证规则
19      readonly?: boolean; // 输入框是否只读
20    }>();
21
22    // 定义 reactive 变量
23    const inputRef = reactive<InputRef>({
24      val: props.modelValue ||",
25      error: false,
26      message: ",
27    });
28
29    // Email 输入正则表达式
30    const emailReg =
31      /^[a-zA-Z0-9.! #$% &'* +/=? ^_'{|}~-]+@[a-zA-Z0-9-]+(?:\.[a-zA-Z0-9-]+)* $/;
32
33    // 验证方法
34    const validateInput = () => {
35      if (props.rules) {
36        constallPassed = props.rules.every((rule: Rule): boolean => {
37          let passed = true;
38          inputRef.message = rule.message;
39          switch (rule.type) {
40            // 验证是否必填
41            case'required':
42              passed =inputRef.val.trim() ! ==";
43              break;
44            // 验证是否合法的 Email 输入
45            case'email':
46              passed =emailReg.test(inputRef.val);
```

```
47            break;
48          // 自定义验证
49          case 'custom':
50            passed = rule.validator ? rule.validator(inputRef.val) : true;
51            break;
52          default:
53            break;
54        }
55        return passed;
56      });
57      inputRef.error = ! allPassed;
58      return allPassed;
59    }
60    return true;
61  };
62
63  // 定义 emit 事件
64  const emit =defineEmits<{
65    // 数据双向绑定,用于更新数据
66    (eventName: 'update:modelValue', targetValue: string): void;
67    // 将验证函数传递到父组件
68    (eventName: 'validate-input-created', callback: () => boolean): void;
69  }>();
70
71  // 在组件创建好之后,调用 emit 事件,将组件的验证函数传递给父组件
72  onMounted(() => {
73    emit('validate-input-created',validateInput);
74  });
75
76  // 通过监听 modelValue 属性,更新组件内部的值
77  watch(
78    () => props.modelValue,
79    (newValue) => {
80      inputRef.val = newValue;
81    }
82  );
83
84  // input 更新事件
85  const updateValue = (e: Event) => {
86    const targetValue = (e.target as HTMLInputElement).value;
87    inputRef.val = targetValue;
88    // 将更新的数值发送给父组件
89    emit('update:modelValue', targetValue);
90  };
91  </script>
92
93  <script lang="ts">
94  export default {
95    inheritAttrs: false,
96  };
```

```
97    </script>
98
99    <template>
100     <div class="input_container">
101       <input
102         :class="{ is_invalid:inputRef.error }"
103         class="form-control"
104         :value="inputRef.val"
105         v-bind="attrs"
106         autocomplete=""off""
107         :readonly="props.readonly"
108         @blur="validateInput"
109         @input="updateValue"
110       />
111       <span v-if="inputRef.error" class="invalid_feedback">{{
112         inputRef.message
113       }}</span>
114     </div>
115   </template>
```

这里看到在原来代码的基础之上，通过在 emit 中声明 validate-input-created 事件，在组件的 onMounted 生命周期钩子函数中将验证方法发送给父组件。此时父组件只需要在提交表单时挨个调用这些验证方法进行表单验证即可。这样，一个升级版本的带验证功能的输入框就完成了。

13.8.2 登录功能接口实现

根据接口文档，在线招聘网站的登录功能采用的是 JWT（JSON Web Token）模式，有/api/authenticate 和/api/authorize 两个接口。其中/api/authenticate 接口使用 HTTP POST 方法，向后台发送 username 和 password 用作验证用户登录信息，如果验证通过将返回一个 Token 字符串。接着/api/authorize 接口会将上一步获取的 Token 字符串作为参数，通过 HTTP POST 方法发送到后端程序进行 Token 验证。如果验证通过，后端程序将返回用户信息和用户 Token 给前端项目，如果验证失败，则返回 message 错误信息。根据这里的分析，需要在/src/services/model 目录下创建 UserModel. ts 文件，用来定义 AuthenticateAPIResult 接口，代码如下。

```
01    // authenticate 接口返回数据类型
02    export interface AuthenticateAPIResult {
03      token: string;
04      message?: string;
05    }
```

接着可以在之前实现退出逻辑的/src/services/user/index. ts 文件中，添加以下关于/api/authenticate 接口和/api/authorize 接口的代码。

```
01    // logout,postResume 定义代码此处省略
02
03    // authenticate 接口
04    export const authenticateUser = (
```

```
05      username: string,
06      password: string
07    ): Promise<AxiosResponse<AuthenticateAPIResult>> => {
08      return axiosInstance.post('/authenticate', {
09        username,
10        password,
11      });
12    };
13
14    // authorize 接口
15    export const authorizeUser = (
16      token: string
17    ): Promise<AxiosResponse<UserAuthorizeInfo>> => {
18      return axiosInstance.post('/authorize', {
19        token,
20      });
21    };
```

关于登录的接口就实现完成了。

13.8.3 注册引导功能接口实现

根据之前的接口文档可知，在注册引导页面需要使用两个接口：/api/send 接口和/api/register 接口。其中/api/send 接口接收手机号作为参数，通过 HTTP POST 方法传递给后台，用来获取验证码，而/api/register 接口则使用 HTTP POST 方法，将手机号和验证码作为参数发送给后台，获取验证页面的 Token 信息。根据这里的分析，需要在/src/services/model/UserModel.ts 文件中首先添加关于/api/register 接口的返回数据 RegisterApiResult 接口，代码如下。

```
01    // register 接口返回数据结构
02    export interface RegisterApiResult {
03      token: string;
04    }
```

接下来就可以在/src/services/user/index.ts 文件中实现这两个接口了，代码如下。

```
01    // 之前的代码此处省略
02
03    // 发送验证码
04    export const sendCode = (phone: string): Promise<AxiosResponse<null>> => {
05      return axiosInstance.post('/send', {
06        phone,
07      });
08    };
09
10    // 注册用户接口
11    export const registeUser = (
12      phone: string,
13      code: string
14    ): Promise<AxiosResponse<RegisterApiResult>> => {
15      return axiosInstance.post('/regsiter', {
```

```
16        phone,
17        code,
18      });
19    };
```

这样，登录页面和注册引导页面的全部接口就已经完成了，接下来可以继续开发登录页面和注册引导页面了。

13.8.4 登录组件

验证输入框已经开发完成，接下来可以用验证输入框组件拼装成登录组件。登录组件需要在单击“登录”按钮的时候，验证组件内的全部输入框中的信息是否合法，如果合法才会提交，否则就阻止内容提交。所以需要定义一个函数类型的 Type，用来表示这些验证方法。在/src/types/RulesProp. ts 文件内添加一个 ValidateFunc type，代码如下。

```
01    // 输入框验证方法
02    export type ValidateFunc = () => boolean;
```

登录组件归属于用户行为，所以需要在/src/components 目录下创建 user 目录，并在该目录下创建 LoginForm. vue 文件用来存放登录组件代码，代码如下。

```
01    <script setup lang="ts">
02    import {onUnmounted, reactive } from 'vue';
03    import {RulesProp, ValidateFunc } from '../../types/RulesProp';
04    import ValidateInput from '../common/ValidateInput.vue';
05
06    // 定义登录组件 model 接口
07    interface LoginModel {
08      username: string;// 用户名/邮箱
09      password: string;// 密码
10    }
11
12    // 验证方法函数数组
13    let funcArr: ValidateFunc[] = [];
14
15    // 用来接收输入框的验证函数,并将函数存放到数组中
16    const validateCallback = (func: ValidateFunc) => {
17      if (func) {
18        funcArr.push(func);
19      }
20    };
21
22    // 用户名验证规则
23    const usernameRules: RulesProp = [
24      { type: 'required', message: '手机号/邮箱地址不能为空' },
25    ];
26
27    // 密码验证规则
28    const passwordRules: RulesProp = [
```

```
29      { type: 'required', message: '密码不能为空' },
30    ];
31
32    // 登录表单响应式变量
33    const loginModel = reactive<LoginModel>({
34      username: '',
35      password: '',
36    });
37
38    // 定义组件 props
39    defineProps<{
40      errorMessage: string; // 登录错误信息
41    }>();
42
43    // 定义组件 emit
44    const emit =defineEmits<{
45      // 将用户名和密码传递给父组件,用来处理登录请求
46      (eventName: 'login', userName: string, passWord: string): void;
47    }>();
48
49    // 处理登录单击事件
50    const submitLogin = () => {
51      // 验证所有输入框输入是否合法
52      const valid =funcArr.map((func) => func()).every((result) => result);
53      // 如果所有输入框内容全部合法,则提交登录信息
54      if (valid) {
55        emit('login',loginModel.username, loginModel.password);
56      }
57    };
58
59    // 销毁组件的时候解绑组件内的所有验证函数
60    onUnmounted(() => {
61      funcArr = [];
62    });
63    </script>
64
65    <template>
66      <div>
67        <form action="#">
68          <ValidateInput
69            v-model="loginModel.username"
70            class="input_width"
71            :rules="usernameRules"
72            placeholder="请输入常用手机号/邮箱"
73            @validate-input-created="validateCallback"
74          />
75
76          <ValidateInput
77            v-model="loginModel.password"
78            class="input_width"
```

```
79            type="password"
80            :rules="passwordRules"
81            placeholder="请输入密码"
82            @validate-input-created="validateCallback"
83          />
84          <div v-if="errorMessage" class="error_message">{{ errorMessage }}</div>
85          <div class="forgot_pwd">
86            <ahref="javascript:void(0)">忘记密码? </a>
87          </div>
88
89          <button class="btn_apply" @click.prevent="submitLogin">登  录</button>
90        </form>
91      </div>
92    </template>
```

从这段代码中可以看到，组件内首先定义了 LoginModel 接口，然后将接口创建的对象内部属性分别和组件内 HTML 元素进行双向绑定。在登录组件内使用一个 funcArr 数组用来存放输入框的验证函数。使用 validateCallback 函数用来接收输入框组件传递过来的验证函数。在单击“登录”按钮时，执行 funcArr 数组中的所有验证函数，只有全部验证通过的时候，才会将用户名和密码传递到父组件中进行登录处理。这样，登录组件就开发完成了。

13.8.5 注册组件

注册组件应该放在注册引导页面中，由两个输入框组件构成，并且只有在输入框验证函数都通过的情况下，才能提交注册数据。在/src/components/user 目录下创建 RegisterForm. vue 文件用来开发注册组件，代码如下。

```
01    <script setup lang="ts">
02    import {onUnmounted, reactive } from 'vue';
03    import {RulesProp, ValidateFunc } from'../../types/RulesProp';
04    import ValidateInput from'../common/ValidateInput.vue';
05
06    // 定义注册组件 model 接口
07    interface RegisterModel {
08      phone: string; // 手机号
09      code: string; // 验证码
10      hasSent: boolean; // 是否已经送验证码
11    }
12
13    // 验证方法函数数组
14    let funcArr: ValidateFunc[] = [];
15
16    // 用来接收输入框的验证函数,并将函数存放到数组中
17    const validateCallback = (func: ValidateFunc) => {
18      if (func) {
19        funcArr.push(func);
20      }
21    };
```

```
22
23  // 手机号验证规则
24  const phoneRules: RulesProp = [
25    { type: 'required', message: '手机号码不能为空' },
26    // 自定义验证方法,检测手机号位数
27    {
28      type: 'custom',
29      message: '请正确输入手机号码',
30      validator: (inputValue) => {
31        if (inputValue.length ! == 11) {
32          return false;
33        }
34        return true;
35      },
36    },
37  ];
38
39  // 验证码验证规则
40  const codeRules: RulesProp = [
41    { type: 'required', message: '请输入验证码' },
42    // 自定义验证方法,检测验证码位数
43    {
44      type: 'custom',
45      message: '请正确输入验证码',
46      validator: (inputValue) => {
47        if (inputValue.length ! == 4) {
48          return false;
49        }
50        return true;
51      },
52    },
53  ];
54
55  // 注册表单响应式变量
56  const registerModel = reactive<RegisterModel>({
57    phone: '',
58    code: '',
59    hasSent: false,
60  });
61
62  // 定义组件 emit
63  const emit =defineEmits<{
64    // 将手机号和验证码传递给父组件,用来处理注册请求
65    (eventName: 'register', phone: string, code: string): void;
66    // 将发送验证码的请求交给父组件处理
67    (eventName: 'send', phone: string): void;
68  }>();
69
70  // 处理注册单击事件
71  const submitForm = () => {
```

```
72      // 验证所有输入框输入是否合法
73      const valid =funcArr.map((func) => func()).every((result) => result);
74      // 如果所有输入框内容全部合法,则提交登录信息
75      if (valid) {
76        emit('register',registerModel.phone, registerModel.code);
77      }
78    };
79
80    // 处理单击发送验证码的事件
81    const handleSend = async () => {
82      // 判断手机号是否输入正确,如果正确,才会将发送事件提交给父组件处理
83      if (funcArr[0]()) {
84        registerModel.hasSent = true;
85        emit('send',registerModel.phone);
86      }
87    };
88
89    // 销毁组件的时候解绑组件内的所有验证函数
90    onUnmounted(() => {
91      funcArr = [];
92    });
93    </script>
94
95    <template>
96      <div>
97        <form action="#">
98          <div>
99            <span class="area_code">0081</span>
100            <ValidateInput
101              v-model="registerModel.phone"
102              class="input_left input_width"
103              type="text"
104              :rules="phoneRules"
105              placeholder="请输入常用手机号"
106              @validate-input-created="validateCallback"
107            />
108          </div>
109          <div>
110            <ValidateInput
111              v-model="registerModel.code"
112              class="input_width"
113              type="text"
114              :rules="codeRules"
115              placeholder="请输入验证码"
116              @validate-input-created="validateCallback"
117            />
118            <input
119              type="button"
120              class="btn_active last_child"
121              :class="{btn_disable: registerModel.hasSent }"
```

```
122              value="获取验证码"
123              data-required="required"
124              @click="handleSend"
125            />
126          </div>
127          <button class="btn_apply" @click.prevent="submitForm">注  册</button>
128        </form>
129      </div>
130    </template>
```

这段代码中需要注意的点就是在单击发送验证码按钮的时候，需要首先验证手机号是否输入正确，如果手机号没有正确输入，则按钮不会向父组件提交事件。组件的 register 事件和 send 事件全部发送给父组件进行处理，因为父组件内统一处理网络请求。这样，注册组件也开发完成了。

13.8.6 登录注册页面实现

因为需求文档定义登录页面和注册页面可以实现相互单击跳转的功能，所以可以将登录组件和注册组件放到同一个页面内，通过一个变量来控制当前显示的是哪个组件。而这个变量的初始值需要通过页面内的路由路径来判断。同时还需要在页面初始化完成之后判断当前用户是否已经登录，如果已经登录，则页面自动跳转到首页，避免重复登录。

因为之前在开发登录注册组件时预留了 emit 事件接口，所以这里组件内的网络请求接口调用都需要在页面内完成。接下来就在/src/pages/目录下创建 user 目录，并在该路径下创建 LoginRegister Page.vue文件用来存放登录注册页面代码。具体代码如下。

```
01    <script setup lang="ts">
02    import {useRoute, useRouter } from'vue-router';
03    import {onMounted, ref, watch } from'vue';
04    import LoginForm from'../../components/user/LoginForm.vue';
05    import RegisterForm from'../../components/user/RegisterForm.vue';
06    import {
07      authenticateUser,
08      authorizeUser,
09      registeUser,
10      sendCode,
11    } from'../../services/user';
12    import useStore from'../../store/modules/User';
13    import ROUTER_CONSTANTS from'../../router/constants';
14
15    // 当前页面路由
16    const route =useRoute();
17    // 项目路由
18    const router =useRouter();
19    // User store
20    const store =useStore();
21    // 是否展示登录组件,或者注册组件
22    const isLogin = ref<boolean>(false);
23    // 登录组件错误提示信息
```

```
24  const errorMessage = ref<string>('');
25
26  // 第一次进入页面,首先判断用户是否已经登录,如果登录则跳转到首页
27  // 如果没有登录,需要根据路由的路径来判断当前页面展示哪个组件
28  onMounted(() => {
29    if (store.getToken) {
30      router.replace({
31        name: ROUTER_CONSTANTS.INDEX,
32      });
33    }
34    if (route.path === '/login') {
35      isLogin.value = true;
36    } else {
37      isLogin.value = false;
38    }
39  });
40
41  // 监听路由路径变化,目的是为了在登录页面和注册引导页面之间切换使用
42  watch(
43    () => route.path,
44    (newValue) => {
45      if (newValue === '/login') {
46        isLogin.value = true;
47      } else {
48        isLogin.value = false;
49      }
50    }
51  );
52
53  // 负责处理登录请求
54  const handleLogin = async (username: string, password: string) => {
55    errorMessage.value = '';
56    // 首先发送用户名和密码给后台,进行 authenticate 操作
57    const authenticateResponse = await authenticateUser(username, password);
58    if (authenticateResponse.status === 200) {
59      // 如果 authenticate 成功,使用返回的 Token 继续执行 authorize 操作
60      const authResponse = await authorizeUser(authenticateResponse.data.token);
61      // 如果 authorize 成功,则将返回的用户信息保存到 User store 中并跳转
62      if (authResponse.status === 200) {
63        const userInfo =authResponse.data;
64        // 保存用户信息
65        store.setUser(userInfo);
66        // 判断当前路由是否有 next 参数。如果有,则按照 next 参数跳转。主要用于职位详情页
67        if (route.query.next) {
68          router.replace(route.query.next as string);
69        } else {
70          // 默认跳转到首页
71          router.replace({
72            name: ROUTER_CONSTANTS.INDEX,
73          });
```

```
74          }
75        }
76      } else {
77        // 将接口返回的错误信息赋值给 errorMessage 响应式变量
78        errorMessage.value = authenticateResponse.data.message as string;
79      }
80    };
81
82    // 负责发送注册请求
83    const handleRegister = async (phone: string, code: string) => {
84      try {
85        const response = await registeUser(phone, code);
86        if (response.status === 200) {
87          // 如果成功返回,将返回的 Token 和电话号码传递给注册信息完善页
88          router.push({
89            name: ROUTER_CONSTANTS.INFOPAGE,
90            query: {
91              phone,
92              token: response.data.token,
93            },
94          });
95        } else {
96          throw Error('handleRegister error');
97        }
98      } catch (error) {
99        // 这里可以自定义网络请求错误处理
100        console.error(error);
101      }
102    };
103
104    // 负责发送验证码请求
105    const handleSend = async (phone: string) => {
106      try {
107        await sendCode(phone);
108      } catch (error) {
109        // 这里可以自定义网络请求错误处理
110        console.error(error);
111      }
112    };
113    </script>
114
115    <template>
116      <header class="header">
117        <ahref="#" class="logo">Peekpa Job</a>
118      </header>
119      <section v-if="isLogin" class="content_box">
120        <div class="left_area float_left">
121          <LoginForm :error-message="errorMessage" @login="handleLogin" />
122        </div>
123        <div class="divider float_left"></div>
```

```
124        <div class="right_area float_left">
125          <div>还没有账号</div>
126          <ahref="#/register" class="register_now">立即注册</a>
127        </div>
128      </section>
129      <section v-else class="content_box">
130        <div class="left_area float_left">
131          <RegisterForm @register="handleRegister" @send="handleSend" />
132        </div>
133        <div class="divider float_left"></div>
134        <div class="right_area float_left">
135          <div>已有账号:</div>
136          <ahref="#/login" class="register_now">直接登录</a>
137          <div class="find_people">想要找人? </div>
138          <ahref="javascript:void(0)" class="register_now">单击这里注册</a>
139        </div>
140      </section>
141    </template>
```

这段代码注释齐全、逻辑清晰，可以看到在 onMounted 生命周期钩子函数中，进行了登录判断和 isLogin 变量的初始化。通过三个 handle 函数分别处理页面中的所有网络请求。唯一值得注意的点就是在执行登录操作时，这里连续发送了两个网络请求。这样，登录注册页面的页面代码部分就开发完成了，接下来需要将这两个页面配置到项目的路由配置中。

13.8.7 登录注册页面路由设置

根据之前的需求文档定义：/login 路由对应登录页面了；而/register 路径对应注册引导页面。这两个页面都使用的是 LoginRegisterPage. vue 文件，因此可以在项目的/src/router/index. ts 文件中添加以下配置。

```
01    // 登录/注册页面
02    const LoginRegisterPage = () => import('../pages/user/LoginRegisterPage.vue');
03
04    // 创建路由关系映射表
05    const routes:RouteRecordRaw[] = [
06      // 此处省略其余页面定义代码
07
08      // 登录页面
09      {
10        path: '/login',
11        name: ROUTER_CONSTANTS.LOGIN,
12        component:LoginRegisterPage,
13        meta: {
14          title: '登录 PeekpaJob.com',
15        },
16      },
17      // 注册引导页面
18      {
19        path: '/register',
```

```
20        name: ROUTER_CONSTANTS.REGISTER,
21        component:LoginRegisterPage,
22        meta: {
23          title: '注册 PeekpaJob.com',
24        },
25      },
26    ];
```

这样，登录页面和注册引导页面就全部开发完成了。此时启动项目，通过访问 http://localhost:3000/#/login 和 http://localhost:3000/#/register 地址可以分别看到登录页面和注册引导页面。因为项目中已经配置好了模拟数据，所以这两个页面的功能都是可以用的，而且项目的导航栏和职位详情页也是可以模拟用户登录状态变化的。这两个页面运行效果如图 13.13 和图 13.14 所示。

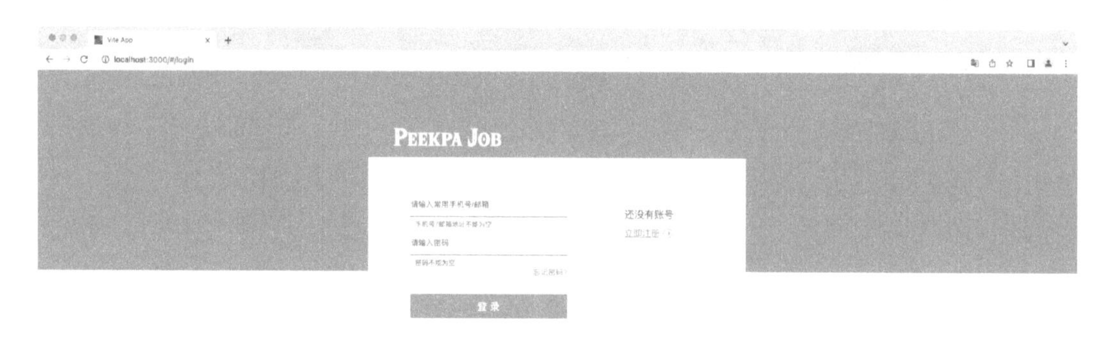

● 图 13.13　登录页面输入框验证失败效果展示

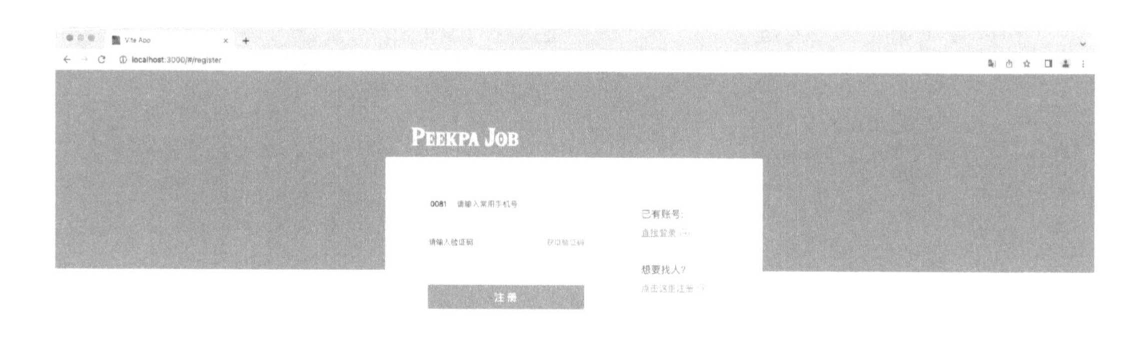

● 图 13.14　注册引导页面效果

13.9 注册信息完善页面

实操微视频

一个网站仅有一个注册引导页面是不够的，还需要一个专门的页面让用户填写自己的详细信息、上传简历和上传图片，这种网页就是项目中的注册信息完善页面。用户会在注册引导页面单击“注册”按钮之后来到这个页面。

注册信息完善页面的布局十分简单，就只有一个 HTML 表单加一个按钮。表单里的输入框组件需要使用带有验证功能的 ValidationInput 组件。用户在输入完信息之后，单击按钮提交数据，从而完成整个注册流程。

根据接口文档定义，在注册信息完善页面中使用的接口有/api/checktoken 和/api/uploadinfo 接口。其中/api/checktoken 接口会将注册引导页面中的/api/register 接口返回的 Token 值作为参数，传递后台进行验证。如果 Token 不合法，证明当前页面属于非法访问，项目需要将访问页面自动跳转到注册引导页。这样做可以避免黑客通过访问注册信息完善页而大量注入垃圾数据的行为。/api/uploadinfo 则会将所有页面信息上传到服务器，完成注册流程并返回用户 Token 和用户信息，随后页面跳转到首页。接下来，就一起来开发注册信息完善页。

13.9.1 注册信息完善页面接口实现

/api/checktoken 的逻辑十分简单，以 HTTP POST 形式发送 Token 到后台，返回结果是一个布尔值，标志 Token 校验是否成功。所以只需要在/src/services/user/index. ts 文件中添加以下代码即可。

```
01    // 此处其余接口代码省略
02
03    // 校验注册信息完善页面 Token 是否合法
04    export const checkToken = (
05      token: string
06    ): Promise<AxiosResponse<boolean>> => {
07      return axiosInstance.post('/checktoken', {
08        token,
09      });
10    };
```

接下来是/api/uploadinfo 接口。这个接口需要将信息完善页面的表单内所有数据和 Token 值作为参数，以 HTTP POST 的方式发送给后台。表单数据包括：信息注册页面验证 Token、姓名、性别、城市、邮箱、应聘职位、最高学历、学校名称、专业名称、工作年限、目前状态、公司名称、薪资期望、简历和头像。返回结果应该是 UserAuthorizeInfo 类。因为这里一次性提交的数据比较多，所以推荐在/src/types/user. ts 文件内新建一个 UserUploadInfo 接口，代码如下。

```
01    // 此处其余接口代码省略
02
03    // 注册信息表单提交
04    export const uploadUserInfo = (
05      userInfo:UserUploadInfo
06    ): Promise<AxiosResponse<UserAuthorizeInfo>> => {
07      constformData = new FormData();
08      formData.append('token', userInfo.token);
09      formData.append('name', userInfo.name);
10      formData.append('gender', userInfo.gender);
11      formData.append('city', userInfo.city);
```

```
12      formData.append('phone', userInfo.phone);
13      formData.append('email', userInfo.email);
14      formData.append('position', userInfo.position);
15      formData.append('education', userInfo.education);
16      formData.append('schoolName', userInfo.schoolName);
17      formData.append('major', userInfo.major);
18      formData.append('experience', userInfo.experience);
19      formData.append('status', userInfo.status);
20      formData.append('companyName', userInfo.companyName);
21      formData.append('compensationLow', userInfo.compensationLow);
22      formData.append('compensationHigh', userInfo.compensationHigh);
23      formData.append('resume', userInfo.resume ||'');
24      formData.append('avater', userInfo.avater ||'');
25      return axiosInstance.post('/uploadinfo', formData);
26    };
```

接下来可以在/src/services/user/index.ts 文件中实现/api/uploadinfo 接口，代码如下。

```
01    import {UserAuthorizeInfo, UserUploadInfo } from'../../types/User';
02
03    // 此处省略其余接口代码
04
05    // 注册信息表单提交
06    export const uploadUserInfo = (
07      userInfo:UserUploadInfo
08    ): Promise<AxiosResponse<UserAuthorizeInfo>> => {
09      constformData = new FormData();
10      formData.append('token', userInfo.token);
11      formData.append('name', userInfo.name);
12      formData.append('gender', userInfo.gender);
13      formData.append('city', userInfo.city);
14      formData.append('phone', userInfo.phone);
15      formData.append('email', userInfo.email);
16      formData.append('position', userInfo.position);
17      formData.append('education', userInfo.education);
18      formData.append('schoolName', userInfo.schoolName);
19      formData.append('major', userInfo.major);
20      formData.append('experience', userInfo.experience);
21      formData.append('status', userInfo.status);
22      formData.append('companyName', userInfo.companyName);
23      formData.append('compensationLow', userInfo.compensationLow);
24      formData.append('compensationHigh', userInfo.compensationHigh);
25      formData.append('resume', userInfo.resume ||'');
26      formData.append('avater', userInfo.avater ||'');
27      return axiosInstance.post('/uploadinfo', formData);
28    };
```

接口已经实现了，接下可以实现信息完善页面布局。

13.9.2 注册信息组件实现

根据之前的分析，注册完善信息页内应该含有一个表单组件，该组件内需使用 ValidateInput 组件，

选择框标签，并且还需要实现头像照片浏览功能和提交表单验证功能，所以注册信息组件代码存放的文件 InfoForm. vue 应该在/src/components/user/目录下，具体代码如下。

```
01  <script setup lang="ts">
02  import {onMounted, onUnmounted, reactive, ref } from 'vue';
03  import {useRoute } from 'vue-router';
04  import {RulesProp, ValidateFunc } from '../../types/RulesProp';
05  import {UserUploadInfo } from '../../types/User';
06  import ValidateInput from '../common/ValidateInput.vue';
07
08  // 信息完善页面 model 接口
09  interface InfoModel {
10    name: string; // 姓名
11    gender: string; // 性别
12    city: string; // 城市
13    phone: string; // 手机号码
14    email: string; // 邮箱
15    position: string; // 应聘职位
16    education: string; // 最高学历
17    schoolName: string; // 学校名称
18    major: string; // 专业名称
19    experience: string; // 工作年限
20    status: string; // 目前状态
21    companyName: string; // 公司名称
22    compensationLow: string; // 薪资期望下限
23    compensationHigh: string; // 薪资期望上限
24  }
25
26  // 验证方法函数数组
27  let funcArr: ValidateFunc[] = [];
28
29  // 用来接收输入框的验证函数,并将函数存放数组中
30  const validateCallback = (func: ValidateFunc) => {
31    if (func) {
32      funcArr.push(func);
33    }
34  };
35
36  // 当前页面路由
37  const route =useRoute();
38
39  // 头像预览 Input HTML 元素
40  const previewInput = ref<HTMLInputElement |null>(null);
41  // 简历上传 Input HTML 元素
42  const resumeInput = ref<HTMLInputElement |null>(null);
43
44  // 触发头像 input 单击事件
45  const uploadPreview = () => {
46    if (previewInput.value) {
47      previewInput.value.click();
```

```
48      }
49    };
50
51    // 头像本地 URL 地址
52    const avatarUrl = ref<string | null>();
53
54    // 显示头像缩略图的方法
55    const previewImage = (event: Event) => {
56      const target = event.target asHTMLInputElement;
57      if (target.files && target.files.length) {
58        const file = target.files[0];
59        avatarUrl.value = URL.createObjectURL(file);
60      }
61    };
62
63    // 信息完善表单响应式变量
64    const infoModel = reactive<InfoModel>({
65      name: '',
66      gender: '',
67      city: '',
68      phone: '',
69      email: '',
70      position: '',
71      education: '',
72      schoolName: '',
73      major: '',
74      experience: '',
75      status: '',
76      companyName: '',
77      compensationLow: '',
78      compensationHigh: '',
79    });
80
81    // 姓名验证规则
82    const nameRules: RulesProp = [{ type: 'required', message: '姓名不能为空' }];
83
84    // 城市验证规则
85    const cityRules: RulesProp = [{ type: 'required', message: '城市不能为空' }];
86
87    // 邮箱验证规则
88    const emailRules: RulesProp = [
89      { type: 'required', message: '邮箱不能为空' },
90      { type: 'email', message: '请输入正确的电子邮箱格式' },
91    ];
92
93    // 学校名称验证规则
94    const schoolNameRules: RulesProp = [
95      { type: 'required', message: '学校名称不能为空' },
96    ];
97
98    // 专业名称验证规则
```

```
99    const majorRules: RulesProp = [
100     { type: 'required', message: '专业名称不能为空' },
101   ];
102
103   // 公司名称验证规则
104   const companyNameRules: RulesProp = [
105     { type: 'required', message: '公司名称不能为空' },
106   ];
107
108   // 定义组件 emit
109   const emit =defineEmits<{
110     // 将页面表单的数据参数交由父组件处理,发送网络请求
111     (eventName: 'submitinfo', userInfo: UserUploadInfo): void;
112   }>();
113
114   // 检测所有的 ValidationInput 组件验证函数是否通过以及选择框是否有值
115   const checkValidate = (): boolean => {
116     // 所有 ValidateInput 组件验证通过
117     const valid =funcArr.map((func) => func()).every((result) => result);
118     // 选择框是否已经选值
119     if (
120       valid &&
121       infoModel.gender &&
122       infoModel.education &&
123       infoModel.experience &&
124       infoModel.status &&
125       infoModel.compensationLow &&
126       infoModel.compensationHigh
127     ) {
128       return true;
129     }
130     return false;
131   };
132
133   // 单击按钮提交事件,首先检测输入是否合法,如果全部合法,则会触发 emit 事件,将数据提交父组件进行
网络请求处理
134   const submitForm = async () => {
135     if (checkValidate() && resumeInput.value && previewInput.value) {
136       const token = route.query.token as string;
137       const resume =resumeInput.value.files ? resumeInput.value.files[0] : null;
138       const avater = previewInput.value.files
139         ? previewInput.value.files[0]
140         : null;
141       const userInfo:UserUploadInfo = {
142         token,
143         ...infoModel,
144         resume,
145         avater,
146       };
147       emit('submitinfo', userInfo);
```

```
148     }
149   };
150
151   // 第一次进入页面,从路由中获取手机号显示在组件中
152   onMounted(() => {
153     infoModel.phone = String(route.query.phone);
154   });
155
156   // 销毁组件的时候解绑组件内的所有验证函数
157   onUnmounted(() => {
158     funcArr = [];
159   });
160   </script>
161
162   <template>
163     <div class="header">请完善以下个人信息</div>
164     <form action="#">
165       <div class="form_left">
166         <ValidateInput
167           v-model="infoModel.name"
168           placeholder="姓名"
169           class="row_3"
170           :rules="nameRules"
171           @validate-input-created="validateCallback"
172         />
173         <select v-model="infoModel.gender" name="gender" class="selector row_3">
174           <option value>性别</option>
175           <option value="男">男</option>
176           <option value="女">女</option>
177         </select>
178         <ValidateInput
179           v-model="infoModel.city"
180           placeholder="城市"
181           class="row_3"
182           :rules="cityRules"
183           @validate-input-created="validateCallback"
184         />
185         <ValidateInput
186           v-model="infoModel.phone"
187           placeholder="手机号码"
188           class="row_3 readonly"
189           :readonly="true"
190         />
191         <ValidateInput
192           v-model="infoModel.email"
193           placeholder="邮箱"
194           class="row_3"
195           :rules="emailRules"
196           @validate-input-created="validateCallback"
197         />
```

```
198        <ValidateInput
199          v-model="infoModel.position"
200          placeholder="应聘职位"
201          class="row_3"
202        />
203        <select v-model="infoModel.education" class="selector row_3">
204          <option value>最高学历</option>
205          <option value="博士">博士</option>
206          <option value="研究生">研究生</option>
207          <option value="本科">本科</option>
208          <option value="高中">高中</option>
209        </select>
210        <ValidateInput
211          v-model="infoModel.schoolName"
212          placeholder="学校名称"
213          class="row_3"
214          :rules="schoolNameRules"
215          @validate-input-created="validateCallback"
216        />
217        <ValidateInput
218          v-model="infoModel.major"
219          placeholder="专业名称"
220          class="row_3"
221          :rules="majorRules"
222          @validate-input-created="validateCallback"
223        />
224        <select v-model="infoModel.experience" class="selector row_3">
225          <option value>工作年限</option>
226          <option value="无经验">无经验</option>
227          <option value="2 年以内">2 年以内</option>
228          <option value="2~5 年">2~5 年</option>
229          <option value="5~10 年">5~10 年</option>
230          <option value="10 年以上">10 年以上</option>
231        </select>
232        <select v-model="infoModel.status" class="selector row_3">
233          <option value>目前状态</option>
234          <option value="在职">在职</option>
235          <option value="已离职">已离职</option>
236          <option value="无业">无业</option>
237        </select>
238        <ValidateInput
239          v-model="infoModel.companyName"
240          placeholder="公司名称"
241          class="row_3"
242          :rules="companyNameRules"
243          @validate-input-created="validateCallback"
244        />
245        <span class="form_title row_3">薪资期望</span>
246        <select
247          v-model="infoModel.compensationLow"
```

```
248              name="compensationLow"
249              class="selector row_3"
250            >
251              <option value>薪资下限</option>
252              <option value="10">10k</option>
253              <option value="15">15k</option>
254              <option value="20">20k</option>
255            </select>
256            <select
257              v-model="infoModel.compensationHigh"
258              name="compensationHigh"
259              class="selector row_3"
260            >
261              <option value>薪资上限</option>
262              <option value="20">20k</option>
263              <option value="25">25k</option>
264              <option value="30">30k</option>
265            </select>
266            <div class="form_title row_3">上传简历</div>
267            <input
268              id="resume"
269              ref="resumeInput"
270              name="resume"
271              type="file"
272              class="upload_file"
273              placeholder="上传简历"
274            />
275          </div>
276          <div class="form_right">
277            <input
278              id="avater"
279              ref="previewInput"
280              name="avater"
281              type="file"
282              hidden
283              @change="previewImage"
284            />
285            <div class="preview" @click="uploadPreview">
286              <img v-if="avatarUrl" :src="avatarUrl" />
287            </div>
288          </div>
289        </form>
290        <button class="btn_apply" @click="submitForm">
291          完  成  注  册
292        </button>
293      </template>
```

组件代码有些多，但大部分是表单页面布局代码。可以看到这段代码中，使用 input 元素和 img 元素相结合来实现用户头像预览功能，即 input 元素负责上传图片文件，当有文件时，img 元素则会按照 URL 加载图片显示。最后单击“完成注册”按钮，组件会将所有的个人信息通过 emit 的方式发送父组件页面中处理。

13.9.3 注册信息完善页面实现

注册信息完善页面中需要使用信息注册组件 InfoForm，同时应该定义函数用来处理组件传来的 emit 事件，调用/api/uploadinfo 接口将数据传递给后台，完成注册新用户的流程。在注册信息页面 onMounted 生命周期函数中，首先需要判断用户是否已经登录，如果已经登录，则跳转到首页。如果未登录，程序将会从页面路由中读取 Token 值，调用/api/checktoken 接口用来检测当前访问是否合法。

依照这里的分析，注册信息完善页面的代码应该存放在/src/pages/user 目录下，在该目录下创建 RegisterInfoPage. vue 组件，添加以下代码。

```
01    <script setup lang="ts">
02    import {onMounted } from 'vue';
03    import {useRoute, useRouter } from 'vue-router';
04    import ROUTER_CONSTANTS from '../../router/constants';
05    import InfoForm from '../../components/user/InfoForm.vue';
06    import {checkToken, uploadUserInfo } from '../../services/user';
07    import {UserUploadInfo } from '../../types/User';
08    import useStore from '../../store/modules/User';
09
10    // 全局 router
11    const router =useRouter();
12    // 当前页面路由
13    const route =useRoute();
14    // User Store
15    const store =useStore();
16
17    // 第一次进入页面,首先判断用户是否登录,如果登录则跳转到首页
18    // 如果未登录,则会从路由中读取 Token 值,发送后台检验 Token
19    onMounted(async () => {
20      if (store.getToken) {
21        router.replace({
22          name: ROUTER_CONSTANTS.INDEX,
23        });
24      }
25      try {
26        const response = await checkToken(route.query.token as string);
27        // 如果 Token 检测失败,则跳转到注册引导页面
28        if (! response.data) {
29          router.replace({
30            name: ROUTER_CONSTANTS.REGISTER,
31          });
32        }
33      } catch (error) {
34        // 这里可以自定义网络请求错误处理
35        console.error(error);
36      }
37    });
```

```
38
39    // 上传用户信息完善表单
40    const uploadInfo = async (userInfo: UserUploadInfo) => {
41      try {
42        const response = await uploadUserInfo(userInfo);
43        // 如果提交成功,User Store 存储用户信息,并跳转到首页
44        if (response.status === 200) {
45          const user = response.data;
46          store.setUser(user);
47          router.replace({
48            name: ROUTER_CONSTANTS.INDEX,
49          });
50        }
51      } catch (error) {
52        // 这里可以自定义网络请求错误处理
53        console.error(error);
54      }
55    };
56    </script>
57
58    <template>
59      <header class="header">
60        <ahref="#" class="logo">Peekpa Job</a>
61      </header>
62      <section class="content_box">
63        <InfoForm @submitinfo="uploadInfo" />
64      </section>
65    </template>
```

此处的代码量并不多，注册信息完善页面就完成了，接下来需要在项目的路由映射表里添加注册信息完善页的配置。

13.9.4 注册信息完善页面路由设置

根据之前的需求文档定义，注册信息完善页面的路由路径应该为/info，所以需要修改/src/router/index.ts 文件代码，将以下关于注册信息完善页的内容添加到路由配置中，代码如下。

```
01    // 注册信息完善页
02    const RegisterInfoPage = () => import('../pages/user/RegisterInfoPage.vue');
03
04    // 创建路由关系映射表
05    const routes:RouteRecordRaw[] = [
06      // 其他页面代码此处省略
07
08      // 注册完善页面
09      {
10        path: '/info',
11        name: ROUTER_CONSTANTS.INFOPAGE,
12        component:RegisterInfoPage,
13        meta: {
```

```
14          title:'完善信息 PeekpaJob.com',
15        },
16      },
17    ];
```

这样注册信息页面就全部开发完成了。此时可以通过 npm run dev 命令启动项目，访问 http：//localhost：3000/#/register 地址通过正确输入手机号和验证码的方式可以跳转到页面信息完善页，页面效果如图 13. 15 所示。

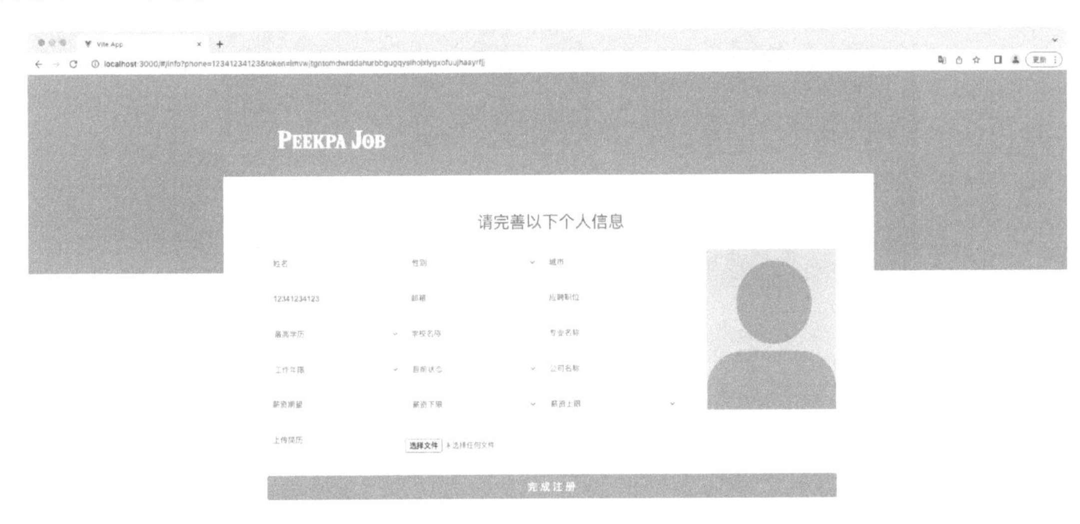

● 图 13. 15　注册信息完善页展示效果

13. 10　个人信息页面

实操微视频

目前项目中的用户登录注册流程已经全部开发完成了，但是还缺少个人信息页面。在个人信息页面内，登录用户不仅可以看到自己的详细信息，已投递简历的职位的面试进度，还能修改自己的简历。它的页面布局和之前的职位详情页，公司详情页非常类似，也需要使用共用的导航栏和 Footer 组件。这就说明个人信息页应该作为/路径下的子页面。个人信息页面的页面布局如图 13. 16 所示。

根据接口文档的定义，个人信息页面需要使用/api/profile 接口，通过 HTTP GET 方法将用户 ID 发送到后端程序获取当前用户的个人信息数据。页面使用/api/updateresume 的 HTTP PUT 方法更新简历。

个人信息页面只有在用户已登录的情况下才能访问。如果在用户未登录的情况下访问/homepage 页面，系统将会自动跳转到登录页面提示用户登录，这一点就需要通过配置 Vue Router 的全局导航守卫实现了。但是如果在个人信息页面的导航栏里单击退出登录，页面需要导航到首页。这些就是全部关于个人信息页面的需求分析。接下来就一起进入个人信息页面开发环节。

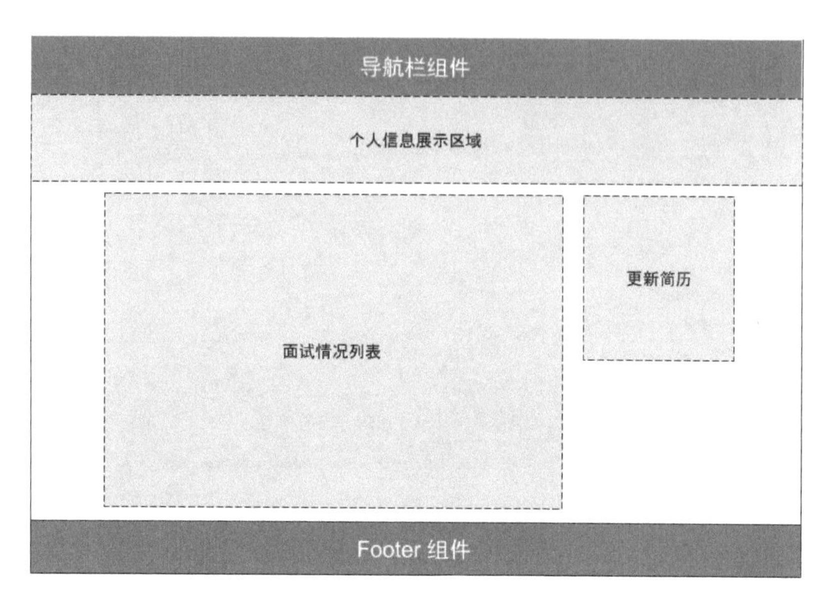

● 图 13.16 个人信息页面布局

13.10.1 个人信息类型定义

首先需要定义个人信息页面的数据类型，根据之前的分析，个人信息页面不光有详细的用户个人信息，还应该有用户面试情况列表。而用户面试情况列表的数据结构，可以复用之前公司详情页中的 Review 数据结构，在此基础上需要扩充公司 URL、职位 URL 和面试进度。所以需要修改/src/types/Review.ts 文件代码，添加这三个可选变量，具体代码如下。

```
01    // 公司详情页评价列表(个人信息页面的面试情况)数据结构
02    export interface Review {
03      id: number; // ID
04      avater: string; // 头像
05      name: string; // 姓名
06      position: string; // 职位
07      content: string; // 内容
08      publish_time: string; // 发布时间
09      company_url: string; // 公司详情页 URL(个人信息页)
10      job_url: string; // 职位详情页 URL(个人信息页)
11      interview_stage: string; // 面试进度(个人信息页)
12    }
```

可以看到这里的 Interview 接口继承了 Review 接口，并在此基础上扩充了 company_url、job_url 和 interview_stage 三个属性。有了 Interview 接口，接下来就可以在/src/types/User.ts 文件内定义个人信息页的数据结构了，代码如下。

```
01    // 其余接口定义代码此处省略
02
```

```
03    // 个人详情页数据结构
04    export interface UserProfile {
05      id: number; // 用户 ID
06      name: string; // 姓名
07      avater: string; // 头像
08      email: string; // 邮箱
09      city: string; // 城市
10      phone: string; // 手机号码
11      education: string; // 学历
12      position: string; // 目前职位
13      salary: string; // 期望薪资
14      resume_name?: string; // 简历名称
15      resume_url?: string; // 简历下载 URL
16      interview_list?: Review[]; // 面试情况
17    }
```

这样，个人信息页面的数据结构就全部定义完成了。接下来实现个人信息页面的接口。

13.10.2 个人信息页面接口实现

在个人信息页面中，需要实现两个接口：/api/profile 和/api/updateresume。其中/api/profile 发送 id 参数和 HTTP GET 请求到后端程序，如果请求成功，后端服务器将返回 UserProfile 数据，所以在/src/service/user/index.ts 文件中，添加以下/api/profile 的代码。

```
01    import {
02      UserAuthorizeInfo,
03      UserProfile,
04      UserUploadInfo,
05    } from '../../types/User';
06
07    // 个人信息页面请求接口
08    export const getProfile = (
09      id: string
10    ): Promise<AxiosResponse<UserProfile>> => {
11      return axiosInstance.get('/profile', {
12        params: {
13          id,
14        },
15      });
16    };
```

/api/updateresume 接口则需要通过 HTTP PUT 请求，将用户的 ID 和新的简历文件发送到后端服务器，如果发送请求成功，后端服务器将会返回新简历的名称和下载地址。这里为了以后维护方便，需要在/src/services/model/UserModel.ts 文件先定义/api/updateresume 接口返回数据类型，代码如下。

```
01    // updateresume 接口返回数据类型
02    export interface UpdateResumeApiResult {
03      resume_name: string;
04      resume_url: string;
05    }
```

然后需要在/src/services/user/index.ts 文件中，添加以下代码用来实现/api/updateresume 接口逻辑。

```
01    import {
02      UpdateResumeApiResult,
03      AuthenticateAPIResult,
04      RegisterApiResult,
05    } from '../model/UserModel';
06
07    // 更新简历接口
08    export const updateResume = (
09      profileId: string,
10      resume: File
11    ): Promise<AxiosResponse<UpdateResumeApiResult>> => {
12      constformData = new FormData();
13      formData.set('id', profileId);
14      formData.set('resumt', resume);
15      return axiosInstance.put('/updateresume', formData);
16    };
```

这样，关于个人信息页中的所有接口逻辑就已经实现完毕。

13.10.3 扩展 ReviewItem 功能

因为项目需要，扩充了项目中面试评价的 Review 类型。扩充后的 Review 类不仅可以用在公司详情页的面试评价列表中，还能够在个人信息页面中的面试情况列表中使用。所以接下来需要将 ReviewItem 组件稍微修改一下，扩充功能，让它能够兼容新添加的三个变量。这里将/src/components/common/ReviewItem.vue 文件修改如下。

```
01    <script setup lang="ts">
02    import { computed } from 'vue';
03    import Review from '../../types/Review';
04
05    // 定义组件 props
06    const props =defineProps<{
07      item: Review; // 评价数据
08    }>();
09
10    // 面试进度
11    const process = computed(() => {
12      if (props.item.interview_stage) {
13        return '[ ${props.item.interview_stage}]';
14      }
15      return '[面试过程]';
16    });
17    </script>
18
19    <template>
20      <li v-if="item" class="review_area">
21        <div class="review_avater">
```

```
22          <a v-if="item.company_url" :href="item.company_url" target="_blank">
23            <img :src="item.avater" alt="" width="50" height="50" />
24          </a>
25          <img v-else :src="item.avater" alt="" width="50" height="50" />
26        </div>
27        <div class="review_right">
28          <div class="review_status">
29            <a
30              v-if="item.company_url"
31              class="review_name"
32              :href="item.company_url"
33              target="_blank"
34              >{{ item.name }}</a
35            >
36            <div v-else class="review_name">{{ item.name }}</div>
37            <span>面试职位: </span>
38            <span v-if="item.job_url" class="job_name"
39              ><a :href="item.job_url" target="_blank">{{ item.position }}</a></span
40            >
41            <span v-else class="job_name">{{ item.position }}</span>
42            <span class="review_date">{{ item.publish_time }}</span>
43          </div>
44          <div class="review-content">
45            <span class="review_type">{{ process }}</span>
46            <span class="interview_process">{{ item.content }}</span>
47          </div>
48        </div>
49      </li>
50    </template>
```

这里的修改点仅仅是多了几个 v-if 和 v-else 的指令判断。当组件的 item 属性有新添加的 company_url、job_url 和 interview_stage 时，ReviewItem 组件就会通过 v-if 指令判断是否显示 a 标签，用来实现单击页面跳转。这样，扩展后的 ReviewItem 组件就可以在个人信息页面使用了。

13.10.4 个人信息页面实现

个人信息页面的组件，接口和数据结构已经准备好，接下来就可以把它们组装在一起实现个人信息页面。

个人信息页面需要在 onMounted 生命周期函数中通过 User Store 读取当前已经登录用户的 ID，并将它作为参数调用/api/profile 接口获取页面信息。当成功请求数据之后，将数据渲染在页面上。同时页面还应该有个按钮，单击之后弹出对话框，用来选择简历文件并更新。当简历更新成功之后，页面的简历文件名称会发生变化。

如果在个人信息页面单击导航栏里的退出登录，页面将会自动跳转到首页。

个人信息页面的代码文件 ProfilePage. vue 应该放在/src/page/user 目录下，其具体代码如下。

```
01	<script setup lang="ts">
02	import { onMounted, ref } from 'vue';
03	import { useRouter } from 'vue-router';
04	import useStore from '../../store/modules/User';
05	import LoadingComponent from '../../components/common/LoadingComponent.vue';
06	import ROUTER_CONSTANTS from '../../router/constants';
07	import { UserProfile } from '../../types/User';
08	import { getProfile, updateResume } from '../../services/user';
09	import { scrollToTop } from '../../utils/helper';
10	import ReviewItem from '../../components/common/ReviewItem.vue';
11	
12	// 项目路由
13	const router = useRouter();
14	// 是否在请求数据
15	const loading = ref<boolean>(false);
16	// User Store
17	const store = useStore();
18	// 个人信息页数据
19	const profileData = ref<UserProfile>();
20	
21	// 第一次进入页面,请求数据
22	onMounted(async () => {
23	  // 请求个人信息页数据
24	  loading.value = true;
25	  try {
26	    const response = await getProfile(store.getId);
27	    profileData.value = response.data;
28	    document.title = `${profileData.value.name} 个人主页`;
29	    loading.value = false;
30	    scrollToTop();
31	  } catch (error) {
32	    // 这里可以自定义网络请求错误处理
33	    console.error(error);
34	  }
35	});
36	
37	// 更新简历
38	const handleChange = async (event: Event) => {
39	  const target = event.target as HTMLInputElement;
40	  if (target.files && target.files.length) {
41	    const file = target.files[0];
42	    try {
43	      const response = await updateResume(store.getId, file);
44	      // 更新请求返回成功状态码,则更新简历信息
45	      if (response.status === 200 && profileData.value) {
46	        profileData.value.resume_name = response.data.resume_name;
47	        profileData.value.resume_url = response.data.resume_url;
48	      }
49	    } catch (error) {
50	      // 这里可以自定义网络请求错误处理
51	      console.error(error);
```

```
52        }
53      }
54    };
55
56    // User store 用来监听 state 变化,目的是当用户在个人信息页面点击导航栏的退出登录
57    // 之后,个人信息页面跳转到首页
58    store.$subscribe((mutation, state) => {
59      if (! state.token) {
60        router.replace({
61          name: ROUTER_CONSTANTS.INDEX,
62        });
63      }
64    });
65    </script>
66
67    <template>
68      <LoadingComponent v-if="loading" />
69      <div v-if="profileData">
70        <div class="top_info">
71          <div class="top_info_wrap">
72            <img :src="profileData.avater" alt="" width="164" height="219" />
73            <div class="person_info">
74              <div class="person_main">
75                <div class="person_name">{{ profileData.name }}</div>
76                <div class="person_city">
77                  <i class="address"></i>
78                  {{ profileData.city }}
79                </div>
80                <div class="person_data">
81                  <span class="item_title">联系邮箱: </span>{{ profileData.email }}
82                </div>
83                <div class="person_data">
84                  <span class="item_title">联系电话: </span>{{ profileData.phone }}
85                </div>
86                <div class="person_data">
87                  <span class="item_title">最高学历: </span
88                  >{{ profileData.education }}
89                </div>
90                <div class="person_data">
91                  <span class="item_title">目标职位: </span
92                  >{{ profileData.position }}
93                </div>
94                <div class="person_salary">
95                  <span class="item_title">薪资期望: </span>{{ profileData.salary }}
96                </div>
97              </div>
98            </div>
99          </div>
100       </div>
101       <div class="main_container">
102         <div class="content_left">
```

```
103            <div class="interview_container item_container">
104              <div class="item_title">面试情况</div>
105              <div class="review_area">
106                <ul>
107                  <ReviewItem
108                    v-for="item in profileData.interview_list"
109                    :key="item.id"
110                    :item="item"
111                  />
112                </ul>
113              </div>
114            </div>
115          </div>
116          <div class="content_right">
117            <div class="blank_margin"></div>
118            <div class="item_container">
119              <div class="item_title">简历文件</div>
120              <div class="item_content">
121                <div class="resume_name">
122                  <a :href="profileData.resume_url" target="_blank">{{
123                    profileData.resume_name
124                  }}</a>
125                </div>
126                <label for="updateResume" class="btn_apply">更新简历</label>
127                <input
128                  id="updateResume"
129                  type="file"
130                  hidden
131                  @change="handleChange"
132                />
133              </div>
134            </div>
135          </div>
136        </div>
137      </div>
138    </template>
```

在这段代码中，可以看到通过 store 的 subscribe 方法用来监听 User store 的变化。如果在个人信息页面单击退出登录，则会触发 subscribe 方法内的代码，从而保证个人信息页面能够跳转到主页。这样，个人信息页面的代码就完成了，接下来需要将个人信息页面配置到项目的路由映射表中。

13.10.5 个人信息页面路由配置

根据之前的需求文档定义，个人信息页面的路由匹配路径应该是/homepage。因为页面要使用公共的导航栏和 Footer 组件，所以它和列表页、详情页一样，都应该是作为/路径的子页面。将个人信息页面的路由配置添加到项目的路由关系映射表，需要修改/src/router/index. ts 文件，添加以下代码到该文件中即可。

```
01    // 个人信息页面
02    const ProfilePage = () => import('../pages/user/ProfilePage.vue');
03
04    // 创建路由关系映射表
05    const routes:RouteRecordRaw[] = [
06      {
07        path: '/',
08        component:BasePage,
09        children: [
10          // 其他页面关系映射此处省略
11
12          // 个人信息页面
13          {
14            path: 'homepage',
15            component:ProfilePage,
16            meta: {
17              title: '个人主页',
18              requireLogin: true,
19            },
20          },
21        ],
22      },
23
24      // 其他页面关系映射此处省略
25    ];
```

可以看到这里在配置个人信息页面的时候，在 meta 属性里多配置了一个 requireLogin：true。这个参数是为了告诉项目的路由访问个人信息页面必须登录，如果未登录，则需要跳转到登录页面。想要实现这个功能，还需要在/src/router/index. ts 文件中添加一个全局的导航守卫，在 beforeEach 方法中判断路由的 meta 值内是否有 requireLogin 变量，如果值为 true，则通过 User Store 中的 Token 值来判断当前系统是否有用户登录，代码如下。

```
01    import {
02      createRouter,
03      RouteRecordRaw,
04      createWebHashHistory,
05      RouteLocationNormalized,
06    } from 'vue-router';
07    import {clearPending } from '../utils/Axios';
08    import useStore from '../store/modules/User';
09
10    // 全局导航守卫
11    router.beforeEach(
12      (to: RouteLocationNormalized, from: RouteLocationNormalized) => {
13        clearPending();
14        // 如果目标路由有 requireLogin 值,则读取 store 判断用户是否已经登录
15        if (to.meta.requireLogin) {
16          const store =useStore();
17          if (store.isLogin()) {
```

```
18              if (to.meta.title) {
19                document.title = to.meta.title;
20              }
21              return true;
22            }
23            router.push({
24              name: ROUTER_CONSTANTS.LOGIN,
25            });
26          }
27          if (to.meta.title) {
28            document.title = to.meta.title;
29          }
30          return true;
31        }
32      );
```

可以看到在导航守卫内，首先是要取消之前页面的网络请求。判断的是 meta 变量中的 requireLogin 属性。其次将 meta 变量的 title 值赋值给页面标题。这样，所有的关于个人信息页面的代码就已经全部开发完成了。接下来可以通过 npm run dev 命令启动项目，在登录之后，可以访问个人信息页面。效果如图 13.17 所示。

图 13.17 个人信息页面运行效果

13.11 404 页面

实操微视频

现在，在线招聘网站的所有内容页面已经开发完成。这些页面全部有特定的路由对应。但是如果用户输入了一个在路由关系映射表中没有配置的地址，这个时候页面应该弹出一个 404 页面。接下来就一起开发404页面。

13.11.1 404页面实现

404页面的布局不是很复杂，只需要包含导航栏组件、Footer组件和404内容相关的文字就可以。因为404页面属于项目的异常处理页面，所以推荐将404.vue文件存放在/src/pages/exception目录中，代码如下。

```
01    <script setup lang="ts">
02    import HeaderComponent from '../../components/common/HeaderComponent.vue';
03    import FooterComponent from '../../components/common/FooterComponent.vue';
04    </script>
05
06    <template>
07      <HeaderComponent />
08      <div class="base_container container">
09        <div class="center-xy">
10          <p>404,页面未找到.</p>
11          <span class="handle blink"></span>
12        </div>
13      </div>
14      <FooterComponent class="static_bottom" />
15    </template>
```

这样页面部分的代码就开发完成了。接下来需要将404页面添加到项目的路由关系映射表中。

13.11.2 404页面的路由配置

想要让项目捕获所有404 Not Found路由，只需要将404页面与/:pathMatch(.*)*路由相结合就可以。将以下代码添加到/src/router/index.ts文件中即可。

```
01    // 404 页面
02    const NotFoundPage = () => import('../pages/exception/Exception404Page.vue');
03
04    // 创建路由关系映射表
05    const routes:RouteRecordRaw[] = [
06      // 其他页面定义此处省略
07
08      // 404 页面
09      {
10        path: '/:pathMatch(.*)*',
11        name: ROUTER_CONSTANTS.NOTFOUND,
12        component:NotFoundPage,
13        meta: {
14          title: '网页未找到 PeekpaJob',
15        },
16      },
17    ];
```

这样，404页面的配置就完成了。此时启动项目，随便访问一个路由里没有的路径就会得到404

页面，运行效果如图 13. 18 所示。

图 13. 18　404 页面运行效果

至此，面向求职者的在线招聘网站部分就已经使用 Vue 3 全部开发完成了。回顾整个项目开发过程，融入了前面章节介绍的知识点和很多实际项目的开发技巧。但是一个项目不可能涵盖所有的 Vue. js 开发技巧，所以还是需要读者多钻研、多动手，只有这样才能更好地掌握 Vue. js 框架。

vite. 3 配置说明

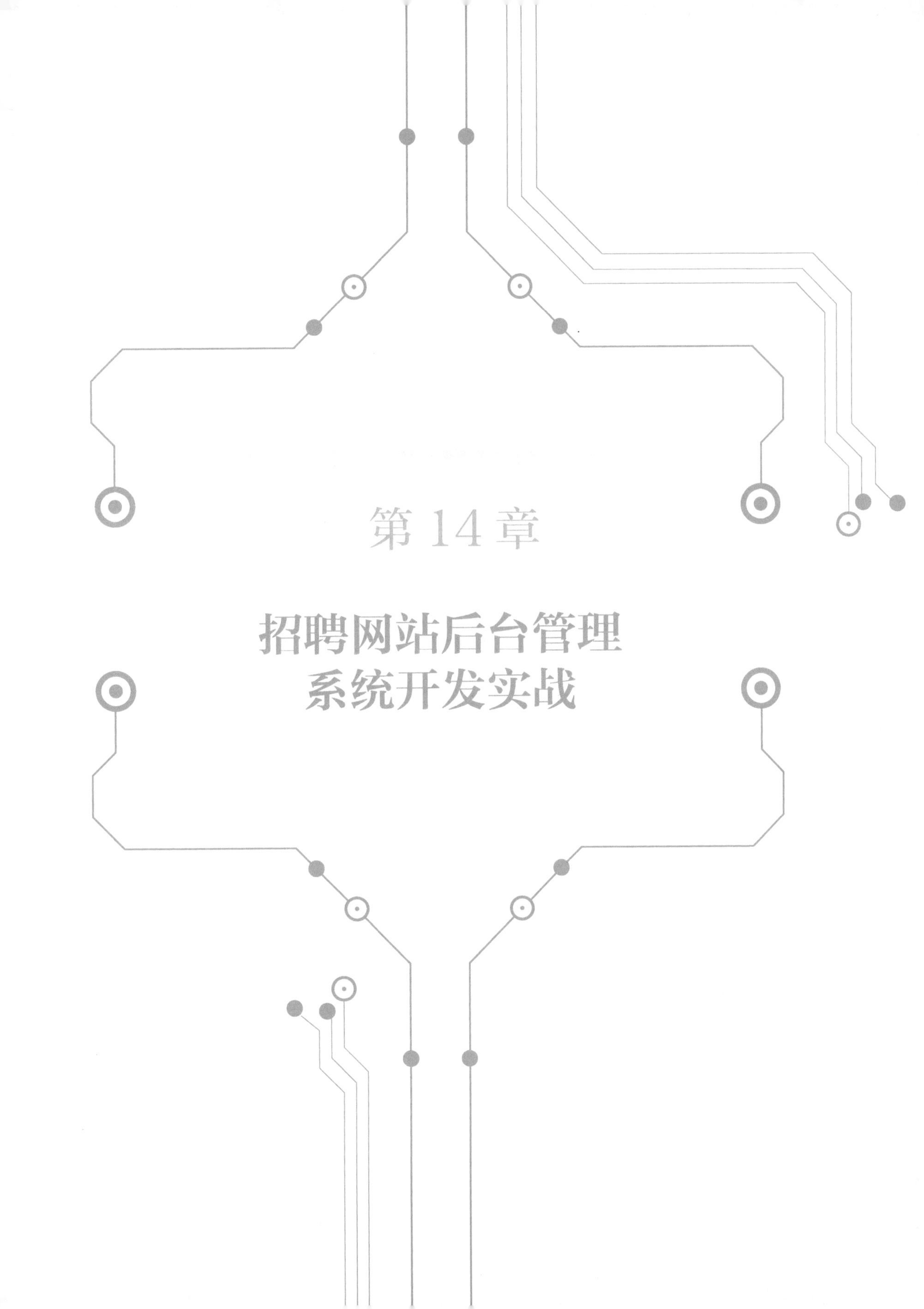

第14章

招聘网站后台管理系统开发实战

上一章节已经带领大家一起实现了面向求职者使用的在线招聘网站项目。这一章节将继续带领大家完成招聘网站项目中的招聘网站后台管理系统。

14.1 项目需求分析

上一章节已经介绍了整个招聘网站项目是一个前后端分离的项目，而且项目主要分为三个部分：面向求职者的在线招聘网站、面向公司 HR 的招聘后台管理系统和为整个系统服务的后端项目。第 13 章已经完成了“面向求职者的在线招聘网站”。在这一章节将会带领大家一起完成“面向公司 HR 的招聘后台管理系统”。

相对于面向求职者使用的在线招聘网站，面相公司的后台管理系统则相对简单一些。后台管理系统同样采用 Vue 3 + TypeScript 模式开发。目标用户是公司的 HR。用户可以通过管理系统注册公司、发布职位、修改职位和管理面试者进度等操作。

项目设计包含：公司注册页面、系统登录页面、职位列表页面和职位发布页面。其中职位列表页面功能最为复杂，需要包含职位修改功能、面试管理功能和分页功能。

项目使用 Element plus 的 Vue 3 框架开发界面，使用 Pinia 管理用户登录状态，使用 Axios 实现网络请求的发送，使用 Vue Router 管理项目路由，使用 Eslint airbnb 规范代码格式，使用 Vite 编译项目，使用 Mockjs 模拟后端返回数据。

在公司注册页面中，用户可以通过填写表单来完成公司账户的注册，并在注册成功之后跳转到后台管理系统中的职位列表页面。

在系统登录页面中，用户通过输入用户名和密码实现登录，登录成功后页面会跳转到后台管理系统的首页，即职位列表页面。登录流程还是使用 JWT（JSON Web Token）模式。

在职位列表页面中，页面需要向后端发送请求，获取公司已经发布的招聘职位信息，以列表的形式展示在页面上，并且数据需要实现分页逻辑。在列表内需要实现面试者管理弹窗。

在职位发布页面，用户通过填写表单可以发布新的职位信息，这里的表单需要有验证功能。

项目使用 Vue Router 管理路由，并且使用哈希模式的路由匹配规则，同时还需要实现路由的懒加载机制。项目中的几个页面对应的路由匹配规则如表 14.1 所示。

表 14.1　路由匹配页面说明表

路由匹配规则	页　面
/login	系统登录页面
/register	公司注册页面
/job/list	职位列表页面
/job/publish	职位发布页面

14.2 项目接口文档

后台管理系统的 API 接口相对于在线招聘网站要少一些，同样所有的 API 接口均以/api 路径开头。这些接口文档如下。

/api/joblist：GET 方法，用于获取职位列表信息。可接收分页参数 page。若接口调用成功，返回数据结构如表 14.2 所示.

表 14.2　/api/joblist 接口返回数据结构说明

名　称	说　明
data_list	数组类型，职位数据列表
pagination	对象类型，职位数据列表分页信息

/api/job：POST 方法，必传参数为职位发布页面的表单数据，用户创建新的职位信息。无返回结果。

/api/jon：PUT 方法，用于更新职位信息。无返回结果。

/api/candidatelist：GET 方法，必传参数为职位 ID，用于获取当前职位的面试者列表信息。若接口成功调用，返回数据结构如表 14.4 所示。

表 14.4　/api/candidatelist? id=<num>接口返回数据结构说明

名　称	说　明
data_list	数组类型，面试者数据列表

/api/candidate：PUT 方法，必传参数为面试者面试详情内容，用于更新面试者的面试信息。无返回结果。

/api/image/post/：POST 方法，必传参数为公司头像图片内容。用于在注册页面上传公司头像图片。

/api/company/register：POST 方法，必传参数是公司注册页面内的表单。用于注册公司用户。当接口成功调用，返回数据结构如表 14.5 所示。

表 14.5　/api/company/register 接口返回数据结构说明

名　称	说　明
token	字符串类型，注册之后用户的 Token
name	字符串类型，注册用户名字
id	字符串类型，注册用户的 ID
avatar	字符串类型，注册用户的头像

后台管理系统的登录流程和在线招聘网站的登录流程一致，登录 API 就有两个，即/api/authenticate 和/api/authorize。

/api/authenticate：POST 方法，必传参数 username 和 password。用于验证用户名密码是否正确，若用户名密码正确，返回数据结构如表 14.6 所示。

表 14.6 /api/authenticate 接口返回数据结构说明

名　称	说　明
token	字符串类型，authorize 接口使用的 Token
message	字符串类型，可选数据，若用户名密码失败，可以返回失败信息

/api/authorize：POST 方法，必传参数 token，即上一步 authenticate 返回结果中的 Token 数值。若接口调用成功，返回数据结构如表 14.7 所示。

表 14.7 /api/authorize 接口返回数据结构说明

名　称	说　明
token	字符串类型，用户请求数据所带 Token
name	字符串类型，用户名
id	数字类型，用户 ID
avatar	字符串类型，用户头像

/api/logout：GET 方法，用户退出。因为登录用户的网络请求都会携带用户 Token，后端服务器可以通过 Token 确认退出用户。无返回结果。

14.3 项目准备工作

实操微视频

在正式编写项目代码之前，需要进行一些前期的准备工作，但是因为有前一章内容作为铺垫，后台管理系统的准备工作和之前的在线招聘网站的准备工作基本类似。这里仅对不同点进行详细讲解，有些步骤是重复的，大家可以翻看之前章节的相关内容。

14.3.1 初始化项目及安装依赖

项目使用 Vite 进行构建和编译，所以在存放项目目录的终端内，使用以下命令初始化后台管理项目。

```
npm init vite@latest peekpa-job-cms
```

此处还是选择 vue 和 vue-ts 模板初始化项目，当终端内显示完成时，需要进入项目的目录中，通过 npm install 命令安装项目预置的依赖库。

安装完成之后，接下来就需要安装当前项目主要使用的依赖库：Axios、Pinia 和 Vue Router。依次运行以下命令。

```
// 安装 Axios
npm install axios
// 安装 Pinia
npm install pinia
// 安装 Vue Router
npm install vue-router@4
```

14.3.2 安装 Element Plus 插件

Element Plus 是一款基于 Vue 3 的面向设计师和开发者的组件库。其包含一套设计精美的组件，开发者可以直接在项目中使用这些组件。在实际的项目开发中，针对 Element Plus 组件的引入，最好要做到按需引入。接下来就为大家讲解如何在后台管理系统中实现 Element Plus 的按需引入。

首先需要通过运行以下命令将 Element Plus 安装到项目中。

```
npm install element-plus
```

接下来，想要实现按需引入需要通过以下命令安装 unplugin-vue-components 和 unplugin-auto-import 两款插件。

```
npm install -D unplugin-vue-components unplugin-auto-import
```

安装好插件之后，需要修改项目的 Vite 的配置文件，将 AutoImport 插件和 Components 插件添加到 vite.config.ts 文件中，修改成如下代码。

```
01    import {defineConfig } from'vite'
02    import vue from'@vitejs/plugin-vue'
03    import AutoImport from'unplugin-auto-import/vite'
04    import Components from'unplugin-vue-components/vite'
05    import {ElementPlusResolver } from'unplugin-vue-components/resolvers'
06
07    // https:// vitejs.dev/config/
08    export default defineConfig({
09      plugins: [
10        vue(),
11        AutoImport({
12          resolvers: [ElementPlusResolver()],
13        }),
14        Components({
15          resolvers: [ElementPlusResolver()],
16        })
17      ]
18    })
```

为了之后表单信息验证，还需要安装 async-validator 库，通过以下命令安装即可。

```
npm install async-validator
```

这样就完成了 Element Plus 组件按需引入的配置。开发人员无须再手动引入，直接在组件内部使用 Element Plus 组件即可。

14.3.3 安装 Element Plus Icon 合集

Element Plus 提供了一套常用的图标合集，开发者可以在引入后直接使用。因为在后台管理项目中需要使用 Element Plus Icon 的图标，所以需要按照以下步骤来完成图标的引入。

首先通过以下命令来安装 element-plus/icon 插件。

```
npm install -save @element-plus/icons-vue
```

然后需要修改项目的 main.ts 文件，将 Element Plus Icon 内的图标作为全局组件注册到项目中，修改代码如下。

```
01    import {createApp } from 'vue'
02    import App from './App.vue'
03    import * asElIcons from '@element-plus/icons-vue';
04
05    const app =createApp(App);
06    // 全局注册 element-plus icon 图标组件
07    Object.keys(ElIcons).forEach((key) => {
08        app.component('Eli ${key}', ElIcons[key as keyof typeof ElIcons]);
09      });
10    app.mount('#app');
```

在这里，通过 forEach()方法将 Element Plus Icon 内所有的图片全部以全局组件的方式注册到项目 App 中，使用方法直接在组件内通过添加 eli 前缀即可，例如使用编辑图标，组件内的编辑图标代码如下。

```
01    <eli-edit></eli-edit>
```

至于其他的准备工作：配置 Eslint Airbnb 代码规范、配置 Mockjs 模拟数据和配置 Vite 的工作，已经在上一章节中详细讲述过，这里就不再重复了。

14.4 公司注册页面开发

实操微视频

因为后台管理系统是面向公司招聘人员的，所以项目需要一个能够完成公司注册的页面。这个页面的设计非常简单：页面内部只有一个表单，单击“注册”按钮之后，页面会向后台程序发送 POST 请求用来注册公司。注册成功之后页面自动跳转到管理系统首页。所以在正式开发公司注册页之前，需要将项目的全局 CSS、Pinia 实例和 Vue Router 实例先开发出来。

14.4.1 创建全局 CSS

和在线招聘网站一样，正式开发项目之前，需要清理一些由 Vite 初始化创建的代码：删除/src/components 目录下的 HelloWorld.vue 组件；将 App.vue 文件内的 style 标签里的内容全部删除。接下来在项目的/src/assets 目录下创建一个 global.css 文件，用来编写项目的全局 CSS 内容。因为要保证网站的一致性，所以这里的全局 CSS 内容仅有 HyliaSerif 字体。需要将 HyliaSerif 字体文件存放到项目的/src/assets 目录下。在 global.css 文件内添加字体相关代码和全局 CSS 样式代码如下。

```
01    * {
02        margin: 0;
03        padding: 0;
04    }
```

```
05
06    html,
07    body,
08    #app,
09    .wrapper {
10        width: 100% ;
11        height: 100% ;
12        overflow: hidden;
13    }
14
15    @font-face {
16        font-family:HyliaSerif;
17        src: url("HyliaSerifBeta-Regular.otf") format('opentype');
18    }
```

接下来需要在项目中引入 global. css 文件。前一章节引入的方法是在 main. ts 文件中通过 import 语句实现，这一章节换一种方法，通过修改 App. vue 文件来达到引入的目的。需将 App. vue 文件中的 script 标签修改如下。

```
01    <style>
02    @import './assets/global.css';
03    </style>
```

因为项目中要使用 ElMessage 组件来展示提示信息，而 Element Plus 自动导入不能够导入 ElMessage 的 CSS 内容，所以需要在 main. ts 文件中手动导入 CSS 文件，添加以下代码即可。

```
01    import 'element-plus/theme-chalk/index.css';
```

这里就完成了全局 CSS 的开发工作。

14.4.2 创建项目 User Store

项目使用 Pinia 管理用户登录状态，Pinia 会将后端返回的用户信息存储到 User Store 中，所以需要先实现项目的 Pinia 实例。在项目的 src 目录下创建 store 目录，并在该目录下创建 index. ts 文件，添加以下创建 Store 实例代码。

```
01    import {createPinia } from 'pinia';
02    // 创建 Pinia 实例
03    const piniaInstance = createPinia();
04    export default piniaInstance;
```

然后在项目的 main. ts 文件中注册 store，修改代码如下。

```
01    import {createApp } from 'vue';
02    import *  asElIcons from '@element-plus/icons-vue';
03    import App from './App.vue';
04    import store from './store';
05
06    const app =createApp(App);
07    // 引入并注册 Pinia 对象
```

```
08    app.use(store);
09    // 其余代码此处省略
```

接下来需要设计 User Store 中的 User 类型接口。在后台管理项目中，User 类应该包含：ID、用户名、用户头像和用户 Token。所以在 src 目录下创建 types 目录，并在该目录下创建 User.ts 文件，添加以下代码。

```
01    // 用户 store 信息
02    export interface UserAuthorizeInfo {
03      token: string; // 用户 Token
04      name: string; // 用户姓名
05      id: string; // 用户 ID
06      avatar: string; // 用户头像
07    }
```

当类创建好以后，就可以在/src/store 目录下创建 modules 目录，并在该目录下创建 User.ts 文件，用来专门存放和 User Store 相关的代码，代码如下。

```
01    import {defineStore } from'pinia';
02    import {UserAuthorizeInfo } from'../../types/User';
03
04    const PEEKPAJOB_CMS_USER = 'PeekpaJobCMSUser';
05
06    // 定义 User Store
07    const userStore = defineStore('User', {
08      // state 定义
09      state: ():UserAuthorizeInfo => {
10        const localData = localStorage.getItem(PEEKPAJOB_CMS_USER);
11        const defaultValue: UserAuthorizeInfo = {
12          id: '',
13          name: '',
14          token: '',
15          avatar: '',
16        };
17        return localData ? JSON.parse(localData) : defaultValue;
18      },
19      getters: {
20        // 获取用户名
21        getName(stage: UserAuthorizeInfo): string {
22          return stage.name;
23        },
24        // 获取用户 Token
25        getToken(stage: UserAuthorizeInfo): string {
26          return stage.token;
27        },
28        // 获取用户 Token
29        getAvatar(stage: UserAuthorizeInfo): string {
30          return stage.avatar;
31        },
32      },
```

```
33      actions: {
34        // 判断是否有用户登录信息
35        isLogin(): boolean {
36          return this.token ! == '';
37        },
38        // 存储/更新用户信息
39        setUser(userData: UserAuthorizeInfo): void {
40          this.id = userData.id;
41          this.name = userData.name;
42          this.token = userData.token;
43          this.avatar = userData.avatar;
44          localStorage.setItem(PEEKPAJOB_CMS_USER, JSON.stringify(userData));
45        },
46        // 退出
47        logout() {
48          localStorage.removeItem(PEEKPAJOB_CMS_USER);
49          this.id = '';
50          this.token = '';
51          this.name = '';
52          this.avatar = '';
53        },
54      },
55    });
56
57    export defaultuserStore;
```

这里的写法和之前类似，通过调用 Window 的 localStore 属性实现了登录用户数据信息本地持久化功能。Actions 中又写了三个方法分别用来判断用户是否登录、更新登录用户信息和处理退出复原操作。这样，项目中的状态管理部分就已经开发完成了。

14.4.3 创建项目 Axios 实例

项目使用 Axios 来处理所有的网络请求，在开发页面之前，首先需要创建项目的 Axios 实例。在 Axios 实例中，如果用户已经登录，则每次发送请求的时候都要携带用户 Token；同时还要实现切换页面时，取消之前未完成的网络请求。这里的实现方式和在线招聘网站项目的实现方式一致，所以在 src 目录下创建一个 utils 目录。然后在该目录下创建 Axios. ts 文件，并添加以下用于创建 Axios 实例的代码。

```
01    import axios, { AxiosError, AxiosRequestConfig, Canceler } from 'axios';
02    import useStore from '../store/modules/User';
03
04    // 负责生成 Map 中 URL 对应的 key 值
05    const generateURLKey = (config: AxiosRequestConfig) =>
06      ['cancel-url', config.method, config.url].join('&');
07
08    const axiosConfig: AxiosRequestConfig = {
09      baseURL: '/api/', // api 的 base URL
10      timeout: 10000, // 设置请求超时时间
11      responseType: 'json',
12      withCredentials: true, // 是否允许带 cookie 这些
```

```
13      headers: {
14        'Content-Type': 'application/json;charset=utf-8', // 传输数据类型
15        'Access-Control-Allow-Origin': '* ', // 允许跨域
16      },
17    };
18
19    // 创建 Axios 实例
20    const axiosInstance = axios.create(axiosConfig);
21
22    // 用于存放未完成请求的队列
23    const pending = new Map<string, Canceler>();
24
25    // 向 Map 中添加当前网络请求
26    const addPending = (aConfig: AxiosRequestConfig) => {
27      const config =aConfig;
28      const url =generateURLKey(config);
29      config.cancelToken =
30        config.cancelToken ||
31        newaxios.CancelToken((cancel: Canceler) => {
32          if (! pending.has(url)) {
33            // 如果 pending 中不存在当前请求,则添加进去
34            pending.set(url, cancel);
35          }
36        });
37    };
38
39    // 从 Map 中删除网络请求
40    const removePending = (config: AxiosRequestConfig) => {
41      const url =generateURLKey(config);
42      if (pending.has(url)) {
43        // 如果在 Pending 中存在当前请求标识,需要取消当前请求,并且移除
44        const cancel: Canceler = pending.get(url) as Canceler;
45        cancel(url);
46        pending.delete(url);
47      }
48    };
49
50    // 清空 Map 中所有的请求标识,在 Vue router 中切换路由时调用
51    export constclearPending = () => {
52      pending.forEach((item: Canceler) => {
53        item('switch router');
54      });
55      pending.clear();
56    };
57
58    axiosInstance.interceptors.request.use(
59      // 在发送请求之前调用
60      (config:AxiosRequestConfig): AxiosRequestConfig => {
61        removePending(config); // 在请求开始前,对之前的请求做检查取消操作
62        addPending(config); // 将当前请求添加到 Pending 中
```

```
63        const newConfig = config;
64        // 调用 User Store
65        const store =useStore();
66        // 将用户 Token 添加到请求中
67        if (store.token) {
68          if (! newConfig.headers) newConfig.headers = {};
69          Object.assign(newConfig.headers, { 'peekpa-token': store.token });
70        }
71        return newConfig;
72      },
73      (error:AxiosError): Promise<never> => {
74        // 对请求错误时调用,可自己定义
75        return Promise.reject(error);
76      }
77    );
78
79    export {axiosInstance, axiosConfig };
```

这样，项目的 Axios 实例就创建完成了，接下来可以在 service 文件中直接引用 Axios 实例发送网络请求了。

14.4.4 项目路由实现

项目使用 Vue Router 来负责路由管理，使用的是哈希模式的路由匹配方式。所以在开发注册页面之前，应该先简单实现项目的路由实例。根据之前需求文档的设计，后台管理系统总共包含：公司注册页面、系统登录页面、职位列表页面和职位发布页面。为了方便管理，可以先来编写项目路由的常量内容。在 src 目录下创建 route 目录，并在该目录下创建 constants. ts 文件，添加以下代码。

```
01    const enum ROUTER_CONSTANTS {
02      // 系统登录页面
03      LOGIN = 'Login',
04      // 公司注册页面
05      REGISTER = 'Register',
06      // 职位列表页面
07      JOBLIST = 'JobList',
08      // 发布职位页面
09      PUBLISH = 'Publish',
10    }
11
12    export default ROUTER_CONSTANTS;
```

常量文件创建好以后，接下来就可以创建项目的路由实例了。在 router 目录下创建 index. ts 文件，添加以下代码。

```
01    import {createRouter, createWebHashHistory, RouteRecordRaw } from 'vue-router';
02    import ROUTER_CONSTANTS from './constants';
03
04    // 路由关系映射对象
05    const routes:RouteRecordRaw[] = [];
06
```

```
07    // 创建 Hash 模式路由对象
08    const router =createRouter({
09      history: createWebHashHistory(),
10      routes,
11    });
12
13    // 全局导航守卫
14    router.beforeEach((to: RouteLocationNormalized, from: RouteLocationNormalized) => {
15        // 清除未完成请求
16        clearPending();
17        return true;
18      }
19    );
20
21    // 导出路由对象
22    export default router;
```

路由实例创建完成之后，还需要在项目的 main.ts 文件中引入才能使用。修改 main.ts 文件代码如下。

```
01    import {createApp } from 'vue';
02    import *  asElIcons from '@element-plus/icons-vue';
03    import App from './App.vue';
04    import router from './route';
05    import store from './store';
06
07    const app =createApp(App);
08    // 引入并注册路由对象
09    app.use(router);
10    // 其余代码此处省略
```

引入路由之后，还需要修改 App.vue 的 template 标签内部代码，将 route-view 组件作为页面的根组件，修改代码如下。

```
01    <template>
02      <router-view />
03    </template>
```

这样就完成了项目的路由实例创建。在随后的开发中，只要将开发好的 Vue 组件或者页面，直接配置到路由关系映射对象内即可。

14.4.5 公司注册页面接口实现

在之前的接口文档里已经注明：公司注册页面的接口有两个。分别是/api/company/register 和/api/image/post/，两者均为 HTTP POST 请求。/api/company/register 接口需要携带公司注册页面的表单信息。接口若成功调用，返回内容为用户信息，即 UserAuthorizeInfo 类对象。而/api/image/post/接口则无须特殊处理，因为 element plus 的 upload 组件会为我们处理上传操作。所以注册页面的接口需要先完成表单的类对象，在/src/types 目录下创建一个 Company.ts 文件，并在里面添加注册页面表单内的类对象。

```
01    export default interface Company {
02      name: string; // 公司名称
03      description: string; // 公司描述
04      labels: string[]; // 公司行业标签
05      process: string; // 公司融资进度
06      size: string; // 公司人数
07      location: string[]; // 公司城市
08      url: string; // 公司官网
09      production: string; // 公司产品
10      intro: string; // 公司介绍
11      admin_username: string; // 公司联系人登录用户名
12      admin_name: string; // 公司联系人姓名
13      admin_password: string; // 公司联系人登录密码
14      admin_position: string; // 公司联系人职位
15    }
```

这里详细地罗列了公司类内的详细内容，这些内容都会在公司注册表单中出现。在创建好公司类之后，接下来需要在 src 目录下创建 services 目录，并在该目录下创建 user 目录，在 user 目录内创建 index. ts 文件，用于实现注册页面内的接口，代码如下。

```
01    import {AxiosResponse } from'axios';
02    import Company from'../../types/Company';
03    import {UserAuthorizeInfo } from'../../types/User';
04    import {axiosInstance } from'../../utils/Axios';
05
06    // 注册用户
07    export const registerUser = (
08      form: Company
09    ): Promise<AxiosResponse<UserAuthorizeInfo>> => {
10      return axiosInstance.post('/company/register', {
11        ...form,
12      });
13    };
```

这样，注册接口的开发就完成了。

14. 4. 6　公司注册页面实现

在公司注册页面的表单中，关于公司城市的选择，需要使用到级联选择框。在这里为了方便实用，项目选择使用第三方库 element-china-area-data 来处理城市的选择。它的使用效果如图 14. 1 所示。

可以通过以下命令安装 element-china-area-data 库。

```
npm install element-china-area-data
```

如果这样直接使用的话，会在编译项目的时候报错。原因是 element-china-area-data 库是使用 JavaScript 编写的，还没有 TypeScript 的版本。想要在 TypeScript 的 Vue 项目中引入非 TypeScript 库，需要在 src 目录下创建一个 shims-vue. d. ts 文件，并添加以下代码。

● 图 14.1 element-china-area-data 使用效果

```
01    declare module 'element-china-area-data';
```

shims-vue.d.ts 文件是为了 TypeScripe 做的适配定义文件。添加了这行代码，以后在项目中就可以直接使用 import xxx from 'element-china-area-data'语句，编译的时候也不会报错。

一切准备工作已完成，接下来就轮到实现公司注册页面了。因为项目页面不是很多，这里将这些页面全部存放在 src 目录下的 views 目录内。所以在 src 目录下创建 views 目录，并在该目录下创建 RegisterView.vue 文件用于存放注册页面的代码。具体代码如下。

```
01    <script setup lang="ts">
02    import {ElMessage, FormInstance, UploadInstance } from 'element-plus';
03    import { ref, reactive,onMounted } from 'vue';
04    import {useRouter } from 'vue-router';
05    import {regionData } from 'element-china-area-data';
06    import ROUTER_CONSTANTS from '../route/constants';
07    import {registerUser } from '../services/user';
08    import useStore from '../store/modules/User';
09    import { Company } from '../types/Company';
10
11    // 全局路由
12    const router =useRouter();
13    // User store
14    const userStore = useStore();
15    // 表单组件引用
16    const ruleFormRef = ref<FormInstance>();
17    // 公司头像上传组件引用
18    const uploadRef = ref<UploadInstance>();
19
20    // 公司注册页面表单响应式变量
21    const form = reactive<Company>({
22      name: '',
23      description: '',
24      labels: [],
25      process: '',
26      size: '',
27      location: [],
```

```
28      url: '',
29      production: '',
30      intro: '',
31      admin_username: '',
32      admin_name: '',
33      admin_password: '',
34      admin_position: '',
35    });
36
37    // 表单规则
38    const rules = {
39      name: [{ required: true, message: '请输入公司名称', trigger: 'blur' }],
40      description: [{ required: true, message: '请输入公司标语', trigger: 'blur' }],
41      labels: [{ required: true, message: '请选择标签', trigger: 'change' }],
42      process: [{ required: true, message: '请选择融资进度', trigger: 'change' }],
43      size: [{ required: true, message: '请输入公司人数', trigger: 'blur' }],
44      location: [{ required: true, message: '请选择公司地址', trigger: 'blur' }],
45      url: [{ required: true, message: '请输入公司网址', trigger: 'blur' }],
46      production: [
47        { required: true, message: '请输入公司产品介绍', trigger: 'blur' },
48      ],
49      intro: [{ required: true, message: '请输入公司介绍', trigger: 'blur' }],
50      avatar: [{ required: true, message: '请上传公司头像', trigger: 'blur' }],
51      admin_username: [
52        { required: true, message: '请输入用户名', trigger: 'blur' },
53      ],
54      admin_name: [{ required: true, message: '请输入姓名', trigger: 'blur' }],
55      admin_password: [{ required: true, message: '请输入密码', trigger: 'blur' }],
56      admin_position: [{ required: true, message: '请输入职位', trigger: 'blur' }],
57    };
58
59    // 提交表单
60    const submitForm = async (formEl: FormInstance | undefined) => {
61      if (! formEl) return;
62      // 验证表单
63      await formEl.validate(async (valid, fields) => {
64        if (valid) {
65          // 首先发送用户名和密码给后台,进行 authenticate 操作
66          const registerResponse = await registerUser({ ...form });
67          // 上传头像
68          uploadRef.value?.submit();
69          if (registerResponse.status === 200) {
70            ElMessage.success('注册成功');
71            const userInfo =registerResponse.data;
72            // 保存用户信息
73            userStore.setUser(userInfo);
74            // 默认跳转到首页,即值为列表页
75            router.replace({
76              name: ROUTER_CONSTANTS.JOBLIST,
77            });
```

```
78          } else {
79            // 将接口返回的错误信息赋值给 errorMessage 响应式变量
80            ElMessage.error('登录发生错误');
81          }
82        } else {
83          ElMessage.error('请仔细检查表单');
84        }
85      });
86    };
87
88    // 第一次进入页面,如果用户已经登录,则直接跳转到首页
89    onMounted(() => {
90      if (userStore.isLogin()) {
91        router.replace({
92          name: ROUTER_CONSTANTS.JOBLIST,
93        });
94      }
95    });
96
97    // 公司标签多选框列表内容
98    const companyLabelList = ['游戏', '社交平台', '区块链', '金融业', '影视', '电商平台', '短视频', '直播平台'];
99
100    // 公司进度列表内容
101    const CompanyProcessList = ['天使轮', 'A 轮', 'B 轮', 'C 轮', 'D 轮', '上市公司', '未上市'];
102
103    // 城市地址列表
104    const locationArea = regionData;
105    </script>
106
107    <template>
108      <div class="register-layout">
109        <el-container class="register-container" style="height: 100% ">
110          <el-header><div class="register-title">PeekpaJob 管理系统注册表格</div></el-header>
111          <el-main>
112            <el-form
113              ref="ruleFormRef"
114              class="register-form"
115              :model="form"
116              :rules="rules"
117              size="large">
118              <el-form-item label="公司名称" prop="name">
119                <el-input v-model="form.name" placeholder="请输入" />
120              </el-form-item>
121
122              <el-form-item label="公司标语" prop="description">
123                <el-input v-model="form.description" placeholder="请输入" />
124              </el-form-item>
125              <el-form-item label="公司标签" prop="labels">
126                <el-select
127                  v-model="form.labels"
128                  multiple
```

```
129                 :multiple-limit="3"
130                 placeholder="请选择(多选,最多三个)"
131                 style="width: 100% ">
132                 <el-option
133                   v-for="item incompanyLabelList"
134                   :key="item"
135                   :label="item"
136                   :value="item" />
137               </el-select>
138             </el-form-item>
139
140             <el-form-item label="公司融资" prop="process">
141               <el-select
142                 v-model="form.process"
143                 placeholder="请选择"
144                 style="width: 100% ">
145                 <el-option
146                   v-for="item inCompanyProcessList"
147                   :key="item"
148                   :label="item"
149                   :value="item" />
150               </el-select>
151             </el-form-item>
152
153             <el-form-item label="公司规模" prop="size">
154               <el-input v-model="form.size" type="number" placeholder="请输入">
155                   <template #append>人</template>
156               </el-input>
157             </el-form-item>
158
159             <el-form-item label="公司地址" prop="location">
160               <el-cascader
161                 v-model="form.location"
162                 :teleported="false"
163                 popper-class="select-popper"
164                 placeholder="请选择"
165                 :options="locationArea"
166                 style="width: 100% "
167               ></el-cascader>
168             </el-form-item>
169
170             <el-form-item label="公司官网" prop="url">
171               <el-input v-model="form.url" placeholder="请输入">
172                 <template #prepend>Http:// </template>
173               </el-input>
174             </el-form-item>
175
176             <el-form-item label="产品介绍" prop="production">
177               <el-input
178                 v-model="form.production"
179                 type="textarea"
```

```
180                placeholder="请输入" />
181            </el-form-item>
182
183            <el-form-item label="公司介绍" prop="intro">
184              <el-input
185                v-model="form.intro"
186                type="textarea"
187                placeholder="请输入" />
188            </el-form-item>
189
190            <el-form-item label="公司图标" prop="avatar">
191              <el-upload
192                ref="uploadRef"
193                action="/api/image/post/"
194                class="upload-demo"
195                drag
196                :auto-upload="false"
197                multiple>
198                <el-icon class="el-icon--upload"><eli-upload-filled /></el-icon>
199                <div class="el-upload_text">
200                  请将图片拖拽或者 <em>单击选择</em>
201                </div>
202              </el-upload>
203            </el-form-item>
204
205            <el-form-item label="联系人邮箱" prop="admin_username">
206              <el-input v-model="form.admin_username" placeholder="请输入" />
207            </el-form-item>
208
209            <el-form-item label="联系人姓名" prop="admin_name">
210              <el-input v-model="form.admin_name" placeholder="请输入" />
211            </el-form-item>
212
213            <el-form-item label="联系人登录密码" prop="admin_password">
214              <el-input
215                v-model="form.admin_password"
216                type="password"
217                placeholder="请输入" />
218            </el-form-item>
219
220            <el-form-item label="联系人职位" prop="admin_position">
221              <el-input v-model="form.admin_position" placeholder="请输入" />
222            </el-form-item>
223
224            <div class="register-btn">
225              <el-button type="primary" @click="submitForm(ruleFormRef)">注册</el-button>
226            </div>
227          </el-form>
228        </el-main>
229      </el-container>
230    </div>
231  </template>
```

这里的图标组件前必须添加 eli 前缀，因为在之前的 main. ts 文件中注册全局图标组件时，在图标组件名称前人工添加了 eli 前缀。通过绑定 element plus 的 form 组件的 rules 值，就能轻松地实现表单验证功能，在单击注册按钮之后，还会在 submitForm( ) 方法内调用表单的 valid( ) 方法对表单进行校验。如果校验通过，则会继续提交数据注册。如果注册成功，则会跳转到后台管理系统首页。页面代码已经开发完毕，接下来就需要将注册页面配置到项目的路由关系对象中。

14.4.7 公司注册页面路由配置

组件的加载仍然使用懒加载的模式，所以在/src/route/index. ts 文件中，将注册页面添加到路由关系对象的代码如下。

```
01    // 注册页面
02    const RegisterPage = () => import('../views/RegisterView.vue');
03
04    // 路由关系映射表
05    const routes:RouteRecordRaw[] = [
06      // 注册页面
07      {
08        path:'/register',
09        name: ROUTER_CONSTANTS.REGISTER,
10        component:RegisterPage,
11      },
12    ];
13    // 其余代码此处省略
```

这样，后台管理系统的公司注册页面就开发完成了。通过 npm run dev 启动项目，在浏览器内访问 http：//localhost：3000/#/register 地址，就能看到公司注册页面，效果如图 14.2 所示。

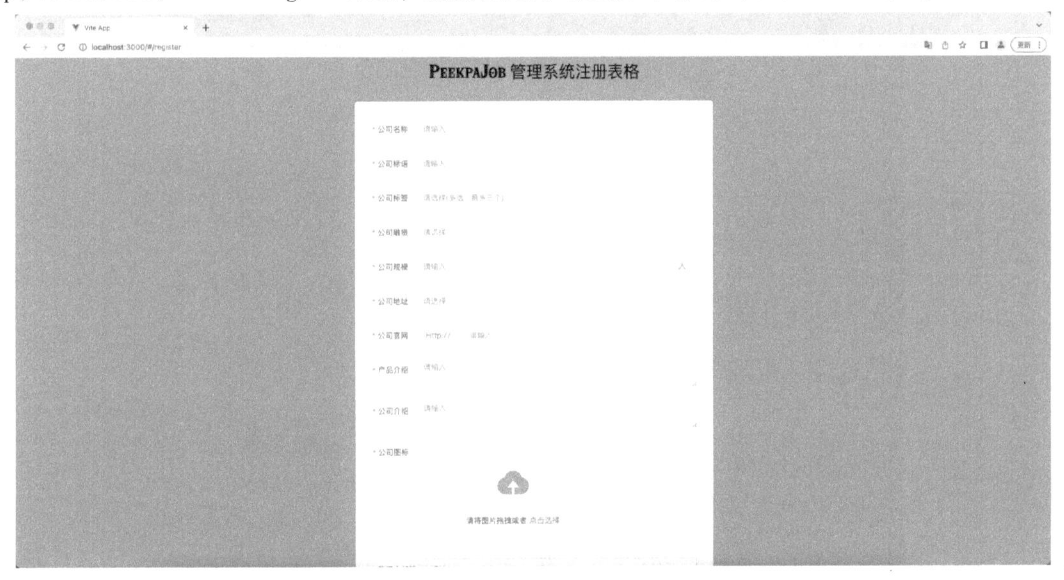

图 14.2　公司注册页面运行效果

14.5 系统登录页面开发

系统登录页面有两个接口用来实现 JWT 模式登录，页面里只有一个登录表单，如果表单提交成功，则跳转到首页，所以接下来首先实现系统登录页面的接口。

14.5.1 系统登录页面接口实现

系统登录页面的接口和之前的在线招聘网站登录页面接口一样，都是/api/authenticate 和/api/authorize 这两个。传递参数和用法也都一致，首先需要在/types/User. ts 文件内，创建/api/authenticate 接口返回类型，代码如下。

```
01    // authenticate 接口返回数据类型
02    export interface AuthenticateAPIResult {
03      token: string;
04    }
```

接下来就可以在/services/user/index. ts 文件内实现这两个接口的逻辑代码，如下。

```
01    import {AxiosResponse } from 'axios';
02    import { AuthenticateAPIResult,UserAuthorizeInfo } from '../../types/User';
03    import {axiosInstance } from '../../utils/Axios';
04
05    // authenticate 接口
06    export const authenticateUser = (
07      username: string,
08      password: string
09    ): Promise<AxiosResponse<AuthenticateAPIResult>> => {
10      return axiosInstance.post('/authenticate', {
11        username,
12        password,
13      });
14    };
15
16    // authorize 接口
17    export const authorizeUser = (
18      token: string
19    ): Promise<AxiosResponse<UserAuthorizeInfo>> => {
20      return axiosInstance.post('/authorize', {
21        token,
22      });
23    };
24    // 其余接口代码此处省略
```

这样，系统登录页面的接口逻辑就完成了。

14.5.2 系统登录页面实现

系统登录页面的文件为 LoginView. vue，需要存放在/src/views 目录内。页面内只有一个系统登录

表单，而且表单需要带有提交验证功能，所以在/src/views 目录下，创建 LoginView. vue 文件，并添加以下代码即可。

```
01    <script setup lang="ts">
02    import {ElMessage, FormInstance } from 'element-plus';
03    import { ref, reactive,onMounted } from 'vue';
04    import {useRouter } from 'vue-router';
05    import ROUTER_CONSTANTS from '../route/constants';
06    import {authenticateUser, authorizeUser } from '../services/user';
07    import useStore from '../store/modules/User';
08
09    // 全局路由
10    const router =useRouter();
11    // User store
12    const userStore = useStore();
13    // 登录表单引用
14    const ruleFormRef = ref<FormInstance>();
15    // 登录表单接口
16    interface LoginForm {
17      username: string;
18      password: string;
19    }
20
21    constparam = reactive<LoginForm>({
22      username: 'admin',
23      password: '123123',
24    });
25
26    // 表单验证
27    const rules = {
28      username: [{ required: true, message: '请输入用户名', trigger: 'blur' }],
29      password: [{ required: true, message: '请输入密码', trigger: 'blur' }],
30    };
31
32    // 提交表单
33    const submitForm = async (formEl: FormInstance |undefined) => {
34      if (! formEl) return;
35      await formEl.validate(async (valid, fields) => {
36        if (valid) {
37          // 首先发送用户名和密码给后台,进行 authenticate 操作
38          const authenticateResponse = await authenticateUser(
39            param.username,
40            param.password
41          );
42          if (authenticateResponse.status === 200) {
43            // 如果 authenticate 成功,使用返回的 Token 继续执行 authorize 操作
44            const authResponse = await authorizeUser(
45              authenticateResponse.data.token
46            );
47            // 如果 authorize 成功,则将返回的用户信息保存到 User store 中并跳转
```

```
48            if (authResponse.status === 200) {
49              const userInfo =authResponse.data;
50              // 保存用户信息
51              userStore.setUser(userInfo);
52              ElMessage.success('登录成功');
53              // 默认跳转到首页
54              router.replace({
55                name: ROUTER_CONSTANTS.JOBLIST,
56              });
57            }
58          } else {
59            // 将接口返回的错误信息赋值给 errorMessage 响应式变量
60            ElMessage.error('登录发生错误');
61          }
62        } else {
63          ElMessage.error('请仔细检查表单');
64        }
65      });
66    };
67    // 第一次进入页面,判断用户是否已经登录,如果登录则跳转到首页
68    onMounted(() => {
69      if (userStore.isLogin()) {
70        router.replace({
71          name: ROUTER_CONSTANTS.JOBLIST,
72        });
73      }
74    });
75    </script>
76
77    <template>
78      <div class="login-wrap">
79        <div class="ms-login">
80          <div class="ms-title">PeekpaJob 管理系统</div>
81          <el-form
82            ref="ruleFormRef"
83            :model="param"
84            :rules="rules"
85            label-width="0px"
86            size="large"
87            class="ms-content">
88            <el-form-item prop="username">
89              <el-input v-model="param.username" placeholder="username">
90                <template #prepend>
91                  <el-icon>
92                    <eli-user />
93                  </el-icon>
94                </template>
95              </el-input>
96            </el-form-item>
97            <el-form-item prop="password">
```

```
98              <el-input
99                v-model="param.password"
100                 type="password"
101                 placeholder="password"
102                 size="large"
103                 @keyup.enter="submitForm(ruleFormRef)">
104                 <template #prepend>
105                   <el-icon>
106                     <eli-lock />
107                   </el-icon>
108                 </template>
109               </el-input>
110             </el-form-item>
111             <div class="login-btn">
112               <el-button type="primary" @click="submitForm(ruleFormRef)">登录</el-
button>
113             </div>
114           </el-form>
115         </div>
116       </div>
117     </template>
```

这里可以看到，系统登录页面在单击提交按钮时会自动校验合法性。这样系统登录页面就编写完成了。接下来就需要将系统登录页面配置到项目的路由映射对象中。

14.5.3 系统登录页面路由配置

将系统登录页面配置到项目的路由映射对象，需要将/src/route/index.ts 文件修改如下。

```
01    // 注册页面
02    const LoginPage = () => import('../views/LoginView.vue');
03
04    // 路由关系映射表
05    const routes:RouteRecordRaw[] = [
06      // 登录页面
07      {
08        path: '/login',
09        name: ROUTER_CONSTANTS.LOGIN,
10        component:LoginPage,
11      },
12    ];
13    // 其余代码此处省略
```

至此系统登录页面就开发完成了，启动项目访问地址，就能看到系统登录页面的运行效果，如图14.3所示。

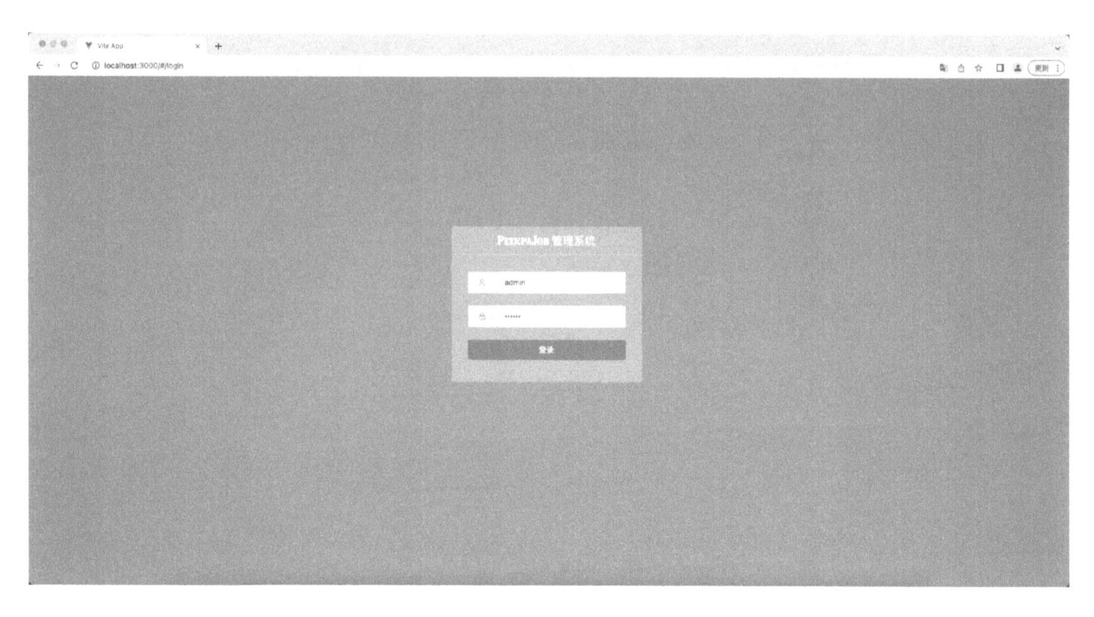

图 14.3　系统登录页面运行效果

14.6 职位发布页面开发

实操微视频

从职位发布页面开始，就属于完全后台管理程序页面开发的范畴了。后台管理页面的布局采用如图 14.4 所示的布局。

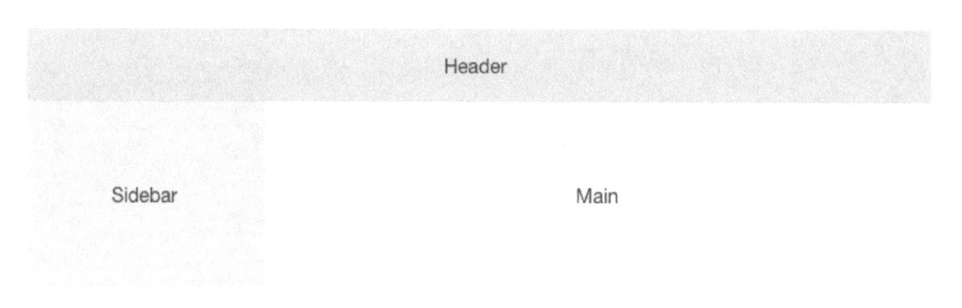

图 14.4　后台管理页面布局

后台管理页面中涉及 Header 组件、Sidebar 组件和 Main 组件。其中 Header 组件负责展示项目标题和已登录用户的头像姓名；Sidebar 组件负责展示管理系统的子页面标题；Main 组件负责展示内容。职位发布页面和职位列表页面的内容应该在 Main 组件内展示，所以这里 Main 组件应该是一个 router-view 组件。

在职位发布页面中，用户可以通过填写和提交职位发布表单来实现发布新职位的功能。整个页面也只有一个 HTTP POST 请求的/api/job 接口需要实现，整体来说页面算是比较简单的。但是在实现职位发布页面之前，需要先来实现后台管理程序的基本页面布局。

14.6.1 职位发布页面接口实现

在职位发布页面内，只有一个/api/job 接口，前端会向后端发送 HTTP POST 请求，并携带职位发布表单的数据。同时，在 Header 组件内，还应该有系统的退出接口，即/api/logout 接口。因为已经登录的用户，每一次发送网络请求都会携带用户 Token，后台系统可以根据 Token 的值来区分当前退出用户，从而做出相应的清理操作，所以在/src/services/user/index. ts 文件中添加如下退出逻辑的代码。

```
01    // 用户退出
02    export const userLogout = (): Promise<AxiosResponse<null>> => {
03      return axiosInstance.get('/logout');
04    };
```

接下来实现/api/job 接口，在实现接口逻辑之前，首先需要定义职位发布表单的类，在/src/types 目录下创建一个 Job. ts 文件，用来专门存放职位相关的类。考虑职位发布页面，职位列表页面和职位修改表单中都要使用职位类，但是它们之间又有细小的差距，所以这里在 Job. ts 文件中就一次性设计好所有的关于职位的类接口，代码如下。

```
01    // 职位状态
02    export enum JOB_STATUS {
03      PUBLISHED = '已发布',
04      FINISHED = '已完结',
05      DELETED = '已下线',
06    }
07
08    interface JobBase {
09      title: string; // 职位标题
10      target: number; // 目标人数
11    }
12
13    // 职位列表的职位
14    export interface JobListItem extends JobBase {
15      id: string; // 职位 ID
16      publish_time: string; // 职位发布时间
17      visit_num: string; // 职位访问次数
18      resume_num: string; // 收到的建立
19      status: string; // 职位状态
20      job_url: string; // 职位预览 URL
21      current: number; // 已录取人数
22      publisher_name: string; // 发布人姓名
23    }
24
25    // 发布职位
26    export interface JobDetail extends JobBase {
27      require_education: string; // 学历要求
28      require_experience: string; // 经验要求
```

```
29      salary_low: number; // 薪水最低
30      salary_high: number; // 薪水最高
31      salary_times: number; // 多少薪水
32      location: string[]; // 工作地点
33      intro: string; // 职位诱惑
34      detail: string; // 职位介绍
35      publisher_id: string; // 发布人 ID
36      id: string; // 职位 ID
37      status: string; // 职位状态
38    }
```

接下来就可以在/src/services 目录内创建 job 目录，并在该目录下创建 index.ts 文件。用来实现发布职位接口逻辑，代码如下。

```
01    import {AxiosResponse } from'axios';
02    import {JobDetail } from'../../types/Job';
03    import {axiosInstance } from'../../utils/Axios';
04
05    // 创建职位详情
06    export const createJob = (
07      formData: JobDetail
08    ): Promise<AxiosResponse<JobDetail>> => {
09      return axiosInstance.post('/job', { ...formData });
10    };
```

这样，关于职位发布页面的接口就开发完成了。

14.6.2 Header 组件实现

Header 组件和 Sidebar 组件都可以作为公共组件，所以这两个组件的文件都应该存放在/src/components 目录下。其中，Header 组件的作用是展示 Logo 和登录用户信息，采用左右布局方式。在/src/components 目录下创建 HeaderComponent.vue 文件并添加以下代码。

```
01    <script lang="ts" setup>
02    import {useRouter } from'vue-router';
03    import {ElMessage } from'element-plus';
04    import useStore from'../store/modules/User';
05    import {userLogout } from'../services/user';
06    import ROUTER_CONSTANTS from'../route/constants';
07
08    // User store
09    const userStore = useStore();
10    // 全局路由
11    const router =useRouter();
12
13    // 用户名下拉菜单选择事件
14    const handleCommand = async (command: string) => {
15      if (command ==='loginout') {
16        try {
17          const response = await userLogout();
```

```
18        if (response.status === 200) {
19          userStore.logout();
20          router.replace({
21            name: ROUTER_CONSTANTS.LOGIN,
22          });
23        }
24      } catch (error) {
25        ElMessage.error('退出失败');
26      }
27    }
28  };
29  </script>
30  <template>
31    <div class="header">
32      <div class="logo">PeekpaJob 管理系统</div>
33      <div class="header-right">
34        <div class="header-user-con">
35          <el-avatar fit="fill" shape="square" :src="userStore.getAvatar">
36          </el-avatar>
37          <el-dropdown class="user-name" trigger="click" @command="handleCommand">
38            <span class="el-dropdown-link">
39              {{userStore.getName }}
40              <el-icon><eli-CaretBottom /></el-icon>
41            </span>
42            <template #dropdown>
43              <el-dropdown-menu>
44                <el-dropdown-item command="loginout">退出登录</el-dropdown-item>
45              </el-dropdown-menu>
46            </template>
47          </el-dropdown>
48        </div>
49      </div>
50    </div>
51  </template>
```

这里可以看到代码逻辑非常简单，只处理退出逻辑。这样，Header 组件就开发完成了。

14.6.3 Sidebar 组件实现

Sidebar 组件内需要展示项目的子页面标签，所以在项目的/src/components 目录下创建 SidebarComponent.vue 文件用来存放 Sidebar 组件，代码如下。

```
01  <script lang="ts" setup>
02  import { computed } from 'vue';
03  import {useRoute } from 'vue-router';
04  // 全局路由
05  const route =useRoute();
06
07  // 导航菜单选项接口
08  interface NavItem {
```

```
09    icon: string;
10    path: string;
11    title: string;
12  }
13  // 导航菜单栏数据列表
14  const items:NavItem[] = [
15    {
16      icon: 'eli-Edit',
17      path: '/joblist',
18      title: '职位管理',
19    },
20    {
21      icon: 'eli-Document',
22      path: '/publish',
23      title: '发布新职位',
24    },
25  ];
26
27  // 默认激活菜单的 index
28  const onRoutes = computed(() => {
29    return route.path;
30  });
31  </script>
32
33  <template>
34    <div class="sidebar">
35      <el-menu
36        class="sidebar-el-menu"
37        :default-active="onRoutes"
38        background-color="#324157"
39        text-color="#bfcbd9"
40        active-text-color="#20a0ff"
41        unique-opened
42        router
43      >
44        <template v-for="item in items" :key="item.path">
45          <el-menu-item :index="item.path">
46            <el-icon> <component :is="item.icon" /></el-icon>
47            <template #title>{{ item.title }}</template>
48          </el-menu-item>
49        </template>
50      </el-menu>
51    </div>
52  </template>
```

14.6.4 Base 页面实现

Header 组件和 Sidebar 组件都已经开发完毕了，接下来需要创建一个 Base 页面，用来实现后台管理系统的根页面布局。在根页面中需要处理后台管理系统中的一些通用逻辑，例如检查用户是否登录，如果未登录则跳转到登录页面。在/src/views 目录下创建一个 BaseView. vue 文件，然后添加以下代码。

```
01    <script setup lang="ts">
02    import {onMounted } from 'vue';
03    import {useRouter } from 'vue-router';
04    import vHeader from '../components/HeaderComponent.vue';
05    import vSidebar from '../components/SidebarComponent.vue';
06    import ROUTER_CONSTANTS from '../route/constants';
07    import useStore from '../store/modules/User';
08
09    // 全局路由
10    const router =useRouter();
11    // User store
12    const userStore = useStore();
13
14    // 第一次进入页面,判断用户是否已经登录,如果未登录则跳转到登录页面
15    onMounted(() => {
16      if (! userStore.isLogin()) {
17        router.replace({
18          name: ROUTER_CONSTANTS.LOGIN,
19        });
20      }
21    });
22    </script>
23
24    <template>
25      <div class="about">
26        <v-header />
27        <v-sidebar />
28        <div class="content-box">
29          <div class="content">
30            <router-view v-slot="{ Component }">
31              <transition name="move" mode="out-in">
32                <component :is="Component" />
33              </transition>
34            </router-view>
35          </div>
36        </div>
37      </div>
38    </template>
```

这里看到页面中 Main 部分是通过动态加载组件来实现的。管理系统的根页面已经实现，接下来实现职位发布页面。

14.6.5 职位发布页面实现

职位发布页面内只有一个职位发布表单，表单需要有输入验证功能，当验证通过之后，就会调用/api/job 接口创建新的职位，所以在/src/views 目录下创建 PublishView. vue 文件，然后添加以下代码。

```
01    <script setup lang="ts">
02    import {FormInstance, ElMessage } from 'element-plus';
03    import { reactive, ref } from 'vue';
04    import {regionData } from 'element-china-area-data';
05    import {InternalRuleItem } from 'async-validator';
06    import {createJob } from '../services/job';
07    import {JobDetail } from '../types/Job';
08    import useStore from '../store/modules/User';
09    // 职位发布表单引用
10    const ruleFormRef = ref<FormInstance>();
11    // User store
12    const userStore = useStore();
13    // 职位发布表单响应式变量
14    const form = reactive<JobDetail>({
15      id: '',
16      status: '',
17      title: '',
18      target: 0,
19      intro: '',
20      detail: '',
21      require_education: '',
22      require_experience: '',
23      salary_low: 0,
24      salary_high: 0,
25      salary_times: 12,
26      location: [],
27      publisher_id: '',
28    });
29    // 经验要求列表
30    const experienceList = ['经验不限', '经验 2 年以下', '经验 2-5 年', '经验 5-10 年', '经验 10 年以上'];
31    // 学历要求列表
32    const educationList = ['高中学历', '大专学历', '本科学历', '硕士学历', '博士学历'];
33    // 城市地址列表
34    const locationArea = regionData;
35    // 正整数验证规则
36    const validatePositive = (
37      rule:InternalRuleItem,
38      value: number,
39      callback: (error?: string | Error) => void
40    ) => {
41      if (value >= 0) {
42        callback();
43      } else {
44        callback(new Error('请正确输入数字'));
45      }
46    };
47    // 工资输入验证规则
48    const validateSalary = (
49      rule:InternalRuleItem,
50      value: number,
```

```
51      callback: (error?: string | Error) => void
52    ) => {
53      if (form.salary_high > 0 && form.salary_low > 0 && form.salary_times > 8) {
54        callback();
55      } else {
56        callback(new Error('请正确输入薪资数字'));
57      }
58    };
59    // 表单验证规则
60    const rules = {
61      title: [{ required: true, message: '请输入职位名称', trigger: 'blur' }],
62      target: [{ validator:validatePositive, required: true, trigger: 'blur' }],
63      require_education: [{ required: true, message: '请选择学历要求', trigger: 'blur' }],
64      require_experience: [{ required: true, message: '请选择经验要求', trigger: 'blur' }],
65      salary: [{ validator:validateSalary, required: true }],
66      location: [{ required: true, message: '请选择工作地点', trigger: 'blur' }],
67      intro: [{ required: true, message: '请输入内容', trigger: 'blur' }],
68      detail: [{ required: true, message: '请输入内容', trigger: 'blur' }],
69    };
70    // 表单提交方法
71    const handleSubmit = async () => {
72      if (! ruleFormRef.value) return;
73      awaitruleFormRef.value.validate(async (valid, fields) => {
74        if (valid) {
75          const response = await createJob(form);
76          if (response.status === 200) {
77            ElMessage.success('创建成功');
78            // 重置表单
79            ruleFormRef.value?.resetFields();
80          } else {
81            ElMessage.error('创建失败');
82          }
83        } else {
84          ElMessage.error('请仔细检查表单');
85        }
86      });
87    };
88    </script>
89
90    <template>
91      <div class="container">
92        <el-form
93          ref="ruleFormRef"
94          class="form-box"
95          :rules="rules"
96          :model="form"
97          label-width="80px" >
98          <el-form-item label="职位名称" prop="title">
99            <el-input v-model="form.title"></el-input>
100         </el-form-item>
```

```
101          <el-form-item label="招聘人数" prop="target">
102            <el-col :span="10">
103              <el-input v-model="form.target"></el-input>
104            </el-col>
105          </el-form-item>
106          <el-form-item label="薪资" prop="salary">
107            <el-col :span="6">
108              <el-input v-model="form.salary_low"></el-input>
109            </el-col>
110            <el-col class="line" :span="2">K -</el-col>
111            <el-col :span="6">
112              <el-input v-model="form.salary_high"></el-input>
113            </el-col>
114            <el-col class="line" :span="2">K </el-col>
115            <el-col :span="6">
116              <el-select
117                v-model="form.salary_times"
118                :teleported="false"
119                popper-class="select-popper"
120                placeholder="请选择" >
121                <el-option
122                  v-for="num in [12, 13, 14, 15, 16, 17, 18]"
123                  :key="num"
124                  :label="num"
125                  :value="num"></el-option>
126              </el-select>
127            </el-col>
128            <el-col class="line" :span="2">薪水</el-col>
129          </el-form-item>
130          <el-form-item label="学历要求" prop="require_education">
131            <el-select
132              v-model="form.require_education"
133              :teleported="false"
134              popper-class="select-popper"
135              placeholder="请选择" >
136              <el-option
137                v-for="item ineducationList"
138                :key="item"
139                :label="item"
140                :value="item" ></el-option>
141            </el-select>
142          </el-form-item>
143          <el-form-item label="经验要求" prop="require_experience">
144            <el-select
145              v-model="form.require_experience"
146              :teleported="false"
147              popper-class="select-popper"
148              placeholder="请选择" >
149              <el-option
150                v-for="item inexperienceList"
```

```
151                :key="item"
152                :label="item"
153                :value="item"
154              ></el-option>
155            </el-select>
156          </el-form-item>
157          <el-form-item label="工作地点" prop="location">
158            <el-col :span="12">
159              <el-cascader
160                v-model="form.location"
161                :teleported="false"
162                popper-class="select-popper"
163                placeholder="请选择"
164                :options="locationArea" ></el-cascader>
165            </el-col>
166          </el-form-item>
167          <el-form-item label="职位诱惑" prop="intro">
168            <el-input v-model="form.intro" type="textarea" rows="2"></el-input>
169          </el-form-item>
170          <el-form-item label="职位描述" prop="detail">
171            <el-input v-model="form.detail" type="textarea" rows="5"></el-input>
172          </el-form-item>
173          <el-form-item label="发布人">
174            {{userStore.getName }}
175          </el-form-item>
176          <el-form-item>
177            <el-button type="primary" @click="handleSubmit">创建</el-button>
178            <el-button>取消</el-button>
179          </el-form-item>
180        </el-form>
181      </div>
182    </template>
```

从这段代码中可以看到职位发布页面没有过多的复杂逻辑。表单有验证功能，单击“创建”按钮会触发表单校验操作。如果提交成功，页面将会调用表单组件的 resetFields( )方法来重置表单数据。接下来就需要将职位发布页面配置到项目的路由关系对象内。

14.6.6 职位发布页面路由配置

职位发布页面属于后台管理系统的一个子页面，这里需要将 BaseView 作为根页面配置到项目的路由映射对象中，而职位发布页面需要作为根页面的子页面配置，所以需要修改/src/route/index.ts 文件，代码如下。

```
01    // 后台管理系统根页面
02    const BasePage = () => import('../views/BaseView.vue');
03    // 职位发布页面
04    const PublishPage = () => import('../views/PublishView.vue');
05
06    // 路由关系映射表
```

```
07    const routes:RouteRecordRaw[] = [
08      // 其余代码此处省略
09      // 后台管理系统页面
10      {
11        path: '/',
12        name: 'Home',
13        component:BasePage,
14        children: [
15          {
16            path: '/publish',
17            name: ROUTER_CONSTANTS.PUBLISH,
18            meta: {
19              title: '职位发布',
20            },
21            component:PublishPage,
22          },
23        ],
24      },
25    ];
```

这样，项目中就集成了职位发布页面。此时启动项目，访问 http://localhost: 3000/#/publish 地址就能看到职位发布页面的运行效果，如图 14.5 所示。

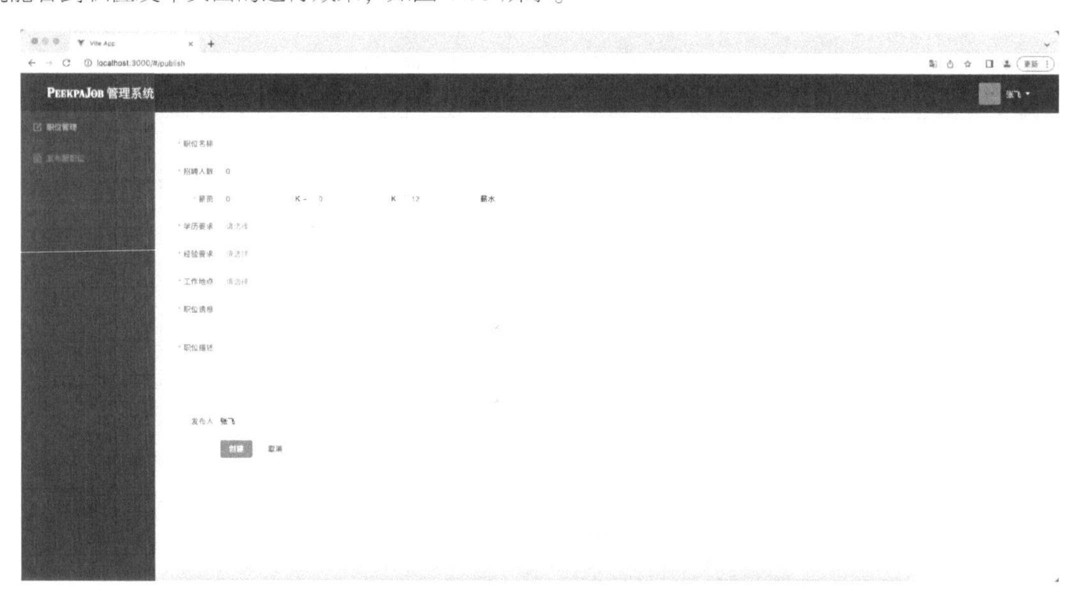

● 图 14.5　职位发布页面运行效果

14.7 职位列表页面开发

实操微视频

职位列表页面是后台管理系统中重要的页面，也是后台管理系统的默认首页。在职位列表页面中不但可以展示公司已经发布的职位情况，而且能够管理每个职位面试者的面试进度，同时职位列表还

应该实现分页功能。

在职位列表表格内，通过单击“面试管理”按钮，能够弹出当前职位的面试者列表。列表内应该展示每一位面试者的面试进度，并且可以通过弹窗的形式人工修改面试进度和面试评价，最终单击“提交”按钮将修改提交给服务器后台。

14.7.1 职位列表页面接口实现

在职位列表页面内，需要实现的接口有很多，具体如下。

1）/api/joblist：GET 方法，用来请求职位列表数据。

2）/api/job：PUT 方法，用来修改已发布职位的状态。

3）/api/candidatelist：GET 方法，用来获取当前职位的面试者列表。

4）/api/candidate：PUT 方法，用来更新面试者面试进度信息。

在实现这些接口逻辑之前，首先需要定义项目中与这些接口相关的类。这里需要定义的为面试者类型接口和面试类型接口。这两个可以统一放在/src/types 目录下的 Candidate. ts 文件内，代码如下。

```
01    // 面试进度枚举类
02    export enum INTERVIEW_STAGE {
03      NOT_START = '未开始面试',
04      FIRST_ROUND = '第一轮面试',
05      SECOND_ROUND = '第二轮面试',
06      THIRD_ROUND = '第三轮面试',
07      REJECT = '面试失败',
08      PASS = '面试通过',
09    }
10    // 面试结果枚举类
11    export enum INTERVIEW_STATUS {
12      START = '面试中...',
13      REJECT = '面试失败',
14      PASS = '面试通过',
15    }
16    // 面试类
17    export interface Interview {
18      name: string; // 面试轮名
19      status: string; // 面试进度
20      content: string; // 面试评价
21    }
22    // 面试者类
23    export interface Candidate {
24      id: string; // 面试者 ID
25      name: string; // 面试者姓名
26      resume_name: string; // 简历名称
27      resume_url: string; // 简历下载地址
28      stage: string; // 面试进度
29      interviews: Interview[]; // 面试细节
30    }
```

有了数据类型，接下来需要使用这些类来创建这几个接口的返回数据类型。在/src/services 目录下创建 model 目录，并在该目录内创建 JobModel.ts 文件，添加以下代码。

```
01    import { Candidate } from '../../types/Candidate';
02    import {JobListItem } from '../../types/Job';
03
04    ///joblist 接口返回数据类型
05    export interfaceJobListApiResult {
06      // 列表数据
07      data_list:JobListItem[];
08      // 当前页面页码
09      cur: number;
10      // 总页面数
11      total: number;
12    }
13
14    ///candidatelist 接口返回数据类型
15    export interface CandidateListApiResult {
16      // 列表数据
17      data_list: Candidate[];
18    }
```

当前，接口的返回类型也有了，接下来就可以实现这些接口逻辑。因为这些接口都属于职位相关的接口，所以在/src/services/job.ts 文件内，添加以下接口实现代码。

```
01    import {AxiosResponse } from 'axios';
02    import { Candidate } from '../../types/Candidate';
03    import {axiosInstance } from '../../utils/Axios';
04    import { CandidateListApiResult,JobListApiResult } from '../model/JobModel';
05
06    // 获取职位列表
07    export const getJobListData = (
08      page: number
09    ): Promise<AxiosResponse<JobListApiResult>> => {
10      return axiosInstance.get('/joblist', { params: { page } });
11    };
12
13    // 修改职位状态
14    export const updateJobStatus = (
15      id: string,
16      status: string
17    ): Promise<AxiosResponse<null>> => {
18      return axiosInstance.put('/job', { id, status });
19    };
20
21    // 获取面试者
22    export const getCandidate = (
23      id: string
24    ): Promise<AxiosResponse<CandidateListApiResult>> => {
25      return axiosInstance.get('/candidatelist', { params: { id } });
26    };
```

```
27
28    // 更新面试信息
29    export const updateCandidate = (
30      data: Candidate
31    ): Promise<AxiosResponse<null>> => {
32      return axiosInstance.put('/candidate', { ...data });
33    };
```

这样，所有的接口已经开发完成了。接下来可以开始编写组件代码。

14.7.2 面试者列表组件实现

面试者管理的弹窗出现规则是当用户单击某条职位的“面试管理”按钮时出现，弹窗内应该展示面试者列表组件，并且组件内的每条面试者数据都能够通过弹窗的模式修改面试进度，最后通过单击“提交”按钮，调用/api/candidate接口提交数据。在/src/components目录内创建CandidateListComponent.vue文件用来开发面试者列表组件，代码如下。

```
01    <script setup lang="ts">
02    import {ElMessage, FormInstance } from'element-plus';
03    import { reactive, ref, watch } from'vue';
04    import { Candidate, Interview, INTERVIEW_STAGE, INTERVIEW_STATUS } from'../types/Can-
didate';
05    // 面试弹窗是否显示
06    const interviewFormVisible = ref(false);
07    // 正在编辑的面试者索引
08    const interviewIndex = ref(-1);
09    // 正在编辑的面试者数据
10    const interviewEditRow = ref<Candidate>();
11    // 编辑过的面试者数据索引集合
12    const editIndexSet = ref<Set<number>>(new Set());
13    // 管理页面的面试对象接口
14    interface InterviewCell extends Interview { isEdit: boolean; }
15    // 管理页面的面试者对象接口
16    interface CandidateRow {
17      id: string; // 面试者 ID
18      name: string; // 面试者姓名
19      resume_name: string; // 简历名称
20      resume_url: string; // 简历下载地址
21      stage: string; // 面试进度
22      interviews:InterviewCell[]; // 面试细节
23    }
24    // 定义组件 props，
25    const props =defineProps<{
26      data?: Candidate[]; // 面试者列表
27      loading?: boolean; // 是否加载中
28    }>();
29    // 面试表单
30    const interviewForm = reactive<{
31      status: string; // 面试结果
```

```
32        content: string; // 面试评价
33      }>({ status: '', content: '' });
34      // 将父组件传来的数据本地化
35      const localData = ref<CandidateRow[]>();
36      // 本地化数据备份,用于日后修改
37      const bakcupData = ref<Candidate[]>();
38      // 面试表单引用
39      const interviewFormRef = ref<FormInstance>();
40      // 定义组件 emit 事件,将更新面试者的信息传递给父组件
41      const emit =defineEmits<{
42        (e: 'submit', data: Candidate, index: number, callback: (index: number) => void ):
void;
43      }>();
44      // 面试表单规则
45      const rules = {
46        status: [{ required: true, message: '请选择状态', trigger: 'blur' }],
47        content: [{ required: true, message: '请输入评价', trigger: 'blur' }] };
48      // 监听面试者列表数据
49      watch(
50        () => props.data,
51        (newValue) => {
52          if (newValue) {
53            editIndexSet.value = new Set();
54            // 将父组件传入的数据在组件内部本地化
55            newValue.forEach((item: Candidate) => {
56              const interviewCell: InterviewCell[] = [];
57              item.interviews.forEach((interview: Interview) => {
58                interviewCell.push({ ...interview, isEdit: false });
59              });
60              localData.value?.push({
61                id: item.id,
62                name: item.name,
63                resume_name: item.resume_name,
64                resume_url: item.resume_url,
65                stage: item.stage,
66                interviews:interviewCell,
67              });
68            });
69            bakcupData.value = [...newValue];
70          } else {
71            localData.value = [];
72            bakcupData.value = [];
73          }
74        },
75        { immediate: true }
76      );
77      // 面试进度列表
78      const stageList = [ INTERVIEW_STAGE.NOT_START, INTERVIEW_STAGE.FIRST_ROUND, INTERVIEW
_STAGE.SECOND_ROUND,
79        INTERVIEW_STAGE.THIRD_ROUND, INTERVIEW_STAGE.PASS, INTERVIEW_STAGE.REJECT ];
80      // 面试轮名称列表
```

```
81    const interviewList = [ INTERVIEW_STAGE.FIRST_ROUND, INTERVIEW_STAGE.SECOND_ROUND,
INTERVIEW_STAGE.THIRD_ROUND];
82    // 面试结果列表
83    const interviewStatus = [ INTERVIEW_STATUS.PASS, INTERVIEW_STATUS.REJECT];
84    // 更新面试者信息成功回调,删除更新索引集合内对应的面试者索引数据
85    const successCallback = (index: number): void => {
86      editIndexSet.value.delete(index);
87    };
88    // 提交面试者修改表单
89    const handleSubmit = (index: number) => {
90      const submitInterviewList: Interview[] = [];
91      if (localData.value) {
92        const submitData = { ...localData.value[index] };
93        submitData.interviews.forEach((item: InterviewCell) => {
94          submitInterviewList.push({
95            name: item.name,
96            status: item.status,
97            content: item.content,
98          });
99        });
100        const subData = {
101          id:submitData.id,
102          name:submitData.name,
103          resume_name:submitData.resume_name,
104          resume_url:submitData.resume_url,
105          stage:submitData.stage,
106          interviews:submitInterviewList,
107        };
108        if (bakcupData.value) {
109          bakcupData.value[index] = subData;
110        }
111        emit('submit',subData, index, successCallback);
112      }
113    };
114    // 重置面试者更改数据
115    const handleReset = (index: number) => {
116      if (editIndexSet.value.has(index) && localData.value && bakcupData.value) {
117        const interviewCell: InterviewCell[] = [];
118        bakcupData.value[index].interviews.forEach((interview: Interview) => {
119          interviewCell.push({ ...interview, isEdit: false });
120        });
121        localData.value[index].stage = bakcupData.value[index].stage;
122        localData.value[index].interviews = interviewCell;
123        editIndexSet.value.delete(index);
124      }
125    };
126    // 将当前面试者的面试进度更新到下一阶段
127    const moveToNextStage = (index: number, data: CandidateRow) => {
128      const stageIndex = stageList.findIndex((item: string) => data.stage === item);
129      const target = data;
130      if (
```

```
131        stageIndex !== -1 &&
132        target.interviews.length &&
133        target.interviews[stageIndex - 1].status === INTERVIEW_STATUS.START
134      ) {
135        ElMessage.error('当前还有进行中的面试');
136      } else {
137        target.stage = stageList[stageIndex + 1];
138        editIndexSet.value.add(index);
139        if (stageIndex >= 0 && stageIndex <= 2) {
140          target.interviews.push({
141            name: stageList[stageIndex + 1],
142            status: INTERVIEW_STATUS.START,
143            content: '',
144            isEdit: false,
145          });
146        }
147      }
148    };
149    // 编辑面试内容
150    const editInterview = (index: number, row: number, data: CandidateRow) => {
151      interviewForm.status = '';
152      interviewForm.content = '';
153      interviewFormVisible.value = true;
154      interviewIndex.value = index;
155      interviewEditRow.value = data;
156      editIndexSet.value.add(row);
157    };
158    // 提交面试表单
159    const submitInterviewChange = async (formEl: FormInstance | undefined) => {
160      if (!formEl) return;
161      await formEl.validate(async (valid, fields) => {
162        if (valid) {
163          if (interviewEditRow.value) {
164            interviewEditRow.value.interviews[interviewIndex.value].status =
165              interviewForm.status;
166            interviewEditRow.value.interviews[interviewIndex.value].content =
167              interviewForm.content;
168            interviewFormVisible.value = false;
169            interviewIndex.value = -1;
170            interviewEditRow.value = undefined;
171          }
172        } else {
173          ElMessage.error('请仔细检查表单');
174        }
175      });
176    };
177    // 直接拒绝面试者
178    const rejectStage = (index: number, data: CandidateRow) => {
179      const target = data;
180      target.stage = INTERVIEW_STAGE.REJECT;
181      editIndexSet.value.add(index);
```

```
182    };
183    // 按钮检测是否是合法的面试进度状态
184    const checkStage = (data: CandidateRow) => {
185      return (
186        data.stage === INTERVIEW_STAGE.PASS || data.stage === INTERVIEW_STAGE.REJECT
187      );
188    };
189    // 判断提交面试者更新的按钮是否可以单击
190    const disableButton = (index: number) => {
191      return ! editIndexSet.value.has(index);
192    };
193    </script>
194
195    <template>
196      <el-table v-loading="loading" :data="localData" border class="table" header-cell-
class-name="table-header">
197        <el-table-column prop="name" label="姓名" width="100" align="center" >
</el-table-column>
198        <el-table-column prop="resume_name" width="150" label="简历" >
199          <template #default="scope">
200            <el-link type="primary" :href="scope.row.resume_url" target="_blank">
{{ scope.row.resume_name }}</el-link>
201          </template>
202        </el-table-column>
203        <el-table-column width="180" label="目前状态">
204          <template #default="scope"> {{ scope.row.stage }}
205            <el-popconfirm
206              confirm-button-text="确定"
207              cancel-button-text="取消"
208              icon="eli-InfoFilled"
209              icon-color="red"
210              title="确定将当前求职者跳转到下一阶段吗?"
211              @confirm="moveToNextStage(scope.$index, scope.row)">
212              <template #reference>
213                <el-button type="success" icon="eli-Plus" circle size="small" :disabled=
"checkStage(scope.row)" />
214              </template>
215            </el-popconfirm>
216            <el-popconfirm
217              confirm-button-text="确定"
218              cancel-button-text="取消"
219              icon="eli-InfoFilled"
220              icon-color="red"
221              title="确定直接拒绝面试吗?"
222              @confirm="rejectStage(scope.$index, scope.row)">
223              <template #reference>
224                <el-button type="danger" icon="eli-Close" circle size="small" :disabled=
"checkStage(scope.row)" />
225              </template>
226            </el-popconfirm>
227          </template>
```

```
228         </el-table-column>
229         <el-table-column v-for="(item, index) ininterviewList" :key="item" :label="item">
230           <template #default="scope">
231             <el-button
232               v-if="scope.row.interviews[index]?.status === INTERVIEW_STATUS.START"
233               size="small"
234               type="primary"
235               :disabled="checkStage(scope.row)"
236               @click="editInterview(Number(index), scope.$index, scope.row)">面试中
</el-button>
237             <el-icon v-if="scope.row.interviews[index]?.status === INTERVIEW_STATUS.
PASS" color="#67C23A">
238               <eli-check/>
239             </el-icon>
240             <el-icon v-if="scope.row.interviews[index]?.status === INTERVIEW_STATUS.RE-
JECT" color="#F56C6C">
241               <eli-closeBold />
242             </el-icon> {{ scope.row.interviews[index]?.content }}
243           </template>
244         </el-table-column>
245         <el-table-column label="操作" align="center" width="180">
246           <template #default="scope">
247             <el-button
248               size="small"
249               icon=" eli-Check"
250               title="提交修改"
251               type="success"
252               :disabled="disableButton(scope.$index)"
253               @click="handleSubmit(scope.$index)">提交</el-button>
254             <el-button
255               size="small"
256               type="warning"
257               icon="eli-RefreshLeft"
258               :disabled="disableButton(scope.$index)"
259               @click="handleReset(scope.$index)">恢复</el-button>
260           </template>
261         </el-table-column>
262       </el-table>
263       <! —面试编辑表单对话框 -->
264       <el-dialog v-model="interviewFormVisible" title="面试结果" width="50% ">
265         <el-form ref="interviewFormRef" :model="interviewForm" :rules="rules">
266           <el-form-item label="面试结果" prop="status">
267             <el-select v-model="interviewForm.status" placeholder="请选择面试结果">
268               <el-option v-for="item ininterviewStatus" :key="item" :label="item" :value
="item"/>
269             </el-select>
270           </el-form-item>
271           <el-form-item label="面试评语" prop="content">
272             <el-input v-model="interviewForm.content" type="textarea" rows="2"></el-input>
273           </el-form-item>
274         </el-form>
```

```
275        <template #footer>
276          <span class="dialog-footer">
277            <el-button @click="interviewFormVisible = false">取消</el-button>
278            <el-button type="primary" click="submitInterviewChange(interviewFormRef)">
更新</el-button>
279          </span>
280        </template>
281      </el-dialog>
282    </template>
```

这个组件是整个项目中最为复杂的。为了遵循数据的单向传递性，这里会将父组件传递过来的面试者列表在组件内本地复制一份，同时为了修改和恢复面试者数据方便，还需要再复制一份。使用 el-dialog 组件显示面试表单内容，并且组件会将面试者修改的数据传递给父组件，统一由父组件处理网络请求。这样，面试者列表组件就开发完成了。

14.7.3 职位列表页面实现

职位列表页面比较简单，第一次进入页面通过发送网络请求数据，并将数据展示在页面的表格中。如果用户单击“面试管理”按钮，则弹出面试者管理组件内容；如果单击“下线”按钮，则更新当前职位的状态（称为下线状态）。在/src/views 目录下，创建 JobListView. vue 文件用来实现职位列表页面的逻辑，添加以下代码。

```
01    <script setup lang="ts">
02    import { ref,onMounted, computed } from'vue';
03    import {ElMessage, ElMessageBox } from'element-plus';
04    import {BuildPropType } from'element-plus/lib/utils';
05    import {getJobListData, updateJobStatus, getCandidate, updateCandidate } from'../
services/job';
06    import {JobListApiResult } from'../services/model/JobModel';
07    import {JobListItem, JOB_STATUS } from'../types/Job';
08    import {AxiosError } from'axios';
09    importCandidateList from'../components/CandidateListComponent.vue';
10    import { Candidate } from'../types/Candidate';
11    // 职位列表数据
12    const listData = ref<JobListApiResult>();
13    // 加载标示符
14    const loading = ref<boolean>(false);
15    // 获取表格数据
16    const getData = async (page: number) => {
17      loading.value = true;
18      try {
19        const response = awaitgetJobListData(page);
20        loading.value = false;
21        if (response.status === 200) {
22          listData.value = response.data;
23        }
24      } catch (error) {
25        loading.value = false;
```

```
26        if ((error asAxiosError).name ! == 'CanceledError') {
27          ElMessage.error('请求数据发生错误');
28        }
29      }
30    };
31    // 第一次进入页面,请求第 1 页数据
32    onMounted(() => {
33      getData(1);
34    });
35    // 分页跳转函数,跳转到 val 页数据
36    const handlePageChange = (val: number) => {
37      getData(val);
38    };
39    // 当前职位下线操作
40    const handleDelete = (index: number, data: JobListItem) => {
41      // 二次确认删除
42      ElMessageBox.confirm('确定要把"${data.title}"职位招聘下线吗? ', '警告', {
43        confirmButtonText: '下线',
44        cancelButtonText: '取消',
45        type: 'error',
46      })
47        .then(async () => {
48          const response = awaitupdateJobStatus(data.id, JOB_STATUS.DELETED);
49          if (response.status === 201) {
50            ElMessage.success('删除成功');
51            if (listData.value) {
52              listData.value.data_list[index].status = JOB_STATUS.DELETED;
53            }
54          } else {
55            ElMessage.error('删除发生错误');
56          }
57        })
58        .catch((error) => {
59          if ((error asAxiosError).name ! == 'CanceledError') {
60            ElMessage.error('请求数据发生错误');
61          }
62        });
63    };
64    // 面试者管理弹窗
65    const interviewVisible = ref(false);
66    // 面试者管理请求加载标识符
67    const interviewLoading = ref(false);
68    // 面试者列表数据
69    const interviewData = ref<Candidate[]>();
70    // 打开面试者管理列表弹窗
71    const handleInterview = async (index: number, row: JobListItem) => {
72      interviewVisible.value = true;
73      interviewLoading.value = true;
74      interviewData.value = undefined;
```

```
75      try {
76        const response = awaitgetCandidate(row.id);
77        if (response.status === 200) {
78          interviewLoading.value = false;
79          interviewData.value = response.data.data_list;
80        }
81      } catch (error) {
82        interviewLoading.value = false;
83        if ((error asAxiosError).name ! == 'CanceledError') {
84          ElMessage.error('请求失败');
85        }
86      }
87    };
88    // 状态栏 tag 颜色显示
89    const statusType = (status: string): string => {
90      if (status === JOB_STATUS.PUBLISHED) {
91        return '';
92      }
93      if (status === JOB_STATUS.FINISHED) {
94        return 'success';
95      }
96      return 'danger';
97    };
98
99    // 操作按钮是否可以单击
100    const disableButton = (data: JobListItem): boolean => {
101      return data.status === JOB_STATUS.DELETED;
102    };
103    // 分页总数
104    const paginationTotal = computed(() => {
105      return listData.value?.total ? listData.value?.total : 0;
106    });
107    // 分页当前页数
108    const paginationCur = computed(() => {
109      return listData.value?.cur ? listData.value?.cur : 0;
110    });
111    // 更新面试者信息
112      const handleUpdateCandidate = async (data: Candidate, index: number, callback:
(index: number) => void) => {
113      try {
114        const response = awaitupdateCandidate(data);
115        if (response.status === 200) {
116          ElMessage.success('提交成功');
117          callback(index);
118        }
119      } catch (error) {
```

```
120        if ((error asAxiosError).name ! == 'CanceledError') {
121          ElMessage.error('提交失败');
122        }
123      }
124    };
125    </script>
126
127    <template>
128      <div>
129        <div class="container">
130          <el-table v-loading="loading" :data="listData?.data_list" border class="
table" header-cell-class-name="table-header">
131            <el-table-column prop="id" label="ID" width="100" align="center"></el-
table-column>
132            <el-table-column prop="title" label="职位标题">
133              <template #default="scope">
134                <el-link type="primary" :href="scope.row.job_url" target="_blank">{{
scope.row.title }}</el-link>
135              </template>
136            </el-table-column>
137            <el-table-column prop="publish_time" label="发布时间" width="180"> </el-
table-column>
138            <el-table-column prop="visit_num" width="90" label="浏览次数"> </el-table-
column>
139            <el-table-column prop="resume_num" width="90" label="收到申请"> </el-table-
column>
140            <el-table-column prop="publish_time" width="90" label="招聘进度">
141              <template #default="scope">{{ scope.row.current }} / {{ scope.row.target }}
</template>
142            </el-table-column>
143            <el-table-column label="状态" align="center" width="90">
144              <template #default="scope">
145                <el-tag :type="statusType(scope.row.status)">{{ scope.row.status }}</el-
tag>
146              </template>
147            </el-table-column>
148            <el-table-column prop="publisher_name" width="90" label="发布者"> </el-table-
column>
149            <el-table-column label="操作" align="center">
150              <template #default="scope">
151                <el-button size="small" icon="eli-document" type="warning" plain :disa-
bled="disableButton(scope.row)" click="handleInterview(scope.$index, scope.row)">面试管
理</el-button>
152                <el-button size="small" type="danger" icon="eli-delete" plain :disabled
="disableButton(scope.row)" click="handleDelete(scope.$index, scope.row)">下线</el-
button>
153              </template>
154            </el-table-column>
155          </el-table>
```

```
156          <div class="pagination">
157            <el-pagination background layout="prev, pager, next" :current-page="pagina-
tionCur" :total="paginationTotal" current-change="handlePageChange"></el-pagination>
158          </div>
159        </div>
160        <! —面试者管理弹出框 -->
161        <el-dialog v-model="interviewVisible" title="管理面试" width="80% ">
162          <CandidateList :loading="interviewLoading" :data="interviewData" submit="
handleUpdateCandidate"></CandidateList>
163        </el-dialog>
164      </div>
165    </template>
```

这里可以看到将面试者管理组件放到了 el-dialog 组件内作为弹窗展示。其余的代码逻辑很简单并且清晰，这样职位列表页面就开发完成了。

14.7.4 职位列表页面运行效果

因为职位列表页面是后台管理系统的子页面，所以它应该和职位发布页面一样，一起作为 BasePage 的子页面出现。这里修改/src/route/index.ts 文件，代码如下。

```
01    // 职位列表页面
02    const JobListPage = () => import('../views/JobListView.vue');
03
04    // 路由关系映射表
05    const routes:RouteRecordRaw[] = [
06      // 后台管理系统页面
07      {
08        path: '/',
09        name: 'Home',
10        component:BasePage,
11        children: [
12          // 其余代码此处省略
13          {
14            path: '/joblist',
15            name: ROUTER_CONSTANTS.JOBLIST,
16            meta: {
17              title: '职位管理',
18            },
19            component:JobListPage,
20          },
21        ],
22      },
23    ];
24    // 其余代码此处省略
```

至此，后台管理程序的所有页面均已开发完成，通过 npm run dev 启动项目，可以访问 http://localhost:3000/#/joblist 地址查看职位列表页面的运行效果，如图 14.6 和图 14.7 所示。

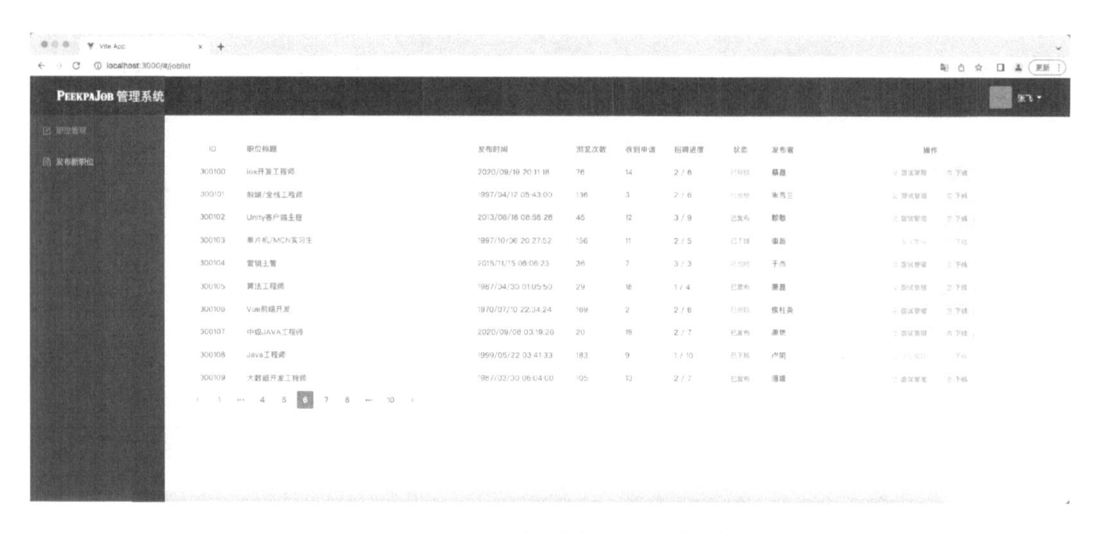

● 图 14.6　职位列表页面运行效果

● 图 14.7　面试者管理弹窗运行效果

14.8 部署项目上线

实操微视频

至此实战内容的两个前端项目就已全部开发完毕了。接下来为大家讲解如何将这两个项目通过 Nginx 的配置同时部署到同一台 Linux 服务器上。

部署项目的第一步就需要编辑项目代码。因为项目使用 Vite 构建，所以在项目的终端环境内，使用 npm run build 命令编译代码。编译好的文件在项目目录中的 dist 文件内。

接下来就需要将编译好的代码复制到服务器中。复制的方法有很多种，可以使用 Github 或者码云作为代码仓库，在服务器端通过 git clone 命令下载代码；也可以通过复制命令直接将代码复制到服务器中。需要注意的一点就是项目代码的目录最好在服务器的/usr/share/nginx 目录下，这里以在线招聘网站的代码目录是/usr/share/nginx/peekpajob/，后台管理网站的代码目录是/usr/share/nginx/peekpajob-cms/为例进行讲解。

接下来需要更改域名的 DNS 配置。如果还没有域名，可以去域名代理商那里购买域名。因为整个项目分为在线招聘网站和后台管理程序两部分，此处以 peekpajob. com 域名为例。这里希望 www. peekpajob. com 和 peekpajob. com 这两个域名指向在线招聘网站，后台管理系统则使用 company. peekpajob. com 域名，相当于给 peekpajob. com 域名添加了一个名为 company 的子域名。所以在域名 DNS 管理页面中添加一个新的子域名：类型为 CNAME、值为 company、数据值则为@。这样就配置好了一个域名的子域名。

因为一台服务器上存在两个项目的代码目录，需要在服务器的 Nginx 配置目录/etc/nginx/的 conf. d 目录内创建 peekpajob. conf 和 peekpajob-cms. conf 两个文件，分别对应在线招聘网站和后台管理系统两个项目。其中在线招聘网站的 peekpajob. conf 配置如下。

```
01  server {
02      listen      80;
03      server_namepeekpajob.com www.peekpajob.com;
04      charset    utf-8;
05      location /static {
06          alias /usr/share/nginx/peekpajob/dist;
07      }
08      location / {
09          root  /usr/share/nginx/peekpajob/dist;
10          index    index.html;
11      }
12  }
```

后台管理系统的 peekpajob-cms. conf 配置内容如下。

```
01  server {
02      listen      80;
03      server_name company.peekpajob.com;
04      charset    utf-8;
05      location /static {
06          alias /usr/share/nginx/peekpajob-cms/dist;
07      }
08      location / {
09          root  /usr/share/nginx/peekpajob-cms/dist;
10          index    index.html;
11      }
12  }
```

这里可以看到配置内容基本类似，区别在于 service_name 和 location 需要分别指向项目对应的域名和代码目录。接下来直接在服务器内通过 systemctl start nginx 命令启动 Nginx，之后就可以在浏览器内通过访问 peekpajob. com 和 company. peekpajob. com 地址访问在线招聘网站和后台管理系统了。

vite. 3 配置说明

至此，本书的 Vue 3 学习之旅就结束了，祝各位读者学习顺利。